物联网工程专业系列教材

边缘计算技术与应用

吴英
南开大学
编著

EDGE COMPUTING TECHNOLOGY AND APPLICATIONS

机械工业出版社
China Machine Press

图书在版编目（CIP）数据

边缘计算技术与应用 / 吴英编著 . -- 北京：机械工业出版社，2022.6
物联网工程专业系列教材
ISBN 978-7-111-70955-8

I.①边… II.①吴… III.①无线电通信－移动通信－计算－高等学校－教材 IV.①TN929.5

中国版本图书馆 CIP 数据核字（2022）第 100292 号

在物联网中，边缘计算技术发挥着越来越重要的作用。本书系统地介绍了边缘计算的概念、5G 边缘计算技术、计算迁移技术、移动边缘计算系统、边缘计算安全、物联网边缘计算应用，以及边缘计算开源平台与软件等内容，帮助读者全面了解边缘计算技术的知识。

本书既可以作为物联网工程及相关专业边缘计算课程的教材，也可作为希望了解边缘计算技术与应用的工程技术人员的参考读物。

出版发行：机械工业出版社（北京市西城区百万庄大街 22 号 邮政编码：100037）
责任编辑：朱 劼　　责任校对：殷 虹
印　　刷：保定市中画美凯印刷有限公司　　版　　次：2022 年 7 月第 1 版第 1 次印刷
开　　本：185mm×260mm 1/16　　印　　张：12.75
书　　号：ISBN 978-7-111-70955-8　　定　　价：59.00 元

客服电话：（010）88361066 88379833 68326294　　投稿热线：（010）88379604
华章网站：www.hzbook.com　　读者信箱：hzjsj@hzbook.com

前　言

如果说4G开启了移动互联网时代，那么5G物联网应用将带来深层次的变革，在技术与商业生态上出现新一轮变革和颠覆，加快新型的5G产业链及网络生态圈的形成。5G边缘计算作为5G整体解决方案中应用与网络的汇聚点，已经成为运营商重点培育的新业务。5G边缘计算作为应用开放的平台，具有快速开发、部署各种物联网应用场景的能力。

根据Keystone Strategy & Huawei SPO Lab的分析报告，预计2025年全球ICT总投资将达到4.7万亿美元，其中5G的市场空间超过1.6万亿美元，运营商可参与部分占比超过50%。ICT相关行业数字化涉及的10个主要行业是制造/供应链、智慧城市、能源/公共事业、AR/VR、智慧家庭、医疗健康、智慧农业、智慧零售、车联网与无人机。

边缘计算的CROSS（Connectivity、Real-time、Optimization、Smart、Security，连接、实时、优化、智能、安全）价值推动计算从集中式的云计算向分布式的边缘计算发展，给传统网络架构带来重大变化。随着5G网络建设的加速，边缘计算的研究与应用速度也随之加快。边缘计算是5G“网－云”融合的最佳切入点，已形成“端－边－云”的分布式协作格局。5G边缘计算实现了“网云协同、网随云动”，为智能物联网的多业务、多场景应用提供快速、按需构建“连接+计算”的解决方案，也使“5G即服务”的构想成为可能。

2015年，边缘计算进入了技术成熟阶段，边缘计算的标准化与产业化进程加速。2016年，华为技术有限公司、中国科学院沈阳自动化研究所、中国信息通信研究院、英特尔公司等联合发起成立边缘计算产业联盟（ECC）。2017年，全球工业互联网联盟（IIC）成立边缘计算工作组，定义边缘计算参考架构。同年，IEC发布垂直边缘智能（VEI）白皮书，介绍边缘计算对制造业等行业的主要价值。ISO/IEC JTCI SC41 成立边缘计算研究组，以推动边缘计算标准化工作。

根据 Gartner 的预测，到 2022 年，将有 65% 的数据在边缘数据中心进行存储和处理，边缘计算在 3 年内将进入大规模商用阶段。物联网智能工业、智能电力、智能交通、智能医疗与智慧城市将成为大规模应用边缘计算技术的重点领域。在 IEEE P2413 物联网体系框架标准中，边缘计算也成为其中的重要内容。

目前，边缘计算技术仍然处于研究与探索阶段。不同专业的学者从不同的角度诠释边缘计算、多接入移动边缘计算与 5G 边缘计算，因此在术语与概念的描述上有很多不一致的地方。仅从边缘计算的定义来说，国际标准化组织（ISO/IEC）、欧洲电信标准化协会（ETSI）与边缘计算产业联盟（ECC）分别给出了定义；对于边缘计算的应用场景、系统架构与实现技术，5G 电信运营商与 IT 设备制造商提出了各自的解决方案。这和 20 世纪 90 年代初计算机网络与互联网发展的情况相似，学科发展总要经历这样一个百花齐放的过程。边缘计算已经从 ICT 众多技术中脱颖而出，随着整个社会对该技术认知度的逐步提升，已成为产业界、学术界与政府部门关注的热点。

在物联网“端－边－管－云－用”系统架构中，边缘计算是支撑物联网应用的核心技术，这一点已成为产业界与学术界的共识。因此，物联网工程专业开设“物联网边缘计算”课程已是大势所趋。在编写《深入理解物联网》时，分配给我的任务包括“边缘计算”一章。在写作之前，我花费了很多时间去阅读文献、著作，并向研究边缘计算的专家请教，与课题组的老师们探讨，工作难度很大。边缘计算属于跨学科领域，正处于高速发展阶段，因此，厘清边缘计算的理论与知识体系并非易事。通过编写本教材，我将自己对边缘计算技术的理解和认识发表出来，与读者与各位同行共同研究和讨论，推动物联网工程专业在边缘计算方面的课程和教材建设，希望为我国物联网工程专业的学科建设贡献一份力量。

限于本人的学识，加之时间有限，书中难免存在疏漏，恳请各位同行，读者批评、指正。

吴　英

wuying@nankai.edu.cn

南开大学计算机学院

2021.6.20

目　录

第1章　边缘计算概述

本章在概述边缘计算的基本概念、物联网应用对边缘计算需求的基础上，系统地讨论边缘计算的内涵与技术特点，以及边缘计算的架构与实现技术，为进一步深入学习物联网边缘计算技术奠定基础。

1.1　边缘计算技术的发展

1.1.1　从云计算到移动云计算

1. 云计算概念的提出

云计算技术是并行计算、软件、网络技术发展的必然结果。早在1961年，计算机先驱John McCarthy就预言：“未来的计算资源能像公共设施（例如水、电）一样被使用”。为了实现这个目标，在之后的几十年中，计算机科学家相继开展了对网络计算、分布式计算、集群计算、网格计算、服务计算等技术的研究。云计算（Cloud Computing）正是在这些技术的基础上发展起来的，并且已成为支撑信息社会的重要信息基础设施。

美国国家标准与技术研究院（NIST）在NIST SP-800-145文档中给出的云计算的定义是：云计算是一种按使用量付费的运营模式，支持泛在接入、按需使用。

云计算的特点主要表现在以下几个方面：

第一，规模庞大。大型的云计算平台通常拥有数百万台服务器，一般的企业云计算平台也有几百台甚至上千台服务器，能为用户提供强大的计算、存储与网络服务能力。

第二，高可靠性。云计算平台基于分布式服务器集群的结

构设计，并且引入了多副本策略与节点同构互换的容错机制，确保云计算平台运行的高可靠性。

第三，可扩展性。云计算平台可以根据用户需求分配资源。如果用户有更多的计算、存储需求，系统可以随时增加与之匹配的资源。如果用户需求减少，可以随时释放资源。对于提供有偿服务的云计算平台，用户可以根据实际使用的资源数量付费。

第四，虚拟化。云计算通过虚拟化技术将发布在不同地理位置的计算和存储资源整合成逻辑统一的共享资源池，为用户提供服务。虚拟化技术屏蔽了底层物理资源的差异性，实现了统一的调度与部署。

第五，云计算服务商提供的服务类型分为三种：

- 基础设施即服务（Infrastructure-as-a-Service，IaaS）。
- 平台即服务（Platform-as-a-Service，PaaS）。
- 软件即服务（Software-as-a-Service，SaaS）。

第六，网云一体。网络能力与云计算架构深度融合，利用软件定义网络（Software Defined Network，SDN）与网络功能虚拟化（Network Functions Virtualization，NFV）技术将应用、云计算、网络与用户连接起来，提供灵活、可扩展的网云一体服务。

云计算可以为用户提供方便、灵活、按需配置的计算、存储、网络与应用服务。例如，如果某个用户需要 1 个 8 核 CPU、16GB 内存、500GB 硬盘的服务器，并且安装 Linux CentOS 7.2 操作系统、MySQL 5.5.60 数据库系统，那么云计算系统将自动为用户分配这些资源。如果用户租用云平台的基础设施服务，也就是租用硬件的服务（即 IaaS），那么用户需要在云中分配的计算环境中安装操作系统与数据库软件；如果用户购买的是云平台的计算环境（即 PaaS）服务，那么云计算系统将为用户准备好操作系统与数据库软件；如果用户购买的是云平台的软件服务（即 SaaS），那么云计算系统会按用户提出的要求开发应用软件，用户可以在自己的计算机上直接使用云中的应用软件。

目前，云计算已经渗透到社会的各行各业，支撑着大数据与智能技术的发展，并成为物联网重要的基础设施。

2. 移动云计算概念的提出

（1）移动计算的基本概念

随着无线网络技术的发展，分布式计算的重要分支——移动计算进入研究人员的视野。早期的研究人员对移动计算的定义是：网络中，在一个节点上开始的计算可以迁移到其他节点上继续进行。

移动计算研究的目标是：如何将由电池供电、待机时间较短的便携式计算机上的计算与存储任务，迁移到服务器或服务器集群中完成，以便提高便携式计算机的性能，并且延长设备的使用时间。

（2）移动云计算研究的背景

随着移动网络应用的发展，移动终端设备的局限性日渐突出，主要表现在三个方面：携带电池的能量有限、计算能力有限、存储空间有限。

目前，智能手机已经与大家如影相随，摄影与摄像、网络游戏、导航、社交等应用会产生大量的语音、视频与文本数据；网上购物与移动支付等应用涉及个人身份、银行账户等信息，其中有很多涉及个人隐私的重要数据，手机丢失将造成不可挽回的损失，将手机在移动网络中产生的数据随时传输到云端，并安全地存储起来，是一种非常有效和可行的方法。在这样的背景下，移动云计算（Mobile Cloud Computing，MCC）概念应运而生。

移动云计算是移动通信网络与云计算技术交叉融合的产物，它是云计算应用在移动网络环境中的自然延伸和发展。图 1-1 描述了移动云计算与移动通信网络、云计算的关系。

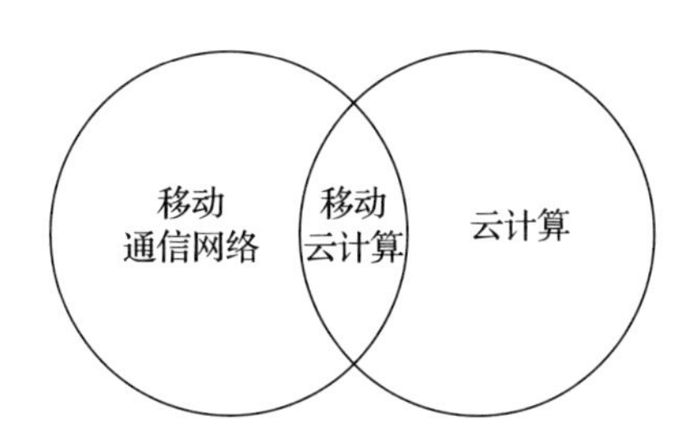

图 1-1　移动云计算与移动通信网络、云计算的关系

（3）移动云计算的定义与结构特征

移动云计算可以定义为：移动终端设备通过无线网络，以按需与易扩展的原则，从云端获取所需的计算、存储、网络资源的服务。

移动终端设备可以看成云计算的“瘦”客户端，数据可以从移动终端设备迁移到云端进行计算和存储，移动云计算系统形成了“端 – 云”的两级结构，如图 1-2 所示。这里，“云”是指“云计算数据中心”或“云计算中心”，也可简称为“云端”。

移动云计算的应用主要包括移动云存储、邮件推送、网上购物、手机支付、地图导航、健康监控、在线课堂、网络游戏等。当用户用智能手机拍摄照片或视频时，智能手机上的 App 就会将照片或视频数据通过移动互联网存储到云盘中。例如：老师希望给学生发送数据量很大的演示文稿或课程视频时，可以将演示文稿或课程视频通过移动互联网发送到云盘中，供学生们下载或在线使用。

近年来，个人移动云存储已成为移动互联网用户存储信息的主要途径，并且呈快速发展的态势。在计算、存储与能量受限的移动终端设备上开发的 App 都建立在移动云计算技术之上。移动云计算的应用推动了无线传感器与执行器网络（Wireless Sensor and Actor Network，WSAN）以及无线传感器与机器人网络（Wireless Sensor and Robot Network，WSRN）研究的发展。

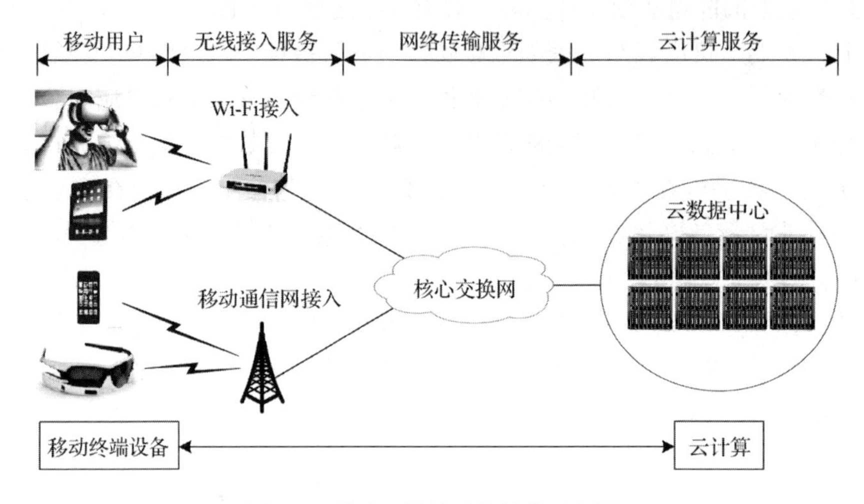

图 1-2 移动云计算系统结构示意图

在物联网领域，传感器移动云计算（Sensor Mobile Cloud Computing，SMCC）是无线传感器网（Wireless Sensor Network，WSN）与移动云计算相结合而形成的一个新的研究方向。

用于环境监测的前端感知节点通常要部署在人迹罕至的地方，这就需要设计人员在设计感知节点时尽可能地降低能耗，以便不用经常更换电池，同时延长节点的工作时间。为了实现这个目标，有效的办法是降低节点在计算、存储与通信方面的工作量，将节点的数据处理、存储功能迁移到云平台，由云平台承担感知节点的数据计算与存储任务。WSN 的用户和管理者可以在任何时间、任何地点，通过网络访问云平台的数据与计算资源。图 1-3 所示为传感器移动云计算系统的结构。

移动云计算系统适用于对数据传输与处理延时要求不高的应用，但是不能够满足工业互联网、智能网联汽车、虚拟现实 / 增强现实、4K/8K 高清视频等对数据传输有超低延时、超高带宽、超高可靠性的实时性物联网应用的需求。例如：在智能工业的汽车制造中，用激光焊枪焊接 15cm 长、有 1000 个焊点的一条焊缝，焊接时间只需要几秒，但是进入下一道工序前必须判断焊点是否合格，这就需要用到机器视觉技术。机器视觉产生的图像不可能传送到远端的云数据中心进行分析，只能在靠近生产线的计算设备上通过图形分析软件快速完成焊点的质量评估，这类实时性应用势必影响物联网计算模式的变化。在这样的背景下，边缘计算（Edge Computing，EC）的概念应运而生。

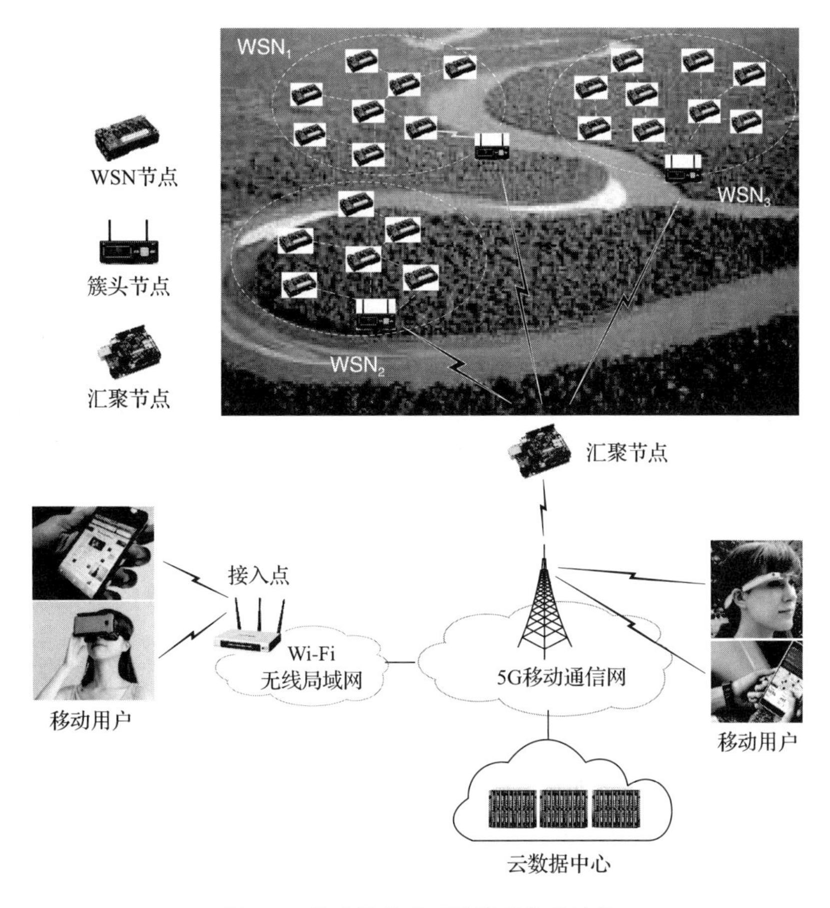

图 1-3　传感器移动云计算系统的结构

1.1.2　从移动云计算到边缘计算

1. 边缘计算的研究背景

边缘计算的发展与面向数据的计算模型的发展是分不开的。为了解决面向数据的传输、计算与存储过程中的计算负载、传输带宽、延时等问题，在边缘计算产生之前，研究人员一直在探索如何在靠近数据的地方增加数据处理功能，将计算任务从计算中心迁移到网络边缘。这项研究为边缘计算提供了理论与应用基础。作为边缘计算研究基础的计算模式包括：分布式计算、对等网络（P2P）、内容分发网络（Content Delivery Network，CDN）、无线传感器执行器网络（WSAN）、无线传感器与机器人网络（WSRN）等，尤其是 CDN 充分体现出了边缘计算的概念，并且 CDN 在物联网的移动边缘计算中仍然大量使用；WSAN 与 WSRN 为边缘计算在物联网的应用打开了研究思路。

在互联网大规模应用后不久，随着 Web 与基于 Web 的各种应用的发展，导致互联网流量急剧增长。同时，由于 TCP/IP 协议体系缺乏必要的流量控制手段，因此互联网骨干网的带宽迅速被消耗掉。“万维网”（World Wide Web，WWW）也被很多人戏称为“全球等待”（World Wide Wait，WWW）。从 ISP 优化服务的角度，人们提出了“8 秒定律”。Web 服务体验的统计数据表明：如果访问一个网站的等待时间超过 8 秒，就会有 30% 的用户选择放弃。根据 KissMeTrics 的一项统计：如果一个网页在 10 秒内打不开，40% 的用户将选择离开该网页；大部分手机用户愿意等待的加载时间为 6～10 秒；1 秒的延迟会导致转化率下降 7%。假设一个电子商务网站每天的收入为 10 万元，那么 1 秒的页面打开延迟将使全年收入损失 250 万元。这种网页打开延迟主要是由网络延时与服务器响应时间增加造成的。网络延时是传输网的路由器、交换机分组转发延时的总和，服务器响应时间主要受计算机处理协议时间、程序执行时间与内容读取时间的影响。传统云计算已经难以解决实时性网络应用的带宽与延时这两大问题。

为了缓解互联网用户数量的增长与网络服务等待时间增加的矛盾，在增加互联网核心网、汇聚网与接入网带宽的同时，1998 年麻省理工学院的研究人员提出了 CDN 的概念，开展了 CDN 技术及应用的研究。

CDN 系统的基本设计思路可以归纳为 4 点：

- 如果某个内容被很多用户关注，那就将它缓存到离用户最近的服务器上。选择最适合的内容缓存服务器为用户提供服务。
- 通过分布式 CDN 服务器系统构成覆盖网，将热点内容存储到靠近用户接入端的 CDN 服务器。用户在访问热点内容时，不需要通过互联网主干网，可以就近访问 CDN 服务器，获得所需的内容。
- CDN 的主要功能包括：分布式存储、负载均衡、网络请求重定向和内容管理。
- CDN 的工作过程对于用户是“透明”的，用户“感觉”到访问互联网资源所需的时间缩短，用户体验的质量有所提高，但是并不会“感觉”到 CDN 系统的存在。

图 1-4 描述了 CDN 系统结构与工作原理。CDN 系统的“边缘”是指分布在世界各地的 CDN 缓存服务器。边缘计算借鉴了 CDN 的设计思想，但是边缘计算的“边缘”已经不局限于物理上的边缘节点，还可以是从数据源到远端云数据中心路径上的任意一个或多个计算、存储和网络资源的节点，同时边缘计算更强调节点的计算功能。

2. 云计算应用的局限性

在 CDN 系统中，云计算的应用存在一定的局限性，主要表现在以下几个方面：

- 如果前端部署了大量图像传感器，致使传感器采集的视频图像数据量过大，采用传统模式通过核心网上传到远端云数据中心，势必造成成本高、效率低的问题。
- 如果应用场景是智能网联汽车或无人机，那么将前端感知的现场数据全部上传到云数据中心处理之后，再将执行指令反馈回来，会出现网络延时过长的情况，无法满足实时性应用场景的需求。

- 如果出于网络安全性的考虑，客户不允许数据脱离自己的控制，数据更不能离开自身的系统，那么仅依靠远端云数据中心的方案显然是不可取的。

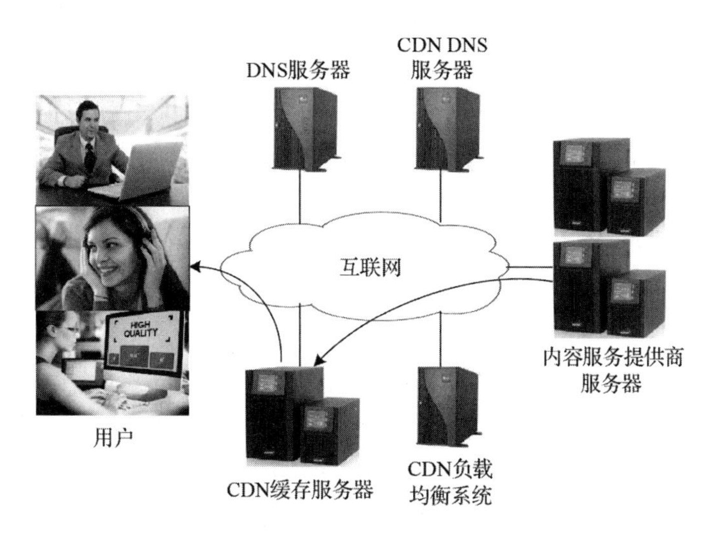

图 1-4 CDN 系统结构与工作原理

实际上，边缘计算在军事领域的应用在2003年美国国防部高级研究计划局（Defense Advanced Research Projects Agency，DARPA）的士兵个人数字化试点时已经出现。由于作战时需要处理的战场感知信息的数据量非常大，士兵携带的专用的数字设备无法胜任这项工作。如果将大量的战场数据上传到作战指挥中心进行集中处理，首先需要解决两个基本问题：一是要为每个士兵配置单兵与数据中心之间交互的高带宽、无线（或卫星）通信系统，这套系统的造价极高，因此这个方案不可取；二是士兵携带的专用数字设备和作战装备已重达数十公斤，增加计算能力就意味着进一步增加单兵负重，这个方案显然也不可取。

DARPA提出的解决方案是：在与作战士兵随行的战车上部署一个边缘计算节点设备，这个节点可以与1km范围内的士兵进行数据交互。战车上的移动边缘计算节点向上与高层的作战指挥中心的数据中心通信，向下与战场士兵进行数据交互。这样，战场移动边缘计算节点可以结合作战中心的作战态势分析与指令，就近、及时地对多个单兵信息进行综合处理，快速向战场上每个士兵下达具体的作战指令。

3. 物联网与边缘计算

除了DARPA开展的战车移动边缘计算研究之外，物联网研究人员也在尝试解决两个重要的问题：一个是物联网移动终端设备自身资源的局限性问题，另一个是实时性物联网应用对网络延时、带宽与可靠性要求高的问题。

随着物联网系统的功能越来越强，移动终端设备（如传感器、摄像头、智能电表、智能手环、智能头盔等）自身资源的局限性问题日益突出，主要表现在：电池的能量有限、计算能力有限、存储空间有限。解决移动终端设备资源受限、延长设备使用时间、提高用户体验质量是物联网智能硬件设计的难题。研究人员一直在尝试将移动终端设备的计算与存储功能迁移到边缘计算节点，从而减小移动终端设备自身的耗能，延长设备使用时间，并提升用户体验。

同时，针对无线传感器网络中实时性应用的需求，无线传感器与执行器网络的研究引起了产业界的高度重视。例如，当 WSN 应用于森林火灾的预防与报警时，如果森林现场部署的多个温、湿度传感器与摄像头产生的火灾信息数据要经远端云数据中心处理之后再将灭火指令反馈到执行器，必然会贻误灭火的最佳时机。因此，WSAN 的设计思路是将计算任务迁移到距离事件发生地最近的一个或几个相邻的执行器节点，利用执行器节点快速判断是否出现火情，在火灾刚出现时，快速进行处置，防止火情扩大。实践证明，WSAN 中最有发展前景的集传感与执行功能为一体的设备是智能机器人。各国科学家开始在 WSAN 的基础上，进一步开展无线传感器与机器人网络技术的研究。目前，WSRN 主要应用于军事、智能工业、智能电网、智能家居、智能交通、无人机、无人车、空间探测、物流运输等领域。从这个角度，WSAN 与 WSRN 可以看作边缘计算在物联网中应用的雏形。

1.2 边缘计算的基本概念

1.2.1 边缘计算的定义

1. 边缘计算定义的发展与演变

有些学者用人的大脑与末梢神经的关系来形象地解释边缘计算的概念。他们将云计算比喻成人的大脑，边缘计算相当于人的末梢神经。当人的手被针刺到时，会下意识地将手缩回。将手缩回的过程是由末梢神经做出的快速反应，同时末梢神经会将被针刺的信息传递到大脑，由大脑从更高层面判断受到了什么样的伤害，并指挥人体做出进一步的反应。

目前，还没有形成关于边缘计算的统一定义，不同研究人员都从各自的视角去诠释边缘计算。

卡内基梅隆大学的科学家对边缘计算的定义是：边缘计算是一种新的计算模式，这种计算模式将接收和存储的资源（如微云、雾计算节点、微型数据中心等）部署在更贴近移动终端设备或传感器网络的边缘。

2016 年 11 月，边缘计算产业联盟（Edge Computing Consortium, ECC）对边缘

计算的定义如下：在靠近物或数据源头的网络边缘设置的融合网络、计算、存储、应用等核心能力的开放平台，能就近提供边缘智能服务，满足行业进行数字化时在敏捷连接、实时处理、数据优化、应用智能、安全与隐私保护等方面的关键需求。它可以作为连接物理和数字世界的桥梁，使智能资产、智能网关、智能系统与智能服务成为可能。

2018年4月，OpenStack发布的《边缘计算：跨越传统数据中心》中的定义是：边缘计算为应用开发者和服务提供商在网络边缘提供云服务和IT环境服务。

2019年2月，《中国移动边缘计算白皮书》中的定义如下：边缘计算在靠近数据源或用户的地方提供计算、存储等基础设施，并为边缘应用提供云服务和IT环境服务。

2020年2月，ISO/IEC TR23188对边缘计算的定义是：边缘计算是一种将主要数据的处理与存储放在网络边缘节点的分布式计算系统。

边缘计算最初的研究场景主要是通过有线网络接入互联网的用户访问云数据中心的应用。5G时代的到来，将边缘计算的概念进一步扩展到移动边缘计算（Mobile Edge Computing，MEC），移动边缘计算又进一步扩展为多接入边缘计算（Multi-access Edge Computing，MEC）。在很多应用场景中，研究人员已经不区分这些术语的差异。边缘计算、移动边缘计算与多接入边缘计算的概念没有本质区别，研究的目标是一致的。技术术语的变化反映了边缘计算技术的演进与应用领域的扩展。

2. 边缘计算的特点

边缘计算的特点表现在其具有开放性、可扩展性和协作性。

- 边缘计算的开放性表现在它打破了传统网络的封闭性，将网络基础设施、网络数据与网络服务转换成开放性的资源，提供给用户与应用开发者，使服务更贴近用户的实际需求。
- 边缘计算的可扩展性表现在支持资源的灵活配置与调用，并能够自动实现快速响应，以适应网络服务类型的快速增长，提升用户体验。
- 边缘计算的协作性表现在能够将移动通信网与物联网更加紧密地融合在一起，改善网络整体的性能，提供更丰富的网络应用。

1.2.2 "边缘"的内涵

为了理解边缘计算的内涵，需要对"边缘"的概念进行深入讨论。理解"边缘"的概念时，需要注意以下几个问题。

1）边缘计算中的"边缘"是相对的，它泛指从数据源经过核心交换网到达远端云计算中心路径中的任意一个或多个计算、存储和网络资源节点。

2）边缘计算的核心思想是“计算应该更靠近数据源、更贴近用户”。边缘计算中的“边缘”是相对于连接在互联网上的远端云数据中心而言的。

3）边缘计算中的“贴近”一词包含多层含义：

- 数据源与边缘计算节点的网络距离近，这样就可以在小的网络环境中，保证网络带宽、延时与延时抖动等因素的可控性。
- 数据源与边缘计算节点的空间距离近，这意味着边缘计算节点与用户处在同一场景（如位置）中，节点根据场景信息为用户提供基于位置信息的个性化服务等。
- 网络距离与空间距离有时可能并没有关联，但是具体的网络应用可以根据需求选择合适的计算节点。

1.2.3　边缘计算模型的特征

边缘计算是在网络边缘执行计算的一种新型计算模型。从数据计算的角度，边缘计算包括两个部分：上行的万物互联服务与下行的云服务。边缘计算节点与云数据中心之间存在双向的数据传输关系。边缘计算设备需要配合云数据中心执行部分计算任务，包括感知数据预处理、缓存、边缘设备管理、安全与隐私保护等。边缘设备硬件平台与软件的设计需要解决以下几个关键问题。

（1）应用程序 / 服务功能可分割

应用程序 / 服务的全部或部分计算任务从云计算中心迁移到边缘设备去执行。应用程序 / 服务需要满足可分割性，即一个任务可分成若干个子任务，并且子任务可迁移到边缘节点。因此，任务的可分割、可迁移是实现边缘计算的必要条件。

（2）数据可分布

数据可分布体现在数据分布的“云 - 端”模式，即数据既可以存放在云数据中心，又可以存放在边缘节点。数据可分布是边缘计算的特征。如果待处理数据不具有可分布性，则边缘计算模型就变成一种集中式的云计算模型。边缘计算要求不同数据源产生的大量数据都应该符合可分布性的要求。

（3）资源可分布

边缘计算模型中的数据可分布性要求数据处理设备的计算、存储和通信资源同样符合“云 - 端”的模式。只有当边缘节点具备数据处理所需的计算与存储资源，才能实现在边缘计算设备上对数据进行处理。

边缘计算模型是一种分布式计算系统，具有弹性管理、协同执行、环境异构与实时处理的特征。满足以上三个条件的才是真正符合边缘计算模型的系统。

1.3　物联网对边缘计算的需求

1.3.1　物联网的实时性需求

在物联网中，为了能够实时感知路况与环境数据，智能网联汽车上需要安装上百个不同类型的传感器。智能网联汽车通过安装在车体的各种传感器来探测、识别实时的路况与行车环境信息，同时接收移动网络传输的道路流量数据，发送车辆自身的行驶状态数据与 GPS 位置数据。车辆行驶过程中产生的海量数据要交给车载计算机系统进行处理，计算机将处理后产生的汽车操控指令传送给车辆控制器。研究人员估算，智能网联汽车每行驶 1 小时，传感器发送、接收的数据会达到 TB 量级，处理和存储这样的海量数据需要消耗大量的计算、存储与网络带宽资源。而智能网联汽车对于数据传输与处理的延时极为敏感，延迟即使增加 1 毫秒，都有可能造成车毁人亡的交通事故。因此，设计物联网实时性应用系统架构时一定会用到边缘计算技术。

边缘计算架构的设计、部署与实际应用场景是分不开的。图 1-5 给出了不同应用场景允许的最大延时。智能电网控制、无人驾驶、虚拟现实 / 增强现实（VR/AR）应用的延时一般要求控制在几十毫秒，一些工业控制系统的延时要求控制在 1 毫秒。网页加载、高清 4K 视频流媒体、网络聊天等应用对延时要求不严格，一般控制在 1～4 秒即可。可见，工业控制、智能电网控制、无人驾驶、AR/VR、节约带宽的 360 度视频、云辅助驾驶、IP 电话 / 视频会议等应用需要使用边缘计算技术；网页加载、4K 视频流媒体、网络聊天等应用可以不使用边缘计算技术。

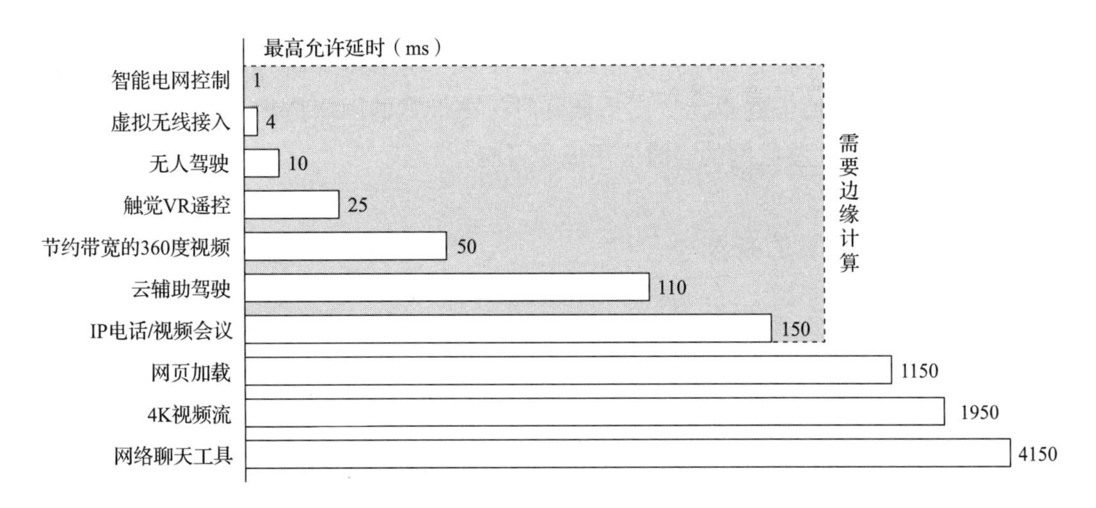

图 1-5　不同实际应用场景的最大允许延时要求

表 1-1 给出了物联网智能人机交互中虚拟现实 / 增强现实（VR/AR）在典型体验、挑战体验、极致体验三种应用场景下对实时速率、延时的要求。在基于 VR 的物联

网智能硬件的设计中，典型体验的实时速率要达到 40Mbit/s，延时需要控制在 40ms 以内；挑战体验的实时速率要达到 100Mbit/s，延时需要控制在 20ms 以内；极限体验的实时速率要达到 1000Mbit/s，延时需要控制在 2ms 以内。在基于 AR 的物联网智能硬件设计中，典型体验的实时速率要达到 20Mbit/s，延时需要控制在 100ms 以内；挑战体验的实时速率要达到 40Mbit/s，延时需要控制在 50ms 以内；极限体验的实时速率要达到 200Mbit/s，延时需要控制在 5ms 以内。

表 1-1　VR/AR 对实时速率、延时的要求

应用类型	场　景	实时速率	延　时
VR 应用	典型体验	40Mbit/s	＜40ms
	挑战体验	100Mbit/s	＜20ms
	极致体验	1000Mbit/s	＜2ms
AR 应用	典型体验	20Mbit/s	＜100ms
	挑战体验	40Mbit/s	＜50ms
	极致体验	200Mbit/s	＜5ms

对于智能网联汽车等应用，由于在运动过程中，人与物、车与车、车内系统自身，以及车与周边环境之间的实时信息交互过程复杂多变，即使有一个环节的延时有很小的增加，在一个分布式协作系统中也有可能被放大很多倍。因此，只有更短的延时和延时抖动才有可能满足应用要求。同时，系统还需要有很强的信息处理能力、多输入关联的数据处理能力及机器学习能力。

从以上分析中，我们可以看到：对于一些对延时敏感的工业控制系统、无人驾驶系统，完全依赖远端的云计算中心去处理移动终端感知数据的方案是不可取的。传统的 3G/4G 移动通信网也无法支持低延时、高带宽的网络应用。5G 移动通信网与边缘计算的结合使物联网的实时应用成为可能。

1.3.2　移动边缘计算的概念

2013 年，IBM 公司与 Nokia Siemens 网络公司共同推出了一款计算平台，该平台可以在无线基站内部运行应用程序，为移动用户提供服务。这项研究标志着边缘计算与电信蜂窝移动通信网开始融合。

2014 年，欧洲电信标准协会（European Telecommunication Standards Institute, ETSI）成立了移动边缘计算规范工作组（Mobile Edge Computing Institute Specification Group），以推进移动边缘计算标准化的研究。移动边缘计算的指导思想是把云计算平台从移动核心网络迁移到无线接入网的边缘，实现计算与存储资源的弹性利用。移动边缘计算具有本地化、近距离、低延时的特点。

2016 年，ETSI 将移动边缘计算的概念扩展为多接入边缘计算（Multi-Access Edge Computing），将边缘计算从蜂窝移动通信网进一步延伸至其他无线接入网络，如无线局域网 Wi-Fi 接入、固定接入等。移动边缘计算已成为支撑 5G 应用的一项关键技术。

5G 的超可靠低延时通信（ultra-Reliable Low Latency Communication，uRLLC）应用的推出，有望克服物联网实时性应用发展的瓶颈。5G 超可靠低延时通信适用于以机器为中心的应用，可以满足车联网、工业控制、移动医疗等行业的特殊应用对超高可靠、超低延时的通信需求，促进了移动边缘计算研究与应用的发展。

5G 移动通信将与其他无线移动通信技术密切结合，除了具有高速率、低延时、高连接密度、高流量密度等特点之外，还具备以下几个新的特点：

- 室内移动通信业务已占据应用的主导地位，5G 室内无线覆盖性能及业务支撑能力将成为系统优先关注的设计目标。
- 5G 研究将多点、多用户、多天线、多小区协作方式组网作为突破的重点，从而在体系构架上使系统性能有大幅度的提高。
- 5G 研究将更加注重用户体验，对基于物联网的 VR/AR、无人驾驶等新兴移动业务的支撑能力成为衡量 5G 系统性能的关键指标。

为了满足超低延时、超高带宽网络应用的需求，融合 5G、边缘计算、云计算与移动计算概念的 5G 移动边缘计算成为目前研究的重点。图 1-6 给出了 5G 移动边缘计算在物联网中的应用。5G 移动边缘计算架构由 3 个部分组成：移动终端设备、边缘云（Edge Cloud）与云数据中心。云数据中心是相对于边缘云而言的，有的文献中也称之为核心云、云平台、远端云或大云等。

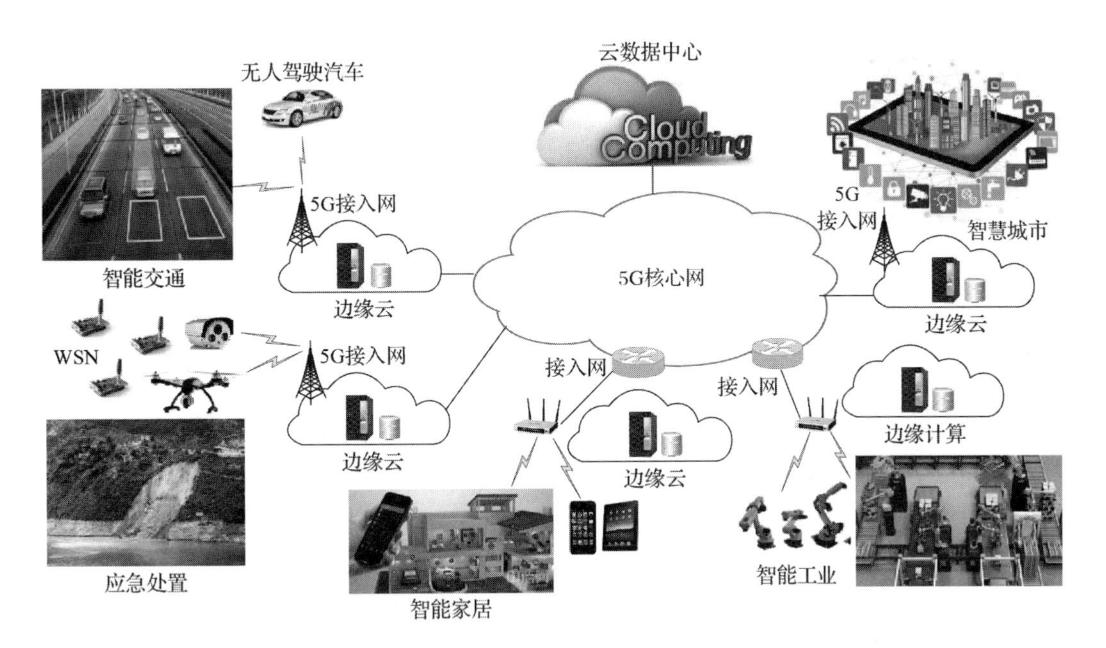

图 1-6　5G 移动边缘计算在物联网中的应用

1.3.3 移动边缘计算的优点

根据产业界的预测，以集中方式提供云计算服务已无法满足处理海量感知数据和实时性数据的需求。未来，超过45%的物联网数据将在边缘计算平台中存储、处理、执行，发展移动边缘计算势在必行。5G移动边缘计算具有以下几个主要的优点。

1. 有利于缓解网络带宽压力

物联网接入设备所产生的海量数据中只有少量是关键数据，大多数数据是临时性的，无须长期存储。接入物联网的设备所产生的数据量比需要存储的数据量高出多个量级。移动边缘计算利用本地计算、存储能力，将一部分业务分流到本地网络或边缘计算节点进行处理，从而减轻核心网中的带宽压力。

2. 有利于提高服务的响应能力

移动终端设备在计算、存储、电量等资源方面的匮乏是其固有的缺陷，云计算通过为移动终端设备提供服务来弥补这些缺陷。但是，数据从移动终端设备传送到云计算中心时，会受到核心交换网的网络链接与路由不稳定等因素的影响，导致传输延时与延时抖动高、响应时间长。边缘计算在用户附近提供服务，可以保证较低的网络延时与延时抖动。同时，5G时代多样化的应用场景和差异化的服务需求，对5G网络在吞吐量、延时、连接数量、可靠性等方面提出了更高的要求。5G网络与边缘计算技术的结合，可以利用边缘计算技术发挥5G的本地化、近距离、高带宽、低延时等优势，提高服务的响应能力，催生更多新的5G应用。

3. 有利于隐私保护与网络安全

物联网应用中的数据安全性一直是一个具有挑战性的课题。调查显示，约有78%的用户担心自己的物联网数据在未授权的情况下被第三方使用。云计算模式下，所有数据与应用都集中到数据中心，用户很难对关键数据的访问与使用进行精细控制。边缘计算能够为关键性隐私数据的处理、存储与利用提供可信资源与环境，将隐私数据的操作限制在边缘侧，无须传输到云数据中心，这样既提升了隐私数据的安全性，又提高了用户体验的质量。通过边缘计算技术，还可以及时发现和防止对物联网应用系统的攻击，保护网络安全。

4. 有利于催生新的网络服务

当边缘计算成为无线通信网络（无论是5G或Wi-Fi）的一部分时，就可以采用简单的方法确定连接的每个移动终端设备的位置，根据用户的分布数据来开发基于位置的服务。对局部区域内的网络应用与服务产生的实时网络流量，通过上下文感知的方法，区分和统计移动通信用户对服务的使用量，计算和预测用户对应用的需求，根据用户的兴趣点、实际需求来开发新的网络应用。

5. 有利于推动5G网络切片新技术的发展

网络切片作为5G网络的关键技术之一，用于区分出不同业务类型的流量，在物理网络基础设施上建立更适合各类业务的“端–端”逻辑子网。移动边缘计算的业务感知与网络切片的流量区分在一定程度上具有相似性，但在流量区分的目的、区分精细度、区分方式上有所不同。移动边缘计算可以支持对延时要求最苛刻的业务类型，从而成为实现超低延时切片的关键技术。移动边缘计算对超低延时切片的支持，丰富了实现网络切片技术的内涵，有助于推动5G网络切片技术的研究与发展。

6. 有利于促进5G新型产业链及网络生态圈的形成

5G移动边缘计算将打破传统的移动运营商“围墙花园”式的封闭运营模式，进入与各行各业开展更广泛、更深入结合的阶段。移动运营商可以利用部署在网络边缘的计算资源，向各种应用提供生产运行的环境，实现移动业务的“下沉”，拓展应用领域，提升用户体验，变革电信运营商的运作模式。

从以上讨论中可以看出：

- 如果说4G开启了移动互联网时代，那么5G将为物联网应用带来更深层的变革，在技术与商业生态上带来新一轮变革和颠覆，加快新型的5G产业链及网络生态圈的构建。
- 随着5G网络建设的加速，边缘计算的研究与应用也随之加快。边缘计算是5G“网–云”融合的最佳切入点，物联网应用将成为5G边缘计算发展的重要推动力。

1.4　边缘计算的架构与实现技术

1.4.1　边缘计算的模型

图1-7从基本工作原理的角度给出了边缘计算的架构示意图。边缘计算的架构可以划分为设备层、边缘层与云层3层以及边缘计算安全，其中边缘层可进一步划分为“边缘–设备”子层与“边缘–云”子层。

1. 设备层

设备层是物联网的最底层，它是由传感器、执行器与用户终端设备组成。传感器、执行器与外部物理环境交互，采集环境数据，接收并执行从边缘层传送来的指令。

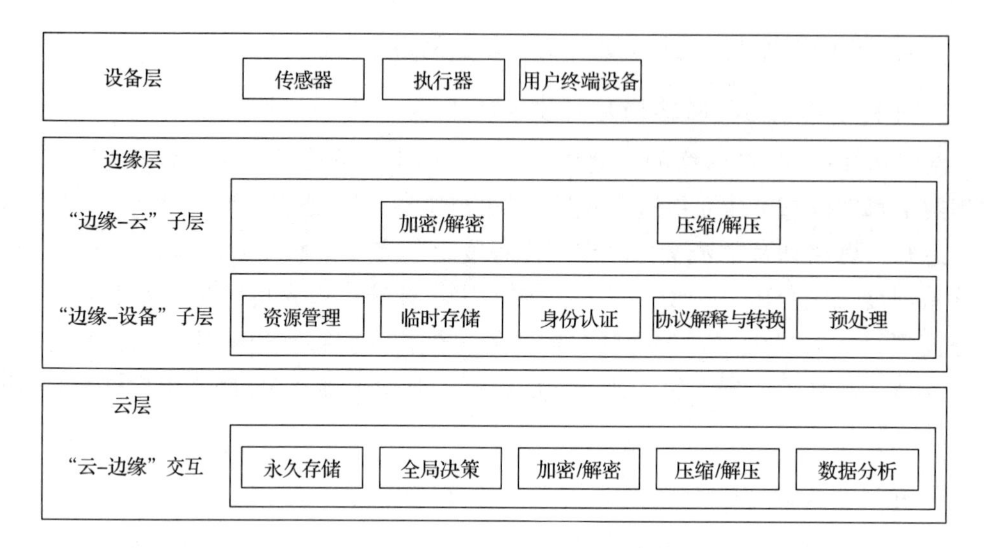

图 1-7 边缘计算架构示意图

设备层包括由传感器完成数据采集的数据采集模块，由执行器接收和执行高层指令的命令执行模块以及用来识别设备身份的注册模块。当实体设备第一次加入网络时，需要向注册模块申请，并获得一个标识身份信息的 ID 与密钥。设备的 ID 在全网是唯一的，当设备动态接入网络时要用 ID 进行身份确认。

2. 边缘层

(1)“边缘－设备”子层

边缘－设备子层负责控制实体设备的运行、协议解释，它由资源管理、临时存储、身份认证、协议解释与转换、预处理 5 个模块组成。

- 资源管理模块负责接收由设备层发出的加入请求，并将设备规格添加至清单中。根据边缘应用程序的资源管理策略，关闭已注册但未在预设时间内发送信息的设备。
- 临时存储模块负责存储正在进行计算的数据，以及已注册设备的规格与 ID、密钥等信息。
- 身份认证模块负责从临时存储模块中检索已注册的设备清单、ID 与密钥，并进行身份认证。
- 协议解释与转换模块负责在设备与边缘云之间的通信采用不同协议（Wi-Fi、BLE、ZigBee）时，实现协议语义的解释与数据格式的转换。
- 预处理模块对临时存储的数据进行数据清洗、数据融合、边缘挖掘，以及通过数据过滤或降噪等方式改善接收信号的质量；在紧急情况下，通过检查接收或采集的数据与预设阈值、条件进行对比来实现决策。轻量级分析、特征提取、模式识别及决策等都需要通过具体的算法对数据进行处理。在边缘云中使用的方法必须简单且能够满足现有计算能力的限制。

（2）“边缘－云”子层

“边缘－云”子层由加密 / 解密、压缩 / 解压 2 个模块组成。

- 加密 / 解密模块负责对敏感数据进行加密和解密操作。
- 压缩 / 解压模块负责对数据进行压缩与解压缩，以降低网络数据通信量。

3. 云层

云层由永久存储、全局决策、加密 / 解密、压缩 / 解压与数据分析 5 个模块组成。

- 永久存储模块负责接收来自不同边缘区域的有用数据，并利用大数据技术进行永久存储。
- 全局决策模块负责对存储的数据进行分析，形成决策建议。
- 加密 / 解密模块负责对敏感数据进行加密和解密操作。
- 压缩 / 解压模块负责对数据进行压缩与解压缩，以降低网络数据通信量。
- 数据分析模块使用模式识别、知识发现方法分析数据，产生知识，为全局决策提供依据。

4. 边缘计算安全

边缘计算安全涉及设备层、边缘层与云层。边缘计算的应用场景主要位于网络边缘，并且部署的传感器、执行器与用户终端设备数量庞大，外部环境复杂，自身计算与存储能力受限，攻击防范能力不强，使用传统网络安全防范措施难以奏效。因此，边缘计算安全研究主要是针对物联网边缘计算系统，根据边缘计算的特点，研究边缘设备、边缘基础设施、边缘数据的安全问题。

综合以上关于边缘计算架构中各层功能的描述，我们可以用图 1-8 来描述边缘计算系统各层之间的信息交互关系。

1.4.2　边缘计算的覆盖范围

边缘计算的“边缘”不局限于物理网络的边缘节点，可以是从数据源到远端云路径之间的任意一个或多个计算节点、存储节点和网络资源节点。图 1-9 给出了边缘计算的覆盖范围。

实际部署的边缘计算体系是由现场级边缘计算单元与网络侧边缘计算单元组成。现场级边缘计算单元由现场计算节点组成；网络侧边缘计算单元由中心机房、区域中心机房 / 数据中心组成。

现场级边缘计算单元一般部署在电信运营商网络的接入点。这里所说的接入点包括两种类型：一类是位于企业用户的属地的节点，这里大多没有机房环境，典型的设备形态是边缘计算智能网关类的设备；另一类是将移动边缘计算设备与基站设备一起安装在电信运营商的机房中所形成的节点。无论哪类接入点都会接入移动电信运营商

的区域中心机房 / 数据中心，再接入移动通信网的核心网，并与云计算机中心连接。

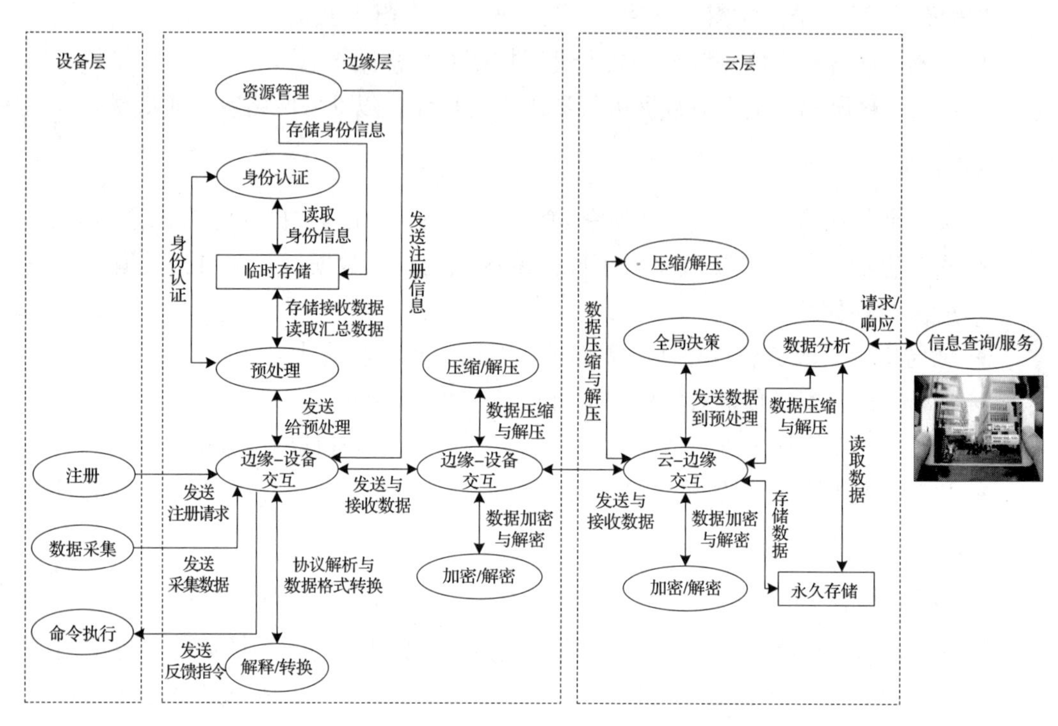

图 1-8　边缘计算系统的信息交互关系

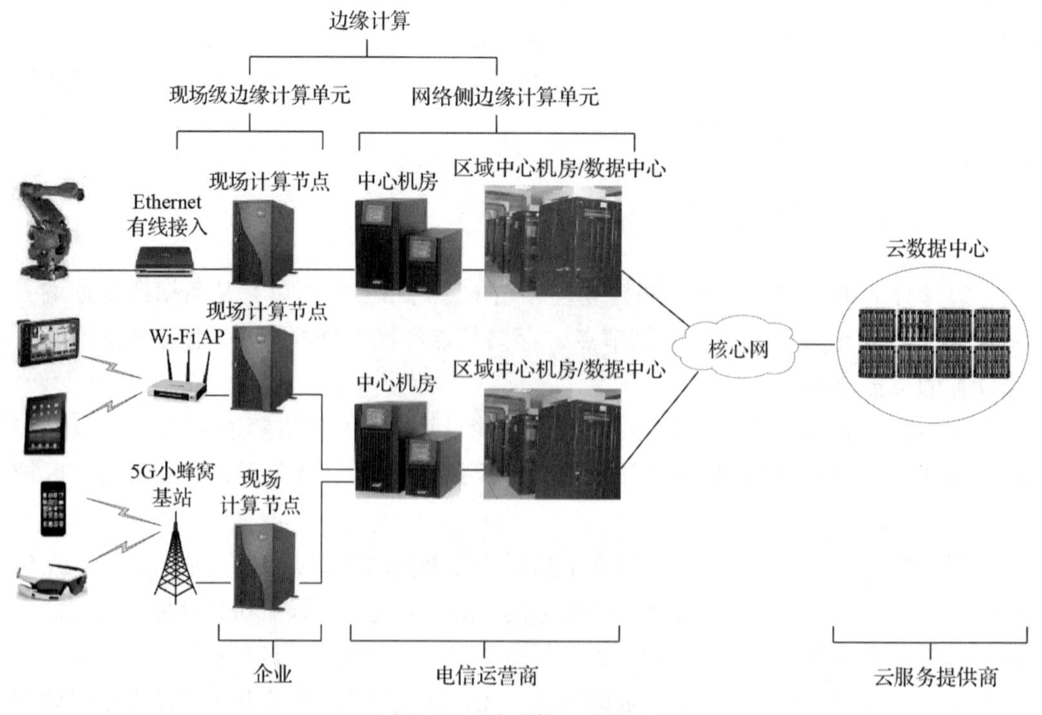

图 1-9　边缘计算覆盖范围

因此，从边缘计算设备归属与管理的角度，边缘计算的节点是由靠近接入的物联网设备和用户现场的计算节点，如办公室、家庭的智能网关设备，智能工厂的智能控制器、边缘计算服务器，一般是由企业和用户投资建设与维护。从接入网的基站机房、中心机房到区域中心机房/数据中心的边缘计算设备是由电信运营商投资建设和维护。

1.4.3 边缘云与核心云的关系

了解边缘云与云数据中心之间的关系，对于理解边缘计算的原理与实现方法很重要。我们用图1-10所示的智能医疗中的边缘计算应用实例，形象地解释边缘云与云数据中心之间的分工协作关系。

这是一个基于移动边缘计算的智能医疗应用系统工作过程的案例。物联网硬件设计工程师开发了一个胰岛素手环。糖尿病患者戴上胰岛素手环，手环中的血糖传感器能实时测量患者的血糖值，然后通过智能医疗的边缘计算系统，通过边缘云与云数据中心的协同工作，实现对患者的紧急救助和治疗。这个系统工作的过程可以分为以下几个步骤。

第一步，胰岛素手环以较短的时间间隔（如每分钟一次）测量和传输患者的血糖值。如果患者的血糖值高于预先设定的阈值（假设为400mg/dl），手环立即向附近的边缘计算节点发送实时的血糖数据。

第二步，边缘计算节点对数据进行预处理，临时存储血糖数据，并向手环的执行器发出注射胰岛素的指令。执行器完成胰岛素注射之后，向边缘计算节点返回注射成功的应答；边缘计算节点接收到执行器应答之后，向执行器发出设置报警通知的指令。

第三步，手环的血糖传感器连续向边缘计算节点报告患者在注射胰岛素之后的血糖值。边缘计算节点计算患者注射胰岛素之后传感器获得的血糖平均值，然后向远端的云数据中心发送患者的血糖平均值。

第四步，云数据中心对接收到的患者血糖平均值进行分析、处理与存储。如果血糖平均值超过预先设定的血糖平均值，云数据中心向边缘计算节点发出反馈，边缘计算节点向执行器发出什么情况下需要报警的指令。

第五步，云数据中心同时将患者的病情变化通报给急救中心，医生通过应用程序向云数据中心发出报告请求，云数据中心进行数据分析之后生成报告，发送到应用程序，由医生决定是否需要急救中心做进一步的治疗。

概括来说，胰岛素手环可以7×24小时不间断地监控慢性病患者的健康状况；执行器可以从靠近手环的边缘云获得执行指令，及时对患者进行救治；云数据中心根据边缘计算节点计算和报告的血糖平均值进行分析，并生成报告。整个过程以连续、实时地分工协作的方式进行，可以有效地对慢性病患者进行及时救助。

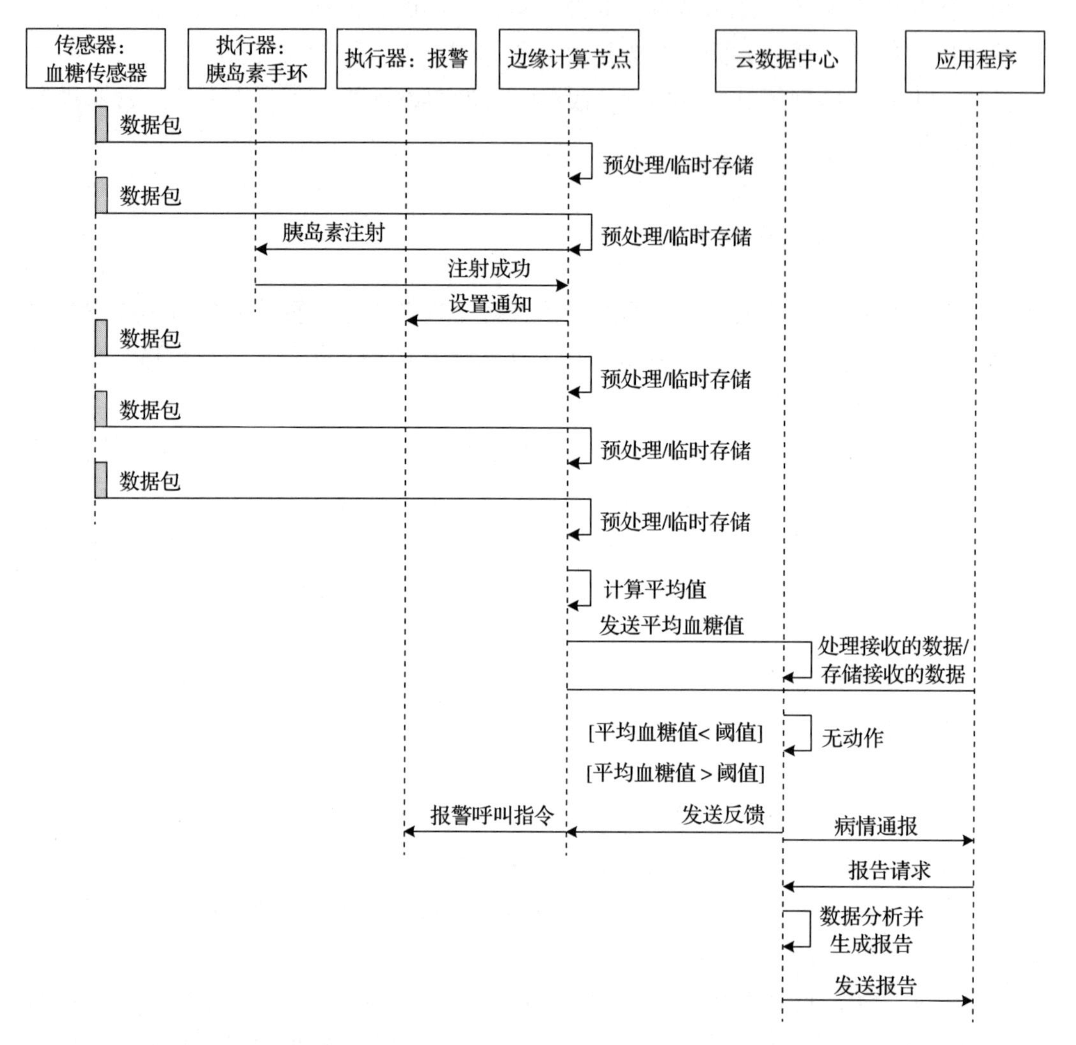

图 1-10　边缘云与云数据中心协同工作的示意图

在这个过程中，边缘计算节点的作用是连续监控与实时、快速分析患者的血糖参数，出现紧急情况立即进行处理，同时将患者的血糖数值及紧急救护结果传送到远端的云数据中心；云数据中心接收、存储数据，利用糖尿病专家系统对患者的血糖数据进行分析，根据平均血糖值大于或小于设定的阈值来向边缘计算节点发出反馈指令；边缘计算节点向执行器发送什么情况下需要发出报警的指令。同时，云平台将与急救中心的应用程序协作，云数据中心生成数据分析与紧急处置情况报告并传送到急救中心，由急救中心医生做进一步处置。

从以上边缘计算应用的实例中可以看出，边缘计算与云计算各有所长。云计算适用于全局性、非实时、长周期的大数据处理与分析，能够在长周期维护、业务决策支撑等领域发挥优势；边缘计算更适用于局部性、实时、短周期的数据处理与分析，能够更好地支撑本地业务的实时智能化决策与执行。

因此，边缘计算与云计算之间不是替代关系，而是互补协同关系，“云－边”协同将放大边缘计算与云计算的应用价值。边缘计算靠近执行单元，是云端所需高价值数据的采集和初步处理单元，可以更好地支撑云端应用；云计算通过大数据分析、优化所输出的业务规则或模型可以下发到边缘侧，边缘计算基于新的业务规则或模型运行。

从上述分析可以得出以下几点结论。

- 边缘云与云数据中心构成了分布式协同工作系统。“云－边”协同包括 IaaS、PaaS、SaaS 各个层面的协同，资源、虚拟化、安全的协同，以及数据、应用管理与业务管理的协同。
- 由于云数据中心在计算、存储、网络资源方面的优势，因此物联网应用层、应用服务层的业务信息处理、大数据分析与挖掘、宏观与预测性分析以及 AI 模型训练等大型计算任务放在云数据中心来完成。应用软件开发则在云数据中心完成，然后根据需求部署到边缘计算节点。
- 由于安装的场地、电力供应、维护与安全的限制，边缘计算设备一般采用轻量级的部署方式，计算能力相对有限。边缘计算节点主要承担延时敏感的业务，实现局部性、实时与短周期的数据处理与分析，支撑本地业务的智能决策。

1.4.4　边缘计算中的异构计算

随着人工智能技术的快速发展，基于机器学习或增强学习的智能技术被引入边缘计算与边缘计算设备中。图 1-11 给出了边缘计算在人脸识别系统中的应用示意图。这是一个物联网智能安防应用中基于边缘计算的人脸识别系统。

在人脸识别系统中，可以在网络摄像头中集成人脸识别与跟踪的软件。在拍摄到人物图像时，首先完成人脸识别和跟踪，并将人脸图像传送到安装在边缘计算节点的网络视频录像机（Network Video Recorder，NVR），NVR 在最接近图像源的边缘位置存储人脸图像。边缘计算服务器对人脸图像进行对齐、特征提取；同时在配置有本地存储功能的边缘计算服务器中进行人脸匹配与特征存储，并周期性地将聚合后的数据同步到云数据中心。云数据中心可以根据历史数据与同步数据进行更大范围的人脸匹配与特征提取，以发现更有价值的信息。

在这个过程中，边缘计算节点需要运行机器学习或增强学习的智能算法以进行模型推理，或根据收集到的带标签数据进行模型的更新和优化。这就需要在边缘计算节点增加更多计算能力来更有效地执行智能算法，如采用现场可编程门阵列

（Field Programmable Gate Array，FPGA）、图形处理器（Graphics Processing Unit，GPU）、专用集成电路芯片（Application Specific Integrated Circuit，ASIC）等不同类型的加速器来迁移这部分计算任务。当然，这就带来了异构计算（Heterogeneous Computing，HC）的问题。

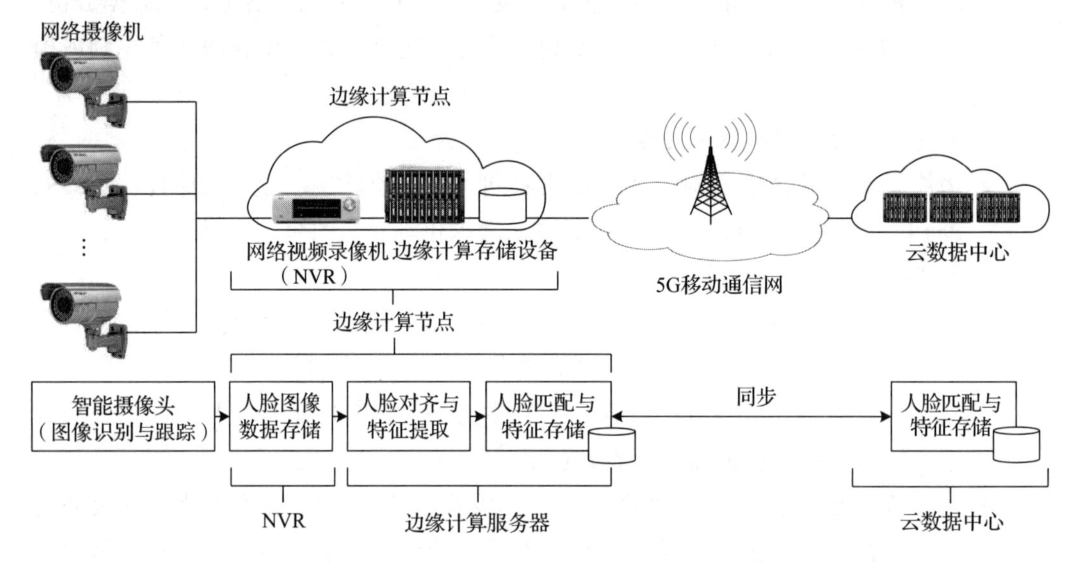

图 1-11 边缘计算在人脸识别系统中的应用

异构计算能够将采用不同指令集的计算单元集成在一起，发挥它们各自的优势，实现性能、成本与功耗的平衡。例如，GPU 具有很强的浮点和向量计算能力，可以很好地完成矩阵与向量的并行计算，适用于视频流的硬件编解码和深度学习模型的训练；FPGA 具有硬件可编程能力与低延时等特点；ASIC 具有高性能、低功耗的特点，可以用于边缘侧的深度学习模型推理、压缩与加密等迁移操作。

异构计算技术在边缘计算中越来越重要。异构计算的引入必然会增加边缘计算结构的复杂性，需要通过虚拟化与软件抽象来为开发者提供统一的 SDK 与 API 接口，以屏蔽硬件的差异性，方便开发者与用户在异构平台上进行开发与部署。

1.4.5 边缘数据的特点

在规划和设计物联网边缘计算系统的结构、运行机制与隐私保护和系统安全时，需要注意边缘数据的特点。

1. 物联网边缘数据的数量与价值

物联网应用系统中一般要使用多种传感器，不同数据源产生的数据在数量和价值上会有差异。一些传感器会连续、大量地产生数据，而有些传感器产生的数据量很少；有些数据有很高的价值，有些数据没有太高的价值。

例如，胰岛素手环在患者没有发病时传输的大量正常血糖数值价值不高，而在患者发病与注射胰岛素之后一段时间传输的患者血糖数据非常重要。但是，在下一次患者发病时，一般不需要前几次发病的所有数据，而每次发病与注射胰岛素前后血糖平均值的变化量是对医疗有非常高价值的数据。人脸识别系统中摄录到的人脸的一帧，比没有摄录到人脸的大量空白帧更有价值。

2. 物联网边缘数据的突发性与颗粒性

不同物联网应用系统的数据带有时间、位置、环境与行为特征。当一个事件发生时（如患者突然血糖值升高并注射胰岛素），围绕这个事件，来自不同角度的“一团”感知数据“突然”出现。边缘感知数据呈现出明显的实时性、突发性与颗粒性的特点。能否实时地处理突发性的边缘数据，决定了物联网应用系统存在的价值。

3. 物联网边缘数据的非结构化与隐私性

物联网的不同类型传感器有可能同时产生大量的图像、视频、语音、超媒体等非结构化数据。对于智能安防系统，摄像头会产生不同位置出现的人脸图像、人物移动的视频与语音等信息。边缘数据更接近应用系统实际的运行状态，其中隐含了大量企业重要的商业秘密与个人隐私信息。

边缘计算重点关注对象的数据具有以下两个主要的特点。

- 对边缘的本地决策有很高的价值，对云数据中心的总量分析有一定的价值。
- 数据的时间敏感性高、半衰期短，并且很快失去价值。

因此，边缘计算系统的设计必须注意以下几个问题。

1）需要区分不同类型数据的价值，有选择、快速、精确地捕获有价值的数据。根据数据的价值，确定哪些数据需要归档和存储。当数据对本地决策有重要价值时，需要在接近数据源的位置实施快速、实时的处理，并存储和归档原始数据。

2）从提高边缘计算效率、带宽的可用性与降低成本的角度，需要根据不同数据的价值、生命周期来排列本地数据处理的优先级，实现数据过滤与本地处理，减少需要归档、存储、维护及传送到云数据中心的数据量，进一步降低边缘计算系统对核心网带宽的需求。

3）边缘计算节点需要采用基于规则模型的智能数据分析工具对来自不同位置、不同类型传感器的突发性感知数据进行快速清洗、聚类；需要借鉴大数据分析方法对边缘数据的挖掘与分析，并通过机器学习算法来提高边缘计算能力。智能技术在边缘计算中的应用是一个重要的研究方向。

4）在实际运行的移动边缘计算系统中，一部分边缘计算服务器安装在用户机房、工厂生产线、办公室或家庭周边；一部分边缘计算服务器安装在电信运营商的接入网基站机房、中心机房，以及区域中心机房/数据中心机房。有些安装边缘计算设备的环境属于公共空间，环境相对比较复杂。因此，从加强对边缘计算中涉及的企业保密信息、个人隐私信息与网络安全保护的角度出发，在设计边缘计算系统的网络拓扑、节点安装环境、数据管理、归档策略与位置，以及数据分析的方案时，要增强网络安全意识，采取必要的安全保护措施，防止攻击者通过边缘计算平台窃取敏感数据，实施 DoS/DDoS 攻击。

1.4.6 边缘硬件设备

1. 虚拟化的基本概念

理解边缘硬件设计方法与工作原理，必须掌握虚拟化技术的基本概念。

（1）虚拟化的定义

虚拟化（Virtualization）的概念在 20 世纪 50 年代提出，20 世纪 60 年代 IBM 公司在大型机上实现了虚拟化的商用。目前，虚拟化的概念已经从操作系统的虚拟内存、Java 语言的虚拟机，扩展到软件定义网络（SDN）与网络功能虚拟化（NFV），并且成为云计算、边缘计算运行的基础。

虚拟化是一个广泛、变化的概念，为其给出一个清晰而准确的定义不是一件容易的事。虚拟与真实相对，虚拟化是将原本运行在真实环境中的计算机系统或组件，运行在虚拟的环境中。计算机系统可以分成若干个层次，底层是硬件资源，硬件资源之上是操作系统、由操作系统提供的应用程序接口，以及运行在操作系统之上的应用程序。虚拟化技术可以在不同层次之间构建虚拟化层，向上提供与真实层次相同或类似的功能。

我们每天使用计算机时都会涉及操作系统的虚拟内存技术。虚拟内存是从硬盘存储空间中划分出一部分作为内存的中转空间，负责存储内存存放不下并且暂时不用的数据。当程序需要用到这些数据时，再将其从硬盘空间调度到内存。有了虚拟内存技术，程序员就能拥有更多的空间来存放程序指令和数据。虚拟内存屏蔽了程序所需内存空间的存储位置和访问方式等实现细节，隐藏在硬盘空间进行内存交换、文件读写的过程，使程序看到一个统一的地址空间，可以用统一的分配、访问与释放指令来访问虚拟内存，就如同访问真实存在的物理内存一样。程序员感觉不到虚拟内存的存在，就可以更专注于程序逻辑的编写。当然，用户使用计算机时也不会感觉到虚拟内存的存在。

IBM 公司对虚拟化的定义是：虚拟化是资源的逻辑表示，它不受物理限制的约束。维基百科对虚拟化的定义是：虚拟化是表示计算机资源的抽象方法，这种抽象方法不受地理位置与底层资源物理配置的限制。

比较不同的定义，可以归纳出它们包含如下共同的含义。

- 虚拟化的对象是物理的计算、存储与网络资源。
- 虚拟化的逻辑资源对用户隐藏不需要知道的技术细节。

- 用户可以在虚拟环境中实现真实环境中的部分或者全部功能。

（2）系统虚拟化与虚拟机

如果不使用虚拟化技术，应用程序直接运行在个人电脑或服务器之上，那么每台个人电脑或服务器每次只能运行一个操作系统。这样，应用程序开发者必须针对不同操作系统编写应用程序。为了在一台计算机上支持多种操作系统，最有效的方法是实现系统虚拟化（System Virtualization）。

实现系统虚拟化需要做到以下4点。

- 所有计算设备（服务器、存储器、网络设备等）都有一组特定的指令。实际上，虚拟化技术就是为每个虚拟机模拟用户可访问的指令集。虚拟机将这些虚拟指令“映射”到计算机的实际指令集上。
- 系统虚拟化通过软件将一台计算机的资源分割成多个独立和相互隔离的虚拟机（Virtual Machine，VM），并为每台虚拟机提供一套虚拟的CPU、内存、外设、I/O接口、网络接口等硬件环境。
- 在共享的硬件资源与虚拟机之间配置虚拟机管理器（Virtual Machine Manager，VMM）软件，实现从虚拟资源到物理资源的映射。VMM可以提供完全模拟硬件应用环境的系统软件，为多个虚拟机分配资源，使虚拟机好像直接运行在主机硬件之上。
- 真实的物理计算机通常被称为物理机或宿主机（Host），虚拟机则称为客户机（Guest）。VMM也称为超级监督者（Hypervisor）。VMM或Hypervisor不是具体的软件，而是一类软件的统称。Hypervisor包括VMware、KVM、Xen、Virtual Box等软件。使用Linux的读者都比较熟悉VMware，在Windows系统上安装VMware，然后才能创建Linux虚拟机。KVM（Kernel-based Virtual Machine）是基于Linux内核的虚拟机，它能够提供更为底层的模拟CPU运行的能力。

图1-12给出了物理机经过系统虚拟化改造之后的结构。

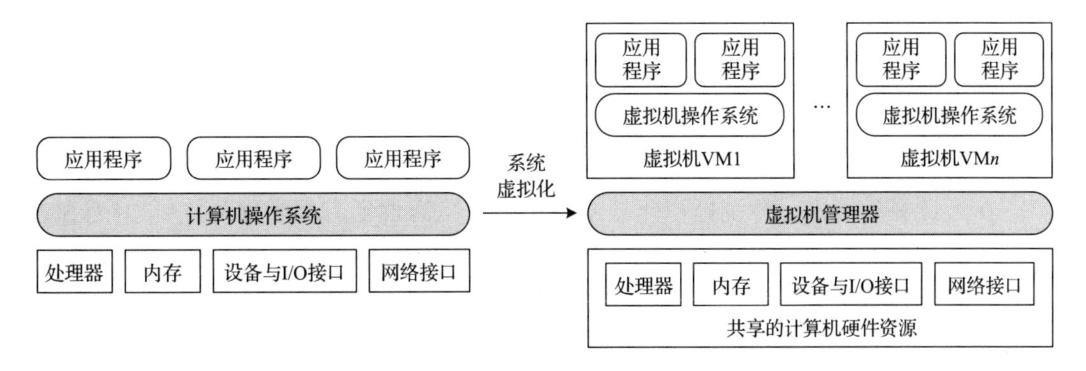

图1-12　物理机经过系统虚拟化改造之后的结构

基于以上的讨论，总结虚拟机的特征如下。

- 虚拟机是利用系统虚拟化技术，运行在一个隔离的环境中，具有完整的硬件功能（包括操作系统与应用软件）的逻辑计算机系统。
- 虚拟机建立起来后，可以像一台真正的计算机一样的开机、加载操作系统与应用程序。与物理计算机不同的是，虚拟机只能感知分配给它的资源，而不能真正看到物理主机的资源。
- 虚拟机软件中的配置文件用来描述虚拟机的属性，包括分配给虚拟机的 CPU 数量、磁盘空间大小、可访问的 I/O 设备，以及拥有的网卡数量等信息。

（3）基础设施虚拟化

虚拟化的主要应用目标是实现信息基础设施资源的虚拟化，从而达到为更多用户提供相互隔离、安全与可信服务的目的。基础设施的资源包括服务器、软件、存储与网络资源。

服务器虚拟化是将一台服务器虚拟成多台独立的逻辑服务器，用户可以在独立的虚拟服务器上运行不同的操作系统与应用。服务器虚拟化为虚拟服务器提供能够支持其运行的硬件资源抽象，包括虚拟 BIOS、虚拟处理器、虚拟内存、虚拟设备与 I/O、虚拟网络接口等，并为虚拟服务器提供良好的隔离与安全性。

软件虚拟化主要包括两类：应用程序虚拟化与编程语言虚拟化。应用程序虚拟化的目标是将应用程序与操作系统相结合，为应用程序提供一个虚拟运行环境。编程语言虚拟化的目标是将可执行程序在不同计算机系统之间迁移。

存储虚拟化是为物理存储器提供一个抽象的逻辑视图，用户可根据该视图中的统一逻辑来访问虚拟化的存储器。存储虚拟化可以分为两种类型：基于存储设备的存储虚拟化和基于网络的存储虚拟化。

网络虚拟化是指在共享的物理网络上创建逻辑上相互隔离的虚拟网络，各种异构的虚拟网络可以在物理网络上共存。

云计算与边缘计算系统要集中配置大量服务器、存储器与网络设备等硬件资源。为了给大量用户按需、灵活地提供计算、存储与网络资源，需要通过虚拟化技术将硬件资源虚拟化为大量虚拟机，构成可共享的虚拟机资源池，实现相互隔离、安全与可信的服务。虚拟化是支撑云计算、边缘计算系统设计与运行的关键技术。

2. 轻量级虚拟化与容器的概念

在云计算环境中，传统虚拟化技术在虚拟机隔离性上有很大优势，可以很好地实现工作负载和多租户的资源分配，但是这种借助硬件的实现方式会引入较大的开销，消耗和浪费了大量系统资源，并不适用于实际的边缘计算应用。边缘计算由于受到场地、能源等因素的限制，在设备虚拟化上通常采用以容器（Container）为代表的轻量级虚拟化技术。

容器技术通过统一的镜像格式和简单的工具将应用和基础运行环境隔离开来。容器也是虚拟化的，但是属于轻量级的虚拟化。容器的作用和虚拟机一样，都是为了创造“隔离环境”。创建容器需要使用容器引擎 Docker 工具，管理容器需要使用 Kubernetes 容器管理平台。图 1-13 给出了虚拟机与容器应用部署的对比。

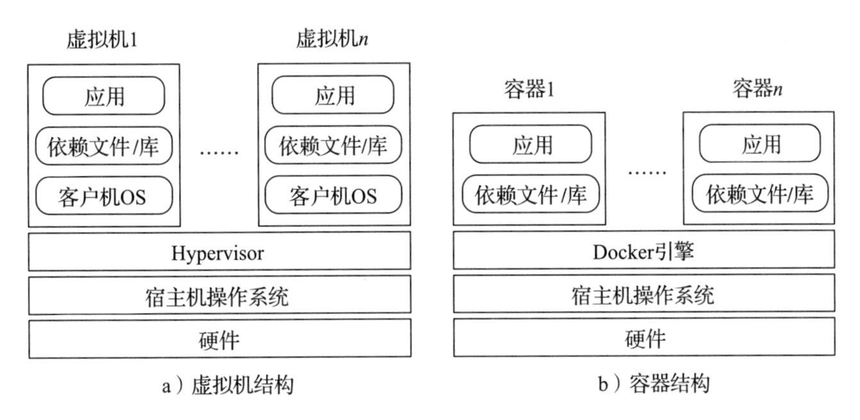

图 1-13　虚拟机与容器应用部署的对比

容器引擎 Docker，将应用与基础运行环境隔离开来，应用与其依赖的文件被隔离在相互独立的运行环境中，但是它们共享同一个 OS 内核。Kubernetes 用于管理平台中多个被称为“容器”的运行环境，提供应用部署、规划、更新与维护机制。Kubernetes 是一个容器集群管理系统，主要作用是管理容器在哪个机器上运行、监控容器是否存在问题、控制容器和外界的通信，即启动容器、自动部署、扩展和管理容器应用、回收容器等。由于 Docker 和 Kubernetes 关注的不再是基础设施和物理资源，而是应用层，因此容器模式属于 PaaS 类应用。Kubernetes 起源于 Borg 容器管理平台。Kubernetes 技术很成熟，已经得到广泛应用，开发人员习惯将它简称为 K8S。

虚拟机是操作系统级别的资源隔离，而容器本质上是进程级的资源隔离。虚拟机通过模拟硬件环境，启动完整的操作系统，为应用运行提供独占环境，因此需要安装宿主机 OS。而容器是在宿主机 OS 上实现进程虚拟化。容器的镜像不需要 OS 内核，也不需要安装宿主机 OS，仅需应用运行相关的库和文件，因此容器占用系统资源少、系统损耗小、启动快。表 1-2 给出了虚拟机与容器的对比。

表 1-2　虚拟机与容器的对比

特　征	虚拟机	容　器
硬件接口	仿真模拟	直接访问
运行模式	用户模式	内核模式
隔离策略	Hypervisor	Control Group

（续）

特 征	虚拟机	容 器
资源消耗	5%～15%	0%～5%
启动时间	分钟级	秒级
镜像尺寸	GB～TB	KB～MB
集群规模	100+	10000+
高可用策略	备份、异地容灾、迁移	弹性伸缩、负载均衡

从表中可以看出，相比于传统的虚拟机，Docker 的优势很明显。它的启动时间是秒级；对资源的消耗很少，一台宿主机可同时运行几千个 Docker 容器；占用空间很小，虚拟机一般要几 GB 到几十 GB，而容器仅需 MB 级甚至是 KB 级的空间。目前，云服务提供商已开始采用容器技术构建自己的边缘计算平台。

3. 边缘硬件设备

边缘硬件设备是承载边缘云平台的基础设施资源，它是边缘云体系中最基本的组成部分。根据不同的部署位置和应用场景，边缘云的硬件形态有所不同，常见的硬件设备有边缘网关、边缘服务器、边缘一体机等。

（1）边缘网关

边缘网关主要部署在行业边缘云应用的现场，实现网络接入、协议转换、数据采集与分析处理，与边缘服务器、边缘一体机等硬件设备配合，为各行业应用提供实时、可靠的网络接入服务。边缘网关使用轻量级容器虚拟化技术，支持部分用户现场业务应用的灵活部署和运行。

在接入方式上，边缘网关既支持终端设备通过无线网络的方式接入，又支持通过有线固网的方式接入。边缘网关要将传感器的温度、湿度、速度、压力等多种传感器的感知信号转换成可以在接入网、核心网中传输的数据包，将感知数据传送到边缘云与云数据中心，并将高层控制指令转发到安装在现场的执行器。

（2）边缘服务器

边缘服务器是边缘计算和边缘数据中心的主要计算载体。由于边缘云应用场景的特殊性，边缘机房的环境与云数据中心机房的环境差异很大，很多资源都受到限制；不同的边缘计算应用对带宽、延时、计算能力与智能化程度提出了多样性的需求。因此，边缘服务器需要在异构计算、高效运维、部署环境等方面采用轻量级虚拟化技术。

为了满足不同业务应用的需求，边缘服务器需要支持 ARM、GPU 与 NPU 的异构计算。边缘计算作为数据处理的第一关，需要利用人工智能技术对数据进行分析和挖掘，提高数据源的价值。边缘云业务在部署、服务器选型方面存在巨大的差异，大大增加了边缘云的运维难度。为了提高系统运维与管理能力，边缘服务器需要具备统一的运维管理接口及业务自动部署等能力，实现对不同厂家、不同架构服务器状态的获取、配置、软件更新等工作。同时，由于边缘计算服务器通常需要部署在边缘机房和现场，无法满足通用服务器对空间、温度、机架等方面的要求，因此边缘服务器的设计应考虑机柜空间、电源系统、环境温度等多方面的因素。

（3）边缘一体机

边缘一体机是边缘计算中常用的硬件设备，它是将计算、存储、网络、虚拟化、系统管理等功能集成到一个机柜中，具有免机房、易安装、管理简单、集中运维、集中灾备等特点。边缘一体机在出厂时已经完成预安装和连线。在交付使用时，只需接上电源和网络，利用快速部署工具即可实现业务快速上线。

（4）边缘存储器

边缘存储是将数据直接存储在数据采集节点或边缘云平台中，而不需要将数据通过网络传输到云端服务器的数据存储方式。边缘存储器是边缘计算的核心部分，在靠近数据源的位置为物联网应用提供实时可靠的数据存储与访问功能。

在边缘计算应用中，为了满足数据处理的实时性要求和对海量数据的存储要求，需要在边缘侧实现对数据的预取与缓存，通过将数据从云端服务器中预先下载到本地的缓存历史文件的方式，提高对业务的快速响应能力。数据的预取需要根据访问时间、频率、数据量等内容选择要预先存储的数据，可以使用大数据分析及人工智能算法，预测未来的访问概率，实现对预取数据的合理选择。

与云存储相比，边缘存储器距离数据源更近，存储设备的规模及通信开销更小。面对边缘计算的海量存储需求，分布式存储成为边缘存储的主流技术。分布式存储通过将数据分散存储在多个独立、廉价的存储设备上，能够有效分担存储负载，降低存储成本，提高存储系统的可扩展性。常用的分布式存储系统包括 GFS、HDFS 等。

由于边缘云需要处理对延时要求较高的任务，因此边缘存储器普遍使用固态硬盘（SSD）。固态硬盘能够提供很高的 I/O 性能，具有低功耗和高可靠性的优势，能够有效完成边缘存储任务。

4. 边缘网络

边缘计算需要为用户提供低延时、高可靠的网络服务。边缘网络是边缘云运行的关键和基础。边缘网络通常包括边缘云接入网络、边缘云内部网络和边缘云互联网络。其中，边缘云接入网络是指从用户终端设备到边缘云平台所经过的网络基础设施，边缘云内部网络是指边缘云平台内部连接各个硬件设备的网络，边缘云互联网络是指从边缘云平台到中心云平台、其他边缘云平台，以及到云数据中心的网络基础设施。

边缘云接入网络包括用户现场设备接入边缘云平台的网络。根据应用场景的不同，大致可以分为园区网络、无线接入网等。其中，园区网络包括企业的内部网、厂区的局域网、大学的校园网等，常用网络技术有5G、NB-IoT、Wi-Fi、局域网、现场总线等。边界网关包括宽带网络网关、用户终端网关、物联网接入网关等。

边缘云内部网络包括连接边缘服务器以及与外网互联的网络。由于边缘计算主要是满足特定的实时性业务的要求，更加重视用户体验，因此边缘云内部网络在架构上可根据服务器规模及边缘云互联网络的需求，考虑选择GE、10GE、40/100GE的高速以太网组网方法。

1.4.7 边缘计算的工程应用

1. 新型边缘存储系统

要实现边缘计算在数据存储与处理上的实时性要求，就需要边缘计算存储系统具有低延迟、大容量、高可靠性等特点。边缘计算的数据有更高的时效性、多样性和关联性，需要保证边缘数据的连续存储和预处理。因此，如何高效存储和访问实时数据，是边缘计算存储系统设计中需要重点解决的问题之一。由于采用非易失存储（Non-Volatile Memory，NVM）的设备能够较好地改善现有存储系统I/O受限的问题，因此基于高密度、低能耗、低延时、高读写速度的NVM系统将大规模地部署在边缘计算设备中。

但是NVM应用于边缘计算面临以下几个问题：

- 高速非易失存储介质技术发展较快，但是面向高速非易失存储介质的软件支撑技术的发展与其不同步。
- 边缘计算对新型存储架构的应用需求多样化，如何最大化地发挥非易失存储系统中存储介质的性能、能耗和容量等方面的优势，是软硬件技术研究的重要问题之一。
- 边缘计算环境的数据具有较高的读写需求，对数据的可靠性要求较高。在室外复杂环境和资源受限的边缘设备上，如何保证非易失存储介质的数据可靠性，如非易失内存的数据一致性问题、针对NVM的恶意磨损攻击、非易失介质的寿命和故障，是硬件架构和软件支撑技术需要着重研究的问题。

2. 轻量级函数库和内核

由于边缘计算硬件资源受限，难以支持大型软件的运行，而且网络边缘存在大量由不同厂商生产的边缘计算设备，在边缘设备上部署应用是一件非常困难的工作，因此必须采用虚拟化技术来解决这个难题。传统VM基于一种重量级的库，部署延时长，并不适合边缘计算应用。资源受限的边缘设备需要轻量级库和内核的支持，在消耗更少的资源与更短的时间的情况下达到最好的性能。因此，边缘计算不可缺少的关键技术是轻量级库和算法，这是当前研究的重点问题之一。

3. 边缘计算编程模型

云计算用户编写的应用程序将部署和运行在云端。云服务提供商负责维护云计算服务器，用户对应用程序的运行完全不知情或知之甚少，这是云计算模型下应用程序开发的一个特点。在边缘计算模型中，部分或全部计算任务从云端迁移到边缘节点，而边缘节点多数是异构平台，每个节点运行的环境可能都不相同。因此，在部署用户应用程序时，程序员会遇到较大的困难。由于传统的编程模型均不适合，因此需要进行基于边缘计算的新型编程模型的研究。

为了实现边缘计算的可编程性，研究人员提出过一种称为计算流的概念。计算流是指沿着数据传输路径执行的一系列计算或功能，它可以是某个应用程序的全部或部分函数。计算流属于软件定义的范畴，主要应用于源数据的设备端、边缘节点以及云计算环境中，以实现高效的分布式数据处理。编程模型的改变需要新的运行时库的支持。运行时库是指编译器用来实现编程语言内置函数，为程序运行时提供支持的一种计算机程序库。它是编程模型的基础，是一些经过封装的程序模块，对外提供接口，可进行程序初始化处理、加载程序的入口函数及捕捉程序的异常执行。针对不同的边缘计算环境的编程模型，是边缘计算研究的另一个重要课题。

1.5 习题

1. 单选题

（1）以下不属于边缘计算基本特征的是（　　）。

A. 开放性　　B. 协作性

C. 可重用性　　D. 可扩展性

（2）以下几个应用场景中，要求延时最短的是（　　）。

A. 无人驾驶　　B. 智能电网控制

C. 触觉 VR 遥控　　D. 高清 4K 视频流

（3）以下不属于边缘设备硬件平台与软件设计需要解决的关键问题是（　　）。

A. 用户可分布　　B. 数据可分布

C. 资源可分布　　D. 应用程序 / 服务功能可分割

（4）以下不属于边缘硬件设备的是（　　）。

A. 边缘网关　　B. 边缘服务器

C. 边缘一体机　　D. 边缘交换机

（5）以下不属于边缘网络的是（　　）。

A. 边缘云接入网络　　B. 边缘云交换网络

C. 边缘云内部网络　　D. 边缘云互联网络

（6）以下不属于边缘计算“贴近”含义的是（　　）。

A.“端 – 端”距离　　B. 空间距离

C. 网络距离　　D. 靠近数据源

（7）以下关于 5G 移动边缘计算优点的描述中，错误的是（　　）。

A. 有利于缓解网络带宽压力　　B. 有利于提高服务的响应能力

C. 有利于催生新的通信技术　　D. 有利于隐私保护与网络安全

（8）以下关于边缘计算节点承担任务的描述中，错误的是（　　）。

A. 延时敏感的业务　　B. 边缘设备实时性数据处理

C. 支撑本地业务的智能决策　　D. 全过程、长周期的数据分析预测

（9）以下关于边缘计算模型雾 – 设备子层功能的描述中，错误的是（　　）。

A. 资源管理模块负责接收设备层发送的加入请求

B. 临时存储模块存储正在进行计算的数据

C. 身份认证模块负责对管理员进行身份认证

D. 解释 / 转换模块负责设备与雾之间的通信协议转换

（10）以下关于异构计算的描述中，错误的是（　　）。

A. 异构计算将不同指令集的计算单元集成起来

B. ASIC 适用于边缘侧的深度学习模型推理、压缩等迁移操作

C. GPU 适用于视频流的硬件编解码、深度学习模型的训练

D. FPGA 适用于边缘计算安全的深度学习与数据处理

2. 思考题

（1）请举例说明云计算的局限性。

（2）请分析边缘计算与云计算之间的关系。

（3）为什么物联网需要采用边缘计算技术？

（4）如何理解边缘计算的基本框架？

（5）为什么边缘计算是 5G 应用的关键技术之一？

第 2 章　5G 边缘计算技术

本章在介绍 5G 的技术特点与边缘计算概念的基础上，系统地讨论 ETSI MEC 参考架构、边缘计算参考架构 3.0、在 5G 网络中部署移动边缘计算、不同场景的 MEC 部署方案，以及从 4G 网络向 5G 网络过渡的问题。

2.1　5G 边缘计算概述

2.1.1　5G 的技术特点

评价网络价值的麦特卡尔夫定律指出：网络的价值与网络用户数量的平方成正比。未来接入 5G 网络的主要是物联网的用户终端设备。GSMA 对 2010 年～2025 年全球物联网设备接入数量进行了统计和预测，根据统计数据，2010 年～2018 年的全球物联网设备的接入数量从 20 亿个增长到 91 亿个，预计 2025 年全球物联网设备的接入数量可以达到 251 亿个。如此海量的物联网设备接入，使 5G 网络面临着巨大的挑战。要了解 5G 网络如何适应大规模物联网终端设备的接入，首先需要了解 5G 网络的性能、技术特点与应用场景。

由于 5G 网络需要满足物联网“万物互联”的各种应用场景，因此 5G 网络不能仅在传统移动网络的关键指标（如峰值速率、系统容量）上进一步提升，而是要在无线接入网（Radio Access Network，RAN）与核心网（Core Network，CN）的架构上全面创新，实现新型的网络体系结构。IMT-2020（5G）推进组对 5G 网络的特点做出了准确描述：5G 网络是由“标志性能力指标”和“一组关键技术”来共同定义的，如图 2-1 所示。

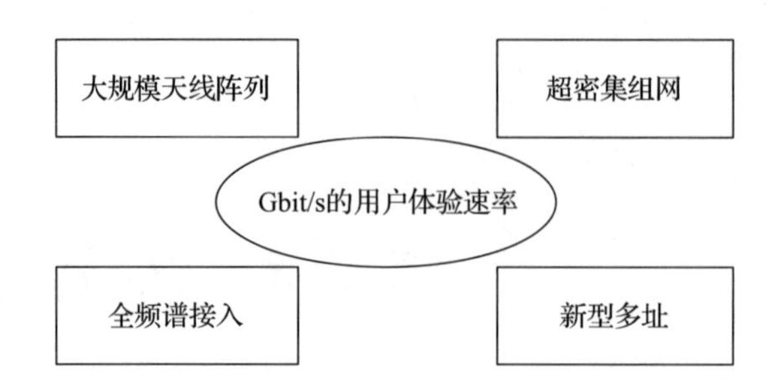

图 2-1　5G 网络的特点

- “标志性能力指标”是指每秒千兆比特量级的用户体验速率。
- “一组关键技术”是指大规模天线阵列、超密集组网、全频谱接入与新型多址。

2.1.2　5G 网络的技术指标

未来 5G 网络典型的应用场景位于人们居住、工作、休闲、交通等区域，特别是人口密集的住宅区、办公区、体育场、晚会现场、地铁、高速公路、高铁等。这些地区存在超高流量密度、超高接入密度与超高移动性，这些都对 5G 网络的性能有较高要求。为了满足用户要求，5G 网络研发的技术指标包括：用户体验速率、流量密度、连接密度、端 - 端延时、移动性、用户峰值速率等。表 2-1 给出了 5G 网络主要的性能指标。

表 2-1　5G 主要性能指标

名　称	定　义	单　位	指　标
用户峰值速率	在理想条件下可以实现的数据速率的最大值	Gbit/s	常规情况为 10Gbit/s 特定场景为 20Gbit/s
用户体验速率	在真实网络环境和有业务加载的情况下，用户实际可以获得的数据速率	Gbit/s	0.1～10Gbit/s
端 - 端延时	包括空口延时在内的端 - 端延时	ms	空口延时低于 1ms
移动性	在特定的移动环境中，用户可以获得体验速率的最大移动速度	km/h	500km/h
流量密度	单位面积的平均流量	bit/(s · m^2)	10Mbit/(s · m^2)
连接密度	单位面积可支持的各类设备数量	个 /km^2	1×10^6/km^2

（1）用户峰值速率

用户峰值速率是指在理想信道条件下单用户所能达到的最大速率，单位是 Gbit/s。理论上，5G 网络单用户的峰值速率一般为 10Gbit/s，特定条件下能够达到 20Gbit/s。

（2）用户体验速率

用户体验速率是指在实际网络负荷下可保证的用户速率，单位是 Gbit/s。由于在实际的网络使用中，用户能使用的速率与无线环境、接入的用户数量、用户位置等因素相关，因此一般采用 95% 比例统计方法进行评估。用户体验速率是第一次作为衡量移动通信系统性能而被引入的 5G 网络关键指标。在不同的场景下，5G 网络能支持不同的用户体验速率，在连续覆盖的场景中需要达到 0.1Gbit/s，在热点高热量场景中希望能达到 1Gbit/s。

（3）端 - 端延时

端 - 端延时是在一定可靠性的前提下包括空口延时在内的端 - 端延时，单位是 ms。表 2-1 中，空口延时是指信号从移动用户终端通过无线信道传送到基站的延时。5G 网络的空口延时要求低于 1ms。空口延时只是“端 - 端”延时的一部分。

（4）移动性

移动性是指在满足特定 QoS 与无缝移动切换条件下可支持的最大移动速率。移动性指标是针对地铁、高铁、高速公路等特殊场景，单位是 km/h。在特定的移动场景中，5G 网络支持的最大移动速度为 500km/h。

（5）流量密度

流量密度是指在忙时测量的典型区域单位面积上的总业务吞吐量，单位是 Mbit/(s · m^2)。流量密度是衡量典型区域覆盖范围内数据传输能力的重要指标，如大型体育场、露天会场等局部热点区域的覆盖需求，与网络拓扑、用户分布、传输模型等因素密切相关。5G 网络的流量密度为每平方米 10Mbit/s。

（6）连接密度

连接密度是指单位面积上可支持的在线终端数量。“在线”是指终端正在以特定的 QoS 进行通信，一般用每平方千米的在线终端数量来衡量连接密度。5G 网络的连接密度为每平方千米可以支持 100 万个在线设备。

2.1.3　5G 的应用场景

1. 5G 的愿景与应用场景

WPSD 是国际电信联盟无线电通信部门（ITU-R）之下专门研究和制定 5G 标准的工作组。2015 年 6 月，WPSD 第 22 次会议将 5G 正式命名为 IMT-2020，并确定了 5G 的愿景、应用场景、时间表等重要内容。

ITU-R 明确了 5G 的三大应用场景：增强移动宽带通信（enhanced Mobile Broadband，eMBB）、大规模机器类通信（massive Machine Type of Communication, mMTC）与超可靠低延时通信（uRLLC），如图 2-2 所示。

在这次会议上，ITU-R 进一步根据 5G 业务的性能需求与信息交互对象的划分，明确了 5G 的应用场景（如图 2-3 所示）。

图 2-2　5G 的三大应用场景

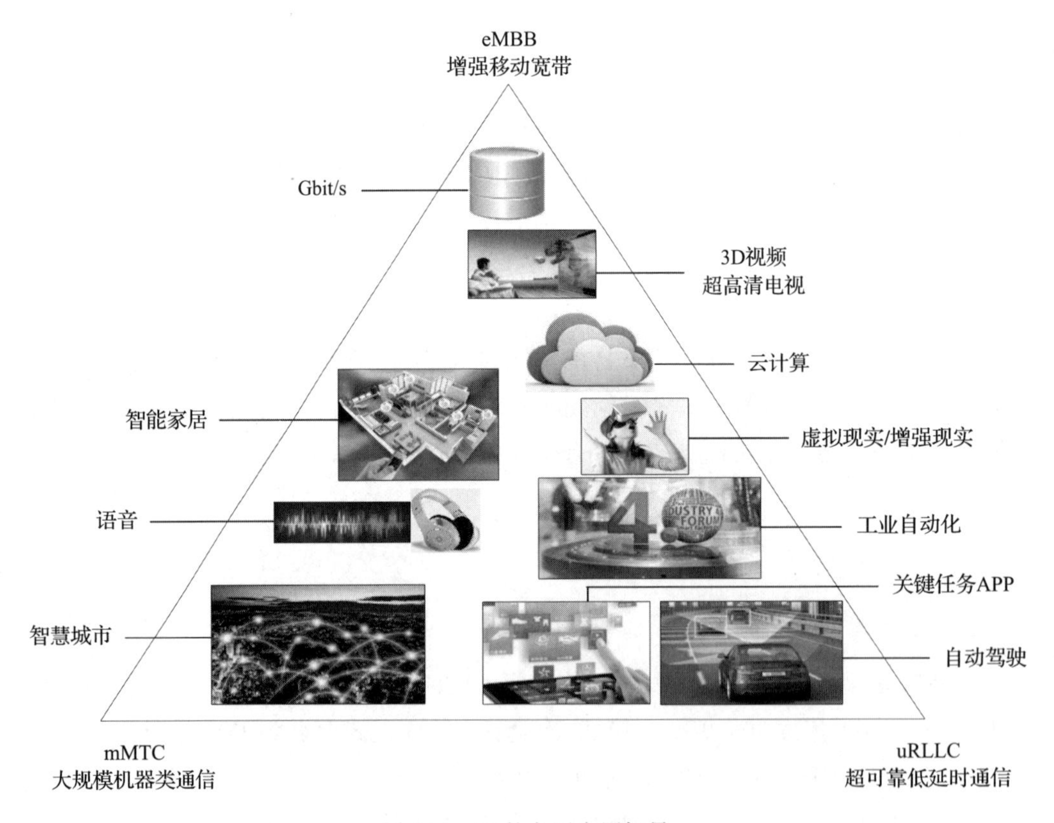

图 2-3　5G 的主要应用场景

2. 5G 应用场景的基本内容

（1）增强移动宽带

3G/4G 移动通信的主要驱动力来自移动带宽，5G 最重要的应用场景仍然是移动带宽。不断增长的新型应用和需求对增强移动宽带提出更高的要求。5G 增强移动宽带主要满足未来的移动互联网应用的业务需求。

IMT-2020 推进组将 eMBB 场景进一步划分为连续广覆盖场景和热点高容量场景。连续广覆盖场景是移动通信的基本覆盖方式，主要为用户提供高体验速率，着眼于移动性与无缝的用户体验；热点高容量场景主要满足局部热点区域用户高速数据传输的需求，着眼于高速率、高用户密度和高容量。

在 eMBB 应用场景中，除了关注传统的移动通信系统的峰值速率指标之外，5G 还需要解决新的性能需求。在连续广覆盖场景中，需要保证高速移动环境下良好的用户体验速率；在高密度高容量场景中，需要保证热点覆盖区域用户 Gbit/s 量级的高速体验速率。5G 增强移动宽带通信主要针对以人为中心的通信。

（2）大规模机器类通信（massive Machine Type of Communication，mMTC）

大规模机器类通信是 5G 新拓展的应用场景之一，涵盖以人为中心的通信和以机器为中心的通信。

以人为中心的通信如 3D 游戏、触觉互联网等，这类应用的特点是超高数据传输速率与低延时。以机器为中心的通信主要包括面向智慧城市、环境监测、智慧农业等应用，为海量、小数据包、低成本、低功耗的设备提供有效的连接方式。例如，有安全要求的车辆间的通信、工业设备的无线控制、远程手术，以及智能电网中的分布式自动化。mMTC 关注的是系统可连接的设备数量、覆盖范围、网络能耗和终端部署成本。

（3）超可靠低延时通信（ultra-Reliable Low Latency Communication，uRLLC）

超可靠低延时通信是以机器为中心的应用，可满足车联网、工业控制、移动医疗等行业的特殊应用对超高可靠性、超低延时的需求。其中，超低延时指标极为重要，例如当车联网中传感器监测到危险时，消息传送的“端－端”延时过长，极有可能导致车辆不能及时做出制动等动作，酿成重大交通事故。

为了验证 5G 能否满足以上三种应用场景的需求，研究人员通过一系列测算和实验，根据 5G 的不同应用场景，给出了表 2-2 所示的实际需求数据。

表 2-2　不同应用场景对移动通信的实际需求

分　类	场　景	流量密度（下行 / 上行），单位 bit/(s · km^2)	连接密度（设备数 / 平方千米）	延时（ms）	用户体验速率（下行 / 上行），单位 Mbit/s	移动性（km/h）	典型区域面积（km^2）
住宅型	密集住宅	3.2T/130G	1 000 000	10～20	1045/512	—	1
工作型	办公室	15T/2T	750 000	20	1045/512	—	500～1000
休闲型	商场	120G/150G	160 000	5～10	15/60	—	0.24
	体育场馆	800G/1.3T	450 000	5～10	60/60	—	0.2
	露天集会	800G/1.3T	450 000	5～10	60/60	—	0.44

（续）

分　类	场　景	流量密度（下行 / 上行），单位 bit/(s · km^2)	连接密度（设备数 / 平方千米）	延时（ms）	用户体验速率（下行 / 上行），单位 Mbit/s	移动性（km/h）	典型区域面积（km^2）
交通型	地铁	10T	6 000 000	10～20	60/-	110	410
	火车站	2.3T/330G	1 100 000	10～20	60/15	—	9000
	高速公路	—	—	<5	60/15	180	—
	高铁	1.6T/500G	700 000	50	15/15	500	1500

为了使普通用户能直观地体验 5G 技术的优越性，研究人员给出了如表 2-3 所示的对 5G 关键指标的感性认知。

表 2-3　从用户角度对 5G 关键指标的感性认知

名　称	ITU 指标	感性认知
用户体验速率	100Mbit/s	用户随时随地地体验 4G 的峰值速率 标清、高清、4K 视频所占带宽分别为 3Mbit/s、6Mbit/s 与 50Mbit/s，VR 所占带宽为 170Mbit/s
峰值速率	20Gbit/s	单用户理想情况下，1 秒可以下载一部 2.5GB 的 4K 超高清视频
流量密度	10Mbit/(s · km^2)	每平方千米内为用户提供的总量为 10Mbit/s
连接密度	1 000 000/km^2	每平方千米内可支持的用户为 100 万
空口延时	1ms	• 普通场景：电影胶片以 24 帧 / 秒的速率播放，相对于延时 41.66 秒，人的视觉感觉流畅；声音超前或滞后画面 40～60ms，人不会感觉到声像不同步 • VR 场景：业界普遍认为画面延时小于 20ms 时，人没有眩晕感 • 车联网场景：以时速 60km 行驶的汽车，1ms 延时的制动距离为 17m
移动性	500km/h	地面移动速度最快的高铁的最高时速为 486.1km/h，5G 在这种情况下也可以满足要求

从表 2-2 与表 2-3 的数据中可以看出：从密集住宅区、办公室、商场、体育场馆、大型露天集会、地铁、火车站、高速公路、高速铁路，到智能工业、智能农业、智能交通、智能医疗、智能电网等各个行业的实际应用中，5G 的关键技术指标都应该能够满足需求。

3. 5G 十大应用场景白皮书

2019 年 2 月，华为技术有限公司发布了“5G 十大应用场景白皮书”。在白皮书的引言中有这样一段话：“与 2G 萌生数据、3G 催生数据、4G 发展数据不同，5G 是跨时代的技术，5G 除了拥有更极致的体验和更大的容量，它还将开启物联网时代，并渗透至各个行业。它将和大数据、云计算、人工智能等一道迎来信息通信时代的黄金十年。”

白皮书列举了最能体现 5G 能力的十大应用场景：

- 云：VR/AR 实时计算机图像渲染和建模。
- 车联网：远控驾驶、编队行驶、自动驾驶。
- 智能制造：无线机器人云端控制。
- 智慧能源：馈线自动化。
- 无线医疗：具备反馈能力的远程诊断。
- 无线家庭娱乐：超高清 8K 视频和云游戏。
- 联网无人机：专业巡检和安防。
- 社交网络：超高清 / 全景直播。
- 个人 AI 辅助：AI 辅助智能头盔。
- 智慧城市：AI 使能的视频监控。

5G 要满足物联网应用高性能、高安全性与高可靠性的需求，就必须与边缘计算、云计算、大数据、智能、区块链技术融合，边缘计算成为支撑 5G 的核心技术之一。

4. 中国信息通信研究院关于 5G 十大重点应用领域的分析

2019 年 11 月，中国信息通信研究院（China Academy of Information and Communications, CAICT）、IMT-2020（5G）推进组与 5G 应用产业方阵（5GAIA）共同发布《5G 应用创新发展白皮书——2019 年第二届“绽放杯”5G 应用征集大赛洞察》（以下简称为“5G 应用白皮书”），提出了 5G 融合应用“3+4+X”体系（如图 2-4 所示）。

在白皮书描述的“3+4+X”体系中，“3”是指 3 大应用方向，即产业数字化、智慧化生活、数字化治理；“4”是指 4 大通用应用，即 4K/5K 超高清视频、VR/AR、无人机 / 车 / 船、机器人；“X”是指 X 类行业应用，包括工业、医疗、教育、安防等领域。

白皮书对 5G 十大重点应用领域当前应用的情况进行了分析：

- 超高清：4K 首先进入成熟期，5G 模组、部分行业应用及 8K 还需要产业链持续协同发展。
- VR/AR：5G 虚拟现实应用加速向生产与生活领域渗透，涌现出一批新的应用与新业态。
- 无人机：5G 联网无人机的重要领域包括物流配送、娱乐直播、基础设施巡检、地理测绘等。
- 工业互联网：5G 与工业互联网融合目前处于孵化探索期，部分应用已逐渐走向成熟。
- 智能电网：5G 与智能电网融合应用目前主要集中在配用电环节，对电力智能化水平提升的效果已经显现。

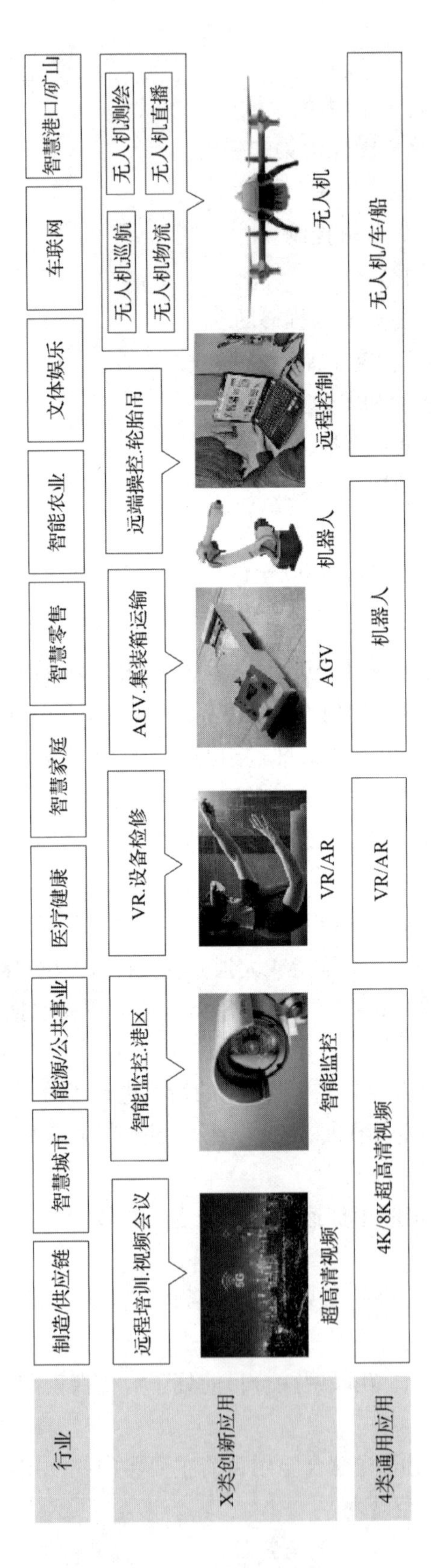

图 2-4　5G 融合应用的"3+4+X"体系

- 智慧医疗：5G 使医生从医院走到云端，医疗设备从医院内到随身携带，从院内全连接转变到设备普遍远程化。
- 车联网：基于 5G 的车联网信息娱乐类应用将最先成熟，全路况自动驾驶还有很长的路要走。
- 智慧教育：5G 与智慧教育在远程教育、智慧课堂 / 教室、智慧校园的示范 / 试点在逐步推进，规模普及尚需时日。
- 智慧金融：5G 智慧金融应用目前处于探索、尝试阶段，距离成熟和商用还需时日。
- 智慧城市：智慧安防需求趋于多样化，产品布局趋于智能化，智慧城管将从局部单点向全域精细管理方向发展。

2.1.4　5G 边缘云的分类

1. 从网络延时的角度分类

目前，产业界对于边缘云计算平台或边缘云所能提供的服务功能与性能指标并没有一个统一的标准。按照端 - 端延时的大小，华为云将边缘计算分为两类：近场边缘计算与现场边缘计算。

云数据中心的端 - 端延时一般控制在 20～100ms。近场边缘计算主要用于以视频为主的应用，如视频直播、云游戏、VR/AR，以及 AI 推理、视频渲染编码计算，端 - 端延时一般控制在 5～20ms。现场边缘计算的计算节点比近场计算节点更靠近接入设备，主要用于实时性强的物联网应用，如智慧园区、工业互联网、自动驾驶等，端 - 端延时一般控制在 1～5ms。

现场边缘计算、近场边缘计算与云数据中心的区别如图 2-5 所示。

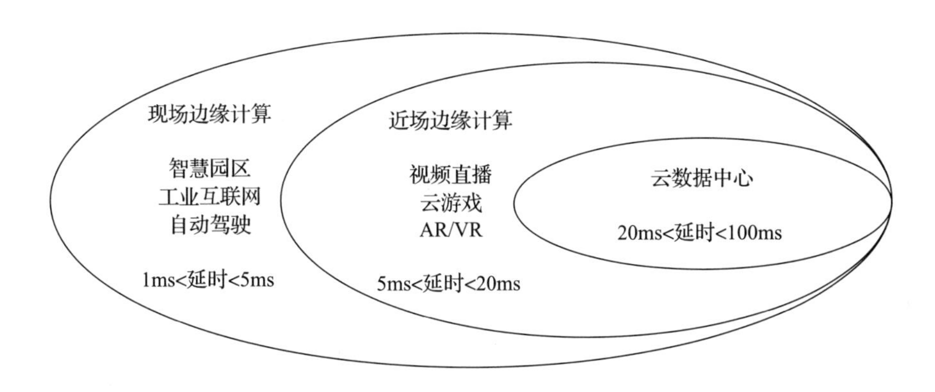

图 2-5　现场边缘计算、近场边缘计算与云数据中心的区别

2. 从云服务类型的角度分类

美国国家标准与技术研究院（NIST）参考云计算的 IaaS、PaaS 与 SaaS 分类，

将边缘计算划分为边缘 IaaS 层、边缘 PaaS 层与边缘 SaaS 层。

边缘 IaaS（EC-IaaS）层对应云计算的 IaaS，主要提供虚拟计算、虚拟存储、虚拟网络等服务。

边缘 PaaS（EC-PaaS）层对应云计算的 PaaS，它在 IaaS 平台之上增加与应用开发相关的中间件、数据库、消息、队列等功能的集合，为开发者提供编程环境与工具。

边缘 SaaS（EC-SaaS）层对应云计算的 SaaS，它在 IaaS、PaaS 基础平台之上，直接向用户提交完整的应用软件，用户可直接在云上独立的运行环境中使用应用软件与服务。

3. 从边缘云实现技术的角度分类

微云（Cloudlet）是能够提供云计算服务的一台计算机或一个计算机集群。它一端连接到蜂窝移动通信网的基站或无线局域网的接入设备（Access Point，AP），另一端通过核心网连接到远端的核心云。当移动用户希望得到低成本、低延时与高带宽服务时，可以将计算与存储任务迁移到本地的微云。微云是移动边缘计算与移动云计算相结合的产物。

Cisco 公司在 2012 年提出雾计算的概念，并将雾计算定义为：将云计算中心的任务迁移到网络边缘设备执行的一种高度虚拟化的计算模式。雾计算在终端设备和云计算中心之间提供计算、存储和网络服务，它是对云计算的有效补充。

显然，微云是由移动通信技术人员提出，而雾计算是由计算机网络研究人员提出。

2.1.5 5G 边缘计算面临的挑战

在 5G 时代，由于边缘计算需要部署海量的边缘计算节点，并且这些节点运行的环境与云数据中心有很大的差异，这就对边缘计算形成了新的挑战。这些挑战主要来自以下几个方面。

1. 资源受限

云数据中心采用高速网络、结构化布线、光纤连接、刀片计算机的方式组建，可以根据用户需求的增长快速地进行扩容。从理论上来说，云数据中心可以拥有无限的资源。因此，相对于云数据中心来说，边缘计算节点的硬件与资源是有限的。如何充分利用边缘计算节点的能力与边 - 云协同是对物联网边缘计算的一个挑战。

2. 网络受限

云数据中心对外是通过光纤连接核心网的主干节点，网络连接的可靠性高。而边缘计算节点由于处于接入网，面临着接入技术的多样性问题。接入技术有多种类型，包括有线接入（如 Ethernet、ADSL、Cable Modem、PLC Modem）和无线接入

（如NFC、WBAN、蓝牙、ZigBee、6LoWPAN、Wi-Fi、5G、NB-IoT）。边缘计算节点需要通过不同的接入技术与前端的感知/执行节点、用户终端设备通信。同时，由于边缘计算节点一般承担实时性较强的物联网应用的边缘计算任务，因此如何解决不同接入技术与数据传输的连续性、可靠性、实时性的矛盾，是物联网边缘计算的又一个挑战。

3. 运维受限

边缘计算节点数量多、分布范围广、运行环境较差，硬件安装人员一般只是在初始安装时会到现场，甚至有时初始安装也是用户根据硬件安装人员的指导或按照说明书自行完成设备安装。边缘计算节点的维护任务较重，但是专业技术人员很难进入现场维护，或者很难做到定期维护和管理，这就带来了设备运行的可靠性与运维成本的矛盾。因此，边缘计算节点设备应该能够具有即插即用，远程运维与自诊断、自修复的能力，能够实现设备的自动安装、自动配置、自动软件分发与更新，从而将边缘计算节点的运维工作量降到最低。对于物联网边缘基础设施种类繁多、差异大，并且是由不同厂家生产提供的现状，如何实现“极简运维”是对物联网边缘计算的又一个挑战。

4. 安全受限

对于集中式的云数据中心需要采取严格的安全防范措施。但是，边缘计算节点一般部署在靠近感知/执行节点的现场，很难做到将每个边缘计算节点都安置在一个封闭的环境中。因此，边缘计算节点除了面临传统的网络攻击之外，还面临着与感知/执行节点同样的物理攻击、人为破坏，以及攻击者通过接入网直接窃取、篡改、伪造数据，泄露隐私与机密数据的威胁。如何保证边缘计算节点的安全性是物联网边缘计算面临的又一个挑战。

2.2　5G边缘计算的架构

2.2.1　设计原则

边缘计算的架构设计原则主要包括以下内容。

1. 模型驱动

在边缘计算环境中，硬件与资源受限，因此需要差异化地对待不同厂商的软硬件产品和服务。极简运维又要求边缘计算节点的服务和功能标准化、模块化，以适应服务的快速部署与弹性运维要求。这些特征要求边缘计算节点的计算、存储与网络资源按照标准化、模块化的方式设计，使边缘计算节点成为模型驱动的系统。

2. 数字孪生

数字孪生是在计算机仿真技术基础上发展起来的，现在已经广泛应用于航空航天、工业 4.0 与物联网的各个领域。数字孪生是针对物理世界的物体，通过数字化的手段构建一个在数字世界中一模一样的虚拟物体，实现对物理实体的了解、分析和优化，其核心思想是虚实融合、以虚控实。对于边缘计算设备与系统的极简运维来说，数字孪生提供了一个比较有效的解决思路。

对于部署在现场的物理边缘计算节点，可以创造一个它的虚拟“孪生体”。通过让孪生设备“运行”在物理边缘计算节点的环境中，仿真节点的运行状态，预测节点可能出现的故障，研究解决故障的方法，通过远程运维来实现故障预防、软件更新与升级，将边缘计算节点的运维工作量降到最低。

3. 自治闭环

由于资源受限、网络连接潜在的不可靠性，因此要求边缘计算系统具备自治与闭环的能力，以便当边缘计算节点暂时无法与云数据中心连接时，仍然能够正常工作。边缘计算与周边的设备形成一个自治域，能够针对周边环境的变化、网络配置的原始状况与可调度资源的运行状态，采取不同的针对性措施并自主实施，包括动态资源分配的调整、故障节点的隔离、业务质量的动态调整等。在与云数据中心恢复连接后，边缘计算节点能够自动将相应的变化信息同步到云数据中心，获取刷新的指令。

4. 弹性网络

边缘计算节点需要支持时间敏感网络（Time-Sensitive Network，TSN）与软件定义网络（SDN）技术。为了提供网络连接所需的传输时间连续性与数据完整性，IEEE 制定了 TSN 系列标准，以及实时优先级与时钟等关键性服务的技术标准。

边缘计算系统应适应不同部署环境下的网络条件，主要包括固移融合、园区网与运营商网络融合、现场边缘计算网络运营系统（Operational Technology，OT）与信息通信技术（Information Communication Technology，ICT）融合等场景，满足智慧城市、远程手术、自动驾驶等应用场景的要求。移动网接入的边缘计算在距离用户最近的位置提供业务本地化和边缘移动能力，提高网络运营效率，提高业务分发能力，改善用户体验。

5. 边云协同

边缘计算系统要充分发挥对环境的及时感知、实时本地计算的能力，在本地计算资源不够用的情况下，优先将一些对延时要求不高的计算任务迁移到云数据中心，利用云数据中心的海量计算能力进行数据挖掘、智能算法模型的训练和学习，实现边 - 云服务价值的最大化。在边缘计算节点出现故障时，利用云数据中心的数据快速恢复边缘计算节点的数据。

6. 智能化

边缘计算架构在考虑智能化应用时，应注意边缘侧 AI 与云上 AI 的模型一致性。目前，即使在推理阶段对一个图像进行处理，往往也需要超过 10 亿次的计算，标准的深度学习算法不适合边缘侧的嵌入式计算环境，因此需要结合 GPU、FPGA 等特殊硬件，将训练完的深度学习进行压缩来降低脱离阶段的计算负荷，以适应边缘侧的计算能力。同时，需要重新定义一套面向边缘侧嵌入式系统环境的算法架构。

7. 安全性

边缘计算架构的安全性体现在可信的基础设施、可信的安全服务、安全的设备接入、可信的网络、覆盖端 - 端的全网安全运营体系等方面。

可信的基础设施主要涉及计算、网络、存储的物理资源和虚拟资源的安全性，包含路径、数据交互和处理模型的平台，能够应对镜像篡改、DDoS 攻击、非授权通信访问、端口入侵等安全威胁。

从运行维护的角度，提供应用监控、应用审计、访问控制等安全服务；从数据安全的角度，提供轻量级数据加密、数据安全存储、敏感数据处理与监测等安全服务，以进一步保证应用业务的数据安全，为边缘应用提供可信赖的安全服务。

边缘计算节点数量庞大，数据可能存储在中心云、边缘云、边缘网关、边缘控制器等多种终端，并且边缘计算具有形态复杂与异构的特点。保障安全接入和协议转换，有助于为数据提供存储安全、共享安全、计算安全，以及传播、管控、隐私方面的保护。

安全可信的网络除了传统的运营商安全网络涉及的鉴权、密钥、监听、防火墙之外，还包括面向特定行业的 TSN、工业专用网等，这些网络都需要定制的网络安全防护措施。

端 - 端全覆盖的全网安全运营防护体系包括网络威胁预警、安全态势感知、安全管理编排、安全事件应急响应与柔性防护。

8. 边缘原生

云计算应用程序是在静态环境中开发的，每个模块之间相互依赖。如果对云计算应用程序进行升级，就意味着对整个应用程序进行更改。云原生应用程序是在微服务体系结构上开发的，又称为微服务。微服务体系结构被设计为服务于特定目的的一个独立模块。这些应用程序诞生于云，作为封装在容器里并部署在云中的微服务。云计算应用程序需要手动升级，会导致应用程序中断和关闭。云原生应用程序具有高度可扩展性，可以对单个模块进行更改，而不会对整个应用程序造成干扰。由于不需要进行硬件或软件配置，因此云原生应用程序很容易快速实现。云计算应用程序需要定制安装环境。

随着容器的引入，越来越多的研究开始转向云原生软件开发。根据 IDC 的研究报告，到2022年，90%的新应用将具有微服务架构，这些架构可以提高设计、调试、更新与利用第三方代码的能力，35%的生产应用将是云原生的。

云原生的概念同样适用于边缘计算。LF Edge提出了边缘原生应用（Edge Native Application）的理念。边缘原生指应用不适合或不允许完全在集中式数据中心运行，但是又能尽量符合云原生原则，同时考虑边缘在资源约束、安全、延迟和自治等领域的独有特性。需要注意的是，边缘原生并不意味开发应用时不考虑云，而是设计时就应该充分考虑与上游资源的协同。一个边缘原生的应用如果不支持集中的云计算资源、远程管理和编排，或者不能充分利用CI/CD的便利，就不是真正的边缘原生应用，而是一个传统的本地应用。例如，出于安全考虑，核电厂监控和数据采集系统没有与云连接，那么它是一个传统的本地应用。边缘原生应用给开发人员提供了一个通用的基础设施，以便将云原生扩展到可用的边缘设备上，同时考虑处理固有限制引发的设计上的平衡问题。

2.2.2 ETSI MEC架构

2016年4月，MEC ISG发布了《移动边缘计算参考架构白皮书》，对移动边缘计算（Mobile Edge Computing, MEC）的基本概念和网络参考架构进行了详细定义。5G系统规范及其基于服务的架构（Service Based Architecture, SBA）利用不同网络功能之间基于服务的交互，使系统操作与软件定义网络/网络功能虚拟化（SDN/NFV）保持一致。

1. MEC系统的架构

MEC白皮书给出了如图2-6所示的MEC系统的架构。

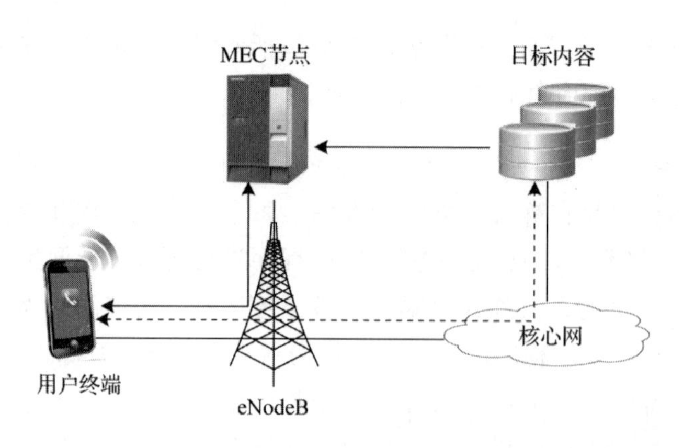

图2-6 MEC系统结构示意图

在不使用MEC的传统方式中，每个用户终端（User Equipment，UE）在发起内容访问请求时，首先需要经过基站（eNodeB）接入，通过核心网连接到目标内容，然后通过核心网将目标内容回传到用户终端，最终完成如图中虚线所示的用户终端与目标内容的交互过程。如果同一基站中的其他终端希望访问相同的内容，仍需要经历连接和内容回送的过程。因此，传统方式主要有两个缺点：一是重复连接和调用会浪费网络资源；二是通过核心网的长距离传输，必然增加网络服务响应时间。

MEC 解决方案是在靠近用户的基站部署 MEC 服务器，预先将用户希望访问的目标内容缓存在 MEC 服务器上，用户可以直接从 MEC 服务器读取。因此，MEC 运行方式既可以减少核心网的网络流量，避免拥塞的发生，又可以减少用户访问目标内容的等待时间，提升用户的体验质量（Quality of Experience, QoE）。

2. MEC 平台的逻辑结构

在实际的工程应用与相关文献中，术语“MEC 服务器”经常被称为“MEC 节点”“边缘计算节点”或“MEC 平台”。

MEC 平台的逻辑结构如图 2-7 所示。MEC 平台由 MEC 平台底层基础设施、MEC 应用平台层与 MEC 应用层这三层逻辑实体组成。

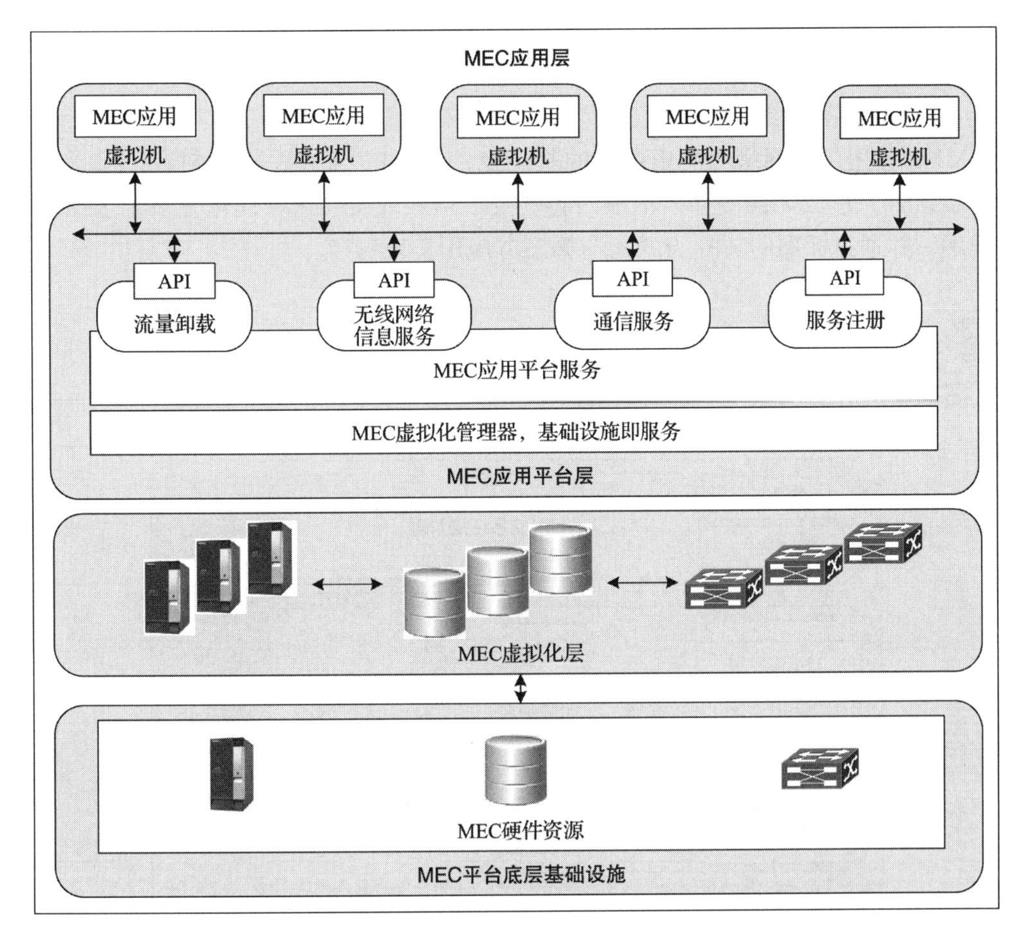

图 2-7 MEC 平台逻辑结构

（1）MEC 平台底层基础设施

MEC 平台底层基础设施由 MEC 硬件资源组成。硬件资源主要包括服务器、存储器与网络设备。MEC 虚拟化层将底层的硬件资源虚拟化为大量的虚拟计算、虚拟存储、虚拟网络等虚拟机资源，放在虚拟资源池中，供高层调用。

（2）MEC 应用平台层

MEC 应用平台层由两部分组成：MEC 虚拟化管理器与 MEC 应用平台服务。

MEC 虚拟化管理器以基础设施即服务的方式管理虚拟资源池中共享的虚拟计算、虚拟存储、虚拟网络等资源。

MEC 应用平台服务承载业务的对外接口适配功能，通过 API 完成与基站 eNodeB，以及与应用层之间的接口协议封装。MEC 应用平台服务提供的功能主要包括：

- 通信服务（Communication Service，CS）；
- 服务注册（Service Registry，SR）；
- 无线网络信息服务（Radio Network Information Service，RNIS）；
- 流量卸载功能（Traffic Offload Function，TOF）。

MEC 应用平台服务具备相应的底层数据包解析、路由选择、上层应用注册管理、无线信息交互等基础服务功能。

（3）MEC 应用层

MEC 应用层在网络功能虚拟化的基础上，将 MEC 应用平台层封装的基础功能进一步组合，形成无线缓存、本地内容转发、增强现实、业务优化等多个虚拟机应用程序，并通过标准的 API 方式，与第三方应用实现对接。

2.2.3　MEC 架构的层次

图 2-8 给出了 MEC 的基本框架。

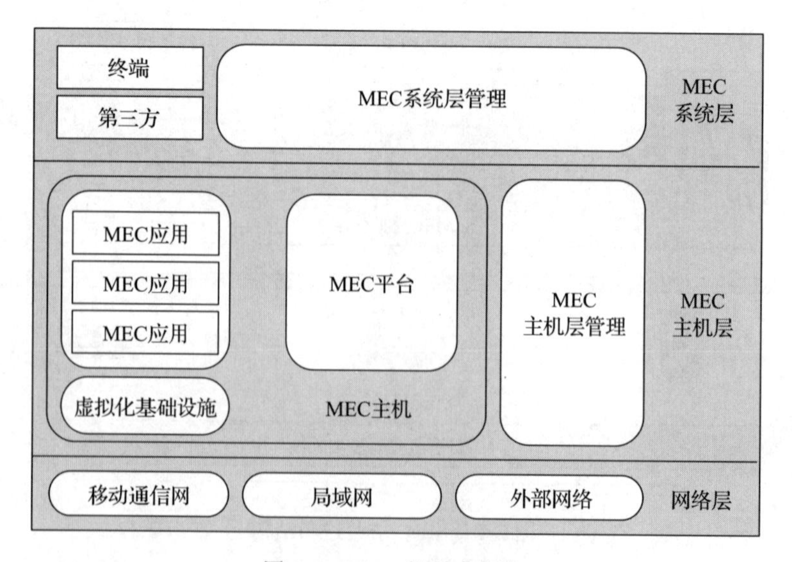

图 2-8　MEC 的基本框架

MEC的基本框架从宏观的角度出发，将MEC的不同的功能实体划分为三个层级。

1. 网络层

网络层主要包括移动通信网、局域网、外部网络等相关的外部实体，该层主要反映MEC系统平台与移动通信网、局域网或外部网络的接入关系。

2. MEC主机层

MEC主机层主要包括移动边缘主机与相应的移动边缘主机层管理实体，移动边缘主机又可以进一步划分为移动边缘平台、移动边缘应用与虚拟化基础设施。

3. MEC系统层

MEC系统层主要包括移动边缘系统层的管理实体、终端与第三方。移动边缘系统层的管理实体负责对MEC系统整体运行状态进行控制。

2.3 边缘计算参考架构3.0

2.3.1 基本概念

1. 边缘计算参考架构3.0的特点

2017年，边缘计算联盟发布"边缘计算参考架构1.0"，此后又发布了"边缘计算参考架构2.0"。2018年11月，边缘计算联盟与工业互联网产业联盟联合发布了"边缘计算参考架构3.0"(以下简称为"参考架构3.0")。

参考架构3.0是基于模型驱动的工程方法（Model-Driven Engineering，MDE）设计。基于模型可以将物理和数字世界的知识模型化，从而实现以下几个目标：

- 物理世界与数字世界的协作。
- 跨产业的生态协作。
- 减少系统异构性，简化跨平台移植。
- 有效支撑系统的全生命周期活动。

图2-9给出了基于模型驱动的边缘计算参考架构3.0。

理解边缘计算参考架构3.0的特点时，需要注意以下几个问题。

1）边缘计算参考架构将系统分为三层：云层、边缘层与现场设备层。边缘层位于云层与现场设备层之间，向下支持各种现场设备的接入，向上与云端数据中心连接。

2）边缘层包括两个部分：边缘节点和边缘管理器。边缘节点是硬件实体，它是承载边缘计算业务的核心。边缘管理器是软件，其主要功能是对边缘节点进行统一管理。

3）边缘节点根据业务侧重点和硬件特点可以分为以下部分：

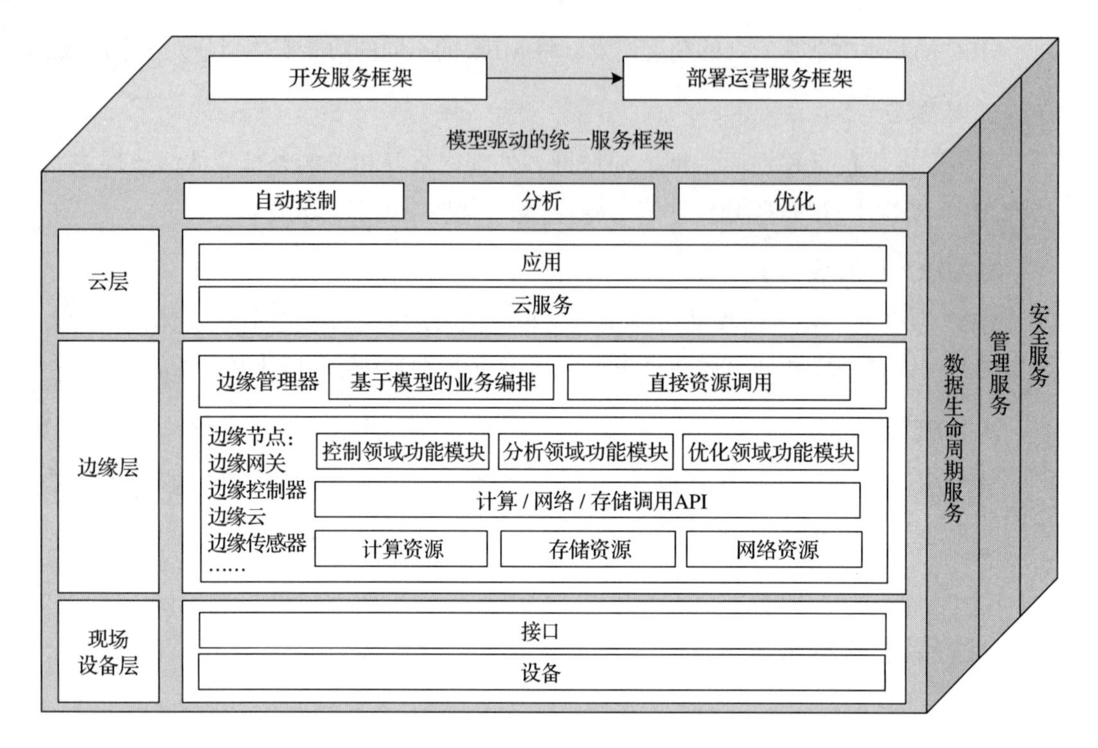

图 2-9　基于模型驱动的边缘计算参考架构 3.0

- 边缘网关：负责数据包处理与网络协议转换。
- 边缘控制器：支持实时闭环控制业务。
- 边缘云：负责边缘数据处理。
- 边缘传感器：设置在现场的各种传感器 / 执行器与用户终端设备。

4）边缘节点一般具有计算、存储和网络资源，边缘计算系统对资源的使用有两种方式。一种方式是直接将计算、存储、网络资源进行封装，提供调用接口，边缘管理器以代码下载、网络策略配置、数据库操作等方式使用边缘节点资源。另一种方式是将边缘节点的资源按功能领域封装成功能模块，边缘管理器通过模型驱动的业务编排方式组合和调用功能模块，实现边缘计算业务的一体化开发和敏捷部署。

5）边缘计算必须提供统一的管理服务、数据全生命周期服务与安全服务，以便处理各种异构的基础设施与设备，提升管理与运维效率，降低运维成本。

2. 多视图呈现

多视图呈现是以 ISO/IEC/IEEE 42010:2011 架构定义的国际标准为指导，将产业的边缘计算的关注点进行系统分析，并提出了解决措施和框架，通过商业视图、使用视图、功能视图与部署视图来展示边缘计算架构。图 2-10 给出了多视图呈现示意图。

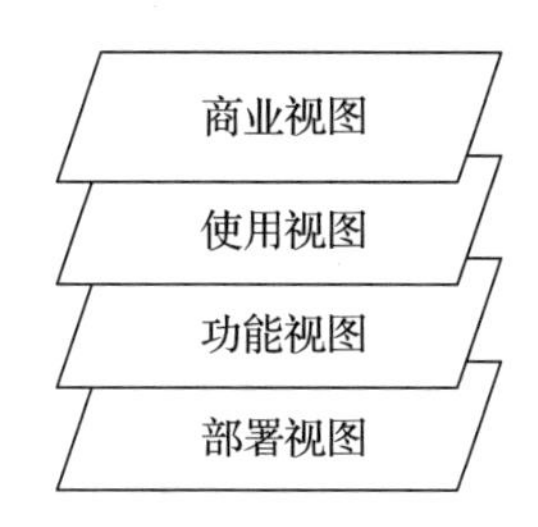

图 2-10　多视图呈现示意图

（1）商业视图

商业视图用于建立利益相关者之间的关系及其业务愿景，确定如何将利益目标映射到基本系统功能中。商业视图面向业务，对业务决策者、产品经理和系统工程师有益。

（2）使用视图

使用视图解决了预期系统如何使用问题。通常表示为涉及人或逻辑用户的活动序列，以实现预期功能，并最终实现系统功能。使用视图对系统工程师，产品经理和最终用户来说是很有用的。

（3）功能视图

功能视图侧重于系统中的功能组件，关注它们之间的相互关系与结构、接口与交互，以及系统与支持该系统活动的外部元素的关系与交互。功能视图是系统与组件架构师、开发人员及系统集成商所关注的。

（4）部署视图

部署视图涉及实现功能组件、通信方案及其生命周期中所需的技术。这些组件由使用视图中的活动协调，并支持商业视图中的功能。部署视图是系统与组件架构师、开发人员、集成商及系统操作员所关注的。

2.3.2　商业视图

商业视图是从商业视角出发，聚焦利益相关者的愿景、价值观和目标，并将利益目标映射到基本系统功能中，最终获得自动化控制、分析和优化等边缘计算系统的核心需求。

为了确定、评估并解决边缘计算的商业化问题，引入应用场景、价值、关键目标、基本功能等概念，并确定它们之间的逻辑关系。图 2-11 给出了边缘计算的商业视图。

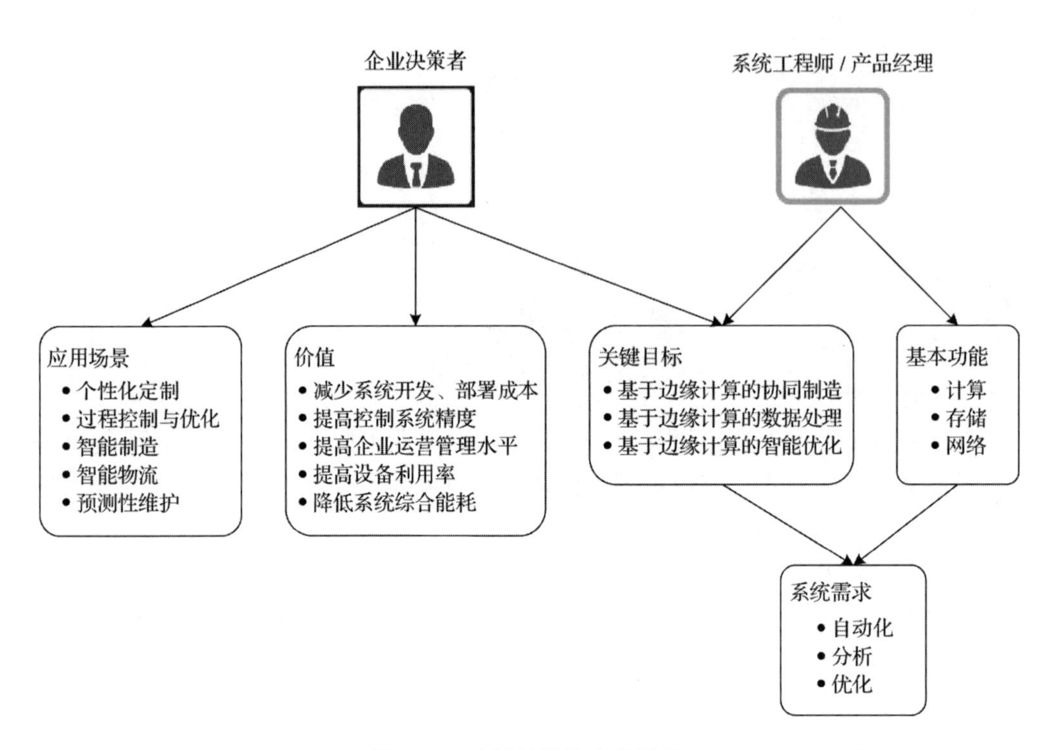

图 2-11　边缘计算的商业视图

边缘计算的商业视图主要包括以下内容。

- 应用场景是企业决策者对企业未来发展方向的具体表达。应用场景部分描述了边缘计算的典型应用领域，主要包括个性化定制、过程控制与优化、智能制造、智能物流、预测性维护等。
- 价值确定企业决策者设定的应用场景的合理性，即场景推导出价值，价值再验证应用场景。价值主要包括：降低系统开发部署成本、提高控制系统的精度、提高企业的运营管理水平、提高设备利用率、降低系统综合能耗等内容。
- 关键目标是用于量化价值的技术指标，价值推导出关键目标，关键目标是价值的交付，主要包括：基于边缘计算的协同制造、基于边缘计算的数据处理、基于边云协同的智能优化等。
- 基本功能是边缘计算架构根据关键目标对网络基础资源能力提出的基本要求，主要包括对计算、存储、网络能力的要求。
- 系统需求是由关键目标和基本功能推导出的系统基本功能需求模块，边缘计算网络架构可以归纳出 3 个需求：自动化、分析与优化。

系统工程师 / 产品经理关注的是关键目标和基本功能。关键目标是系统工程师要实现的开发目标；基本功能是确认开发目标的合理性技术，即关键目标推导出基本功能，基本功能支持关键目标。系统需求是使用视图的主要部分，同时是商业视图和使用视图的衔接部分。商业视图的关键目标和基本功能推导出使用视图的系统需求，系统需求反过来支持基本功能和关键目标。

2.3.3　使用视图

边缘计算的使用视图用于指导如何实现可靠、复杂的边缘计算系统应用与功能。使用视图描述了在边缘计算应用涉及的不同系统单元之间需要协同的活动，这些活动描述了系统的设计、实现、部署、操作和发展各个阶段的关键性操作。参与边缘计算系统的各个生命周期的多类用户对能够实现其预期目标的业务流程进行定义，为后续的系统设计和实施提供指导。图 2-12 给出了边缘计算的使用视图。

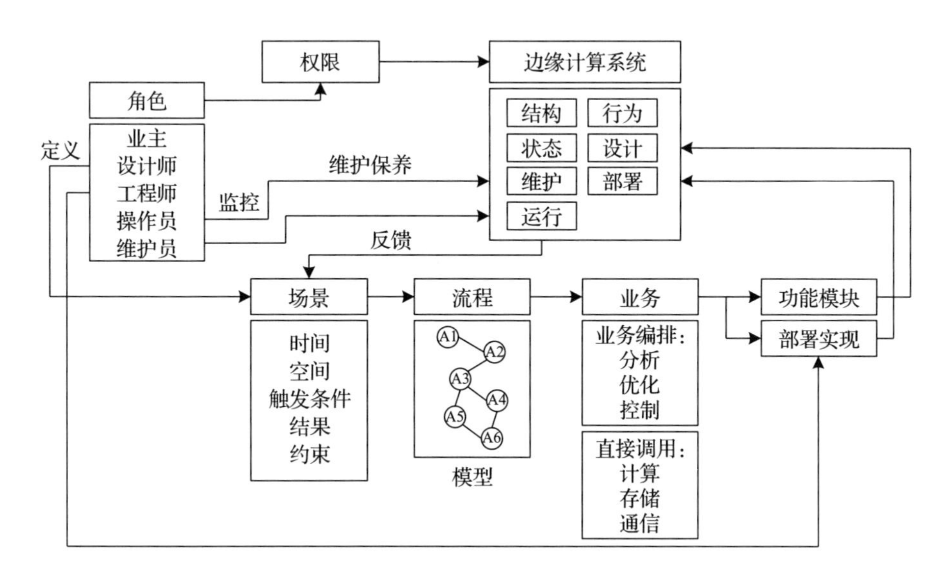

图 2-12　边缘计算的使用视图

边缘计算的使用视图主要包括以下内容。

- 角色：边缘应用的全生命周期内涉及的多种用户类型，即系统的业主、设计师、工程师、操作员和维护员，分别对边缘计算系统进行管理、定义、设计、实现、操作监控和维修保养。
- 权限：从系统安全的角度，限定不同角色的人员对边缘计算系统的访问权限。
- 边缘计算系统：系统在不同生命周期阶段的设计、部署、结构、行为、维护与运行状态。
- 场景：用户定义的各类业务流程的需求情景，包括个性化定制、过程控制与优化、预测性维护等。边缘计算强调边缘智能，场景的核心元素包括时间、空间、触发条件、结果与约束。
- 流程：由节点和有向连接描述的流程图，节点代表任务、有向连接代表任务之间的逻辑先后次序。

- 业务：边缘计算系统可执行的任务模块，包括业务编排和直接调用两种方式。其中，业务编排按照模型驱动的流程图调用相应的功能模块来完成；直接调用则直接通过代码下载等方式，完成流程规定的逻辑关系。
- 功能模块、部署实现：为后续设计的功能实现提供依据。

2.3.4　功能视图

1. 功能视图的基本内容

基础资源包括网络、计算和存储三个基础模块，以及虚拟化服务。边缘计算的功能视图如图 2-13 所示。

（1）网络

边缘计算的业务执行离不开通信网的支持，网络既要满足与控制相关的业务传输时间的确定性和数据完整性，又要能够支持业务的灵活部署和实施。时间敏感网络（Time-Sensitive Networking，TSN）和软件定义网络（Software.Defined Network，SDN）技术是边缘计算网络部分的重要基础资源。

为了提供网络连接需要的传输时间确定性与数据完整性，IEEE 制订了时间敏感网络 TSN 系列标准，针对实时优先级、时钟等关键服务定义了统一的技术标准，它是工业以太网未来的发展方向。

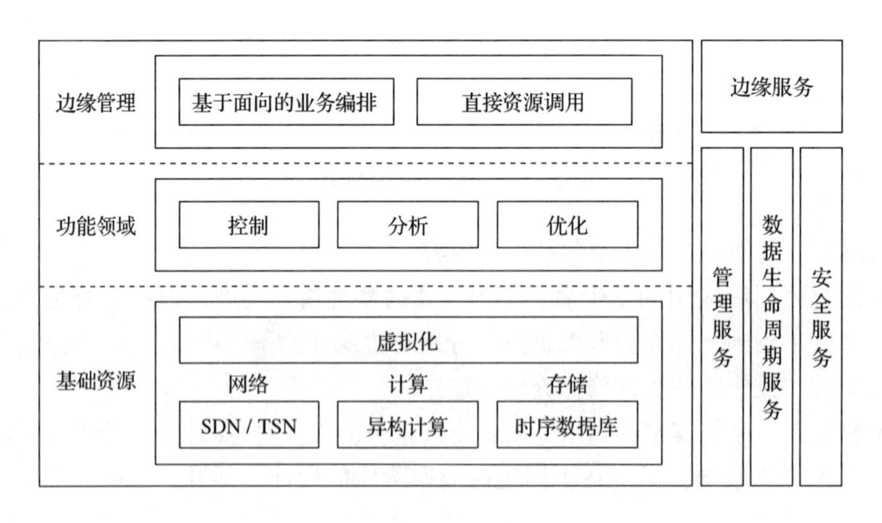

图 2-13　边缘计算的功能视图

SDN 逐步成为网络技术发展的主流，其设计理念是将网络的控制平面与数据转发平面进行分离，并实现可编程化控制。将 SDN 应用于边缘计算，可支持百万级网络设备的接入与灵活的扩展，提供高效、低成本的自动化运维管理。

（2）计算

异构计算是边缘侧关键的计算硬件架构。AI 技术在物联网中的应用增加了计算的复杂度，对计算能力提出了更高的要求。计算要处理的数据种类也日趋多样化，边缘设备既要处理结构化数据，又要处理非结构化的数据。由于边缘计算节点包含大量不同类型的计算单元，成本就成为关注点。为此，业界提出将不同指令集和不同体系架构的计算单元协同起来的异构计算方法，以充分发挥各种计算单元的优势，实现性能、成本、功耗、可移植性的均衡。

同时，以深度学习为代表的新一代 AI 在边缘侧的应用还需要进一步优化。当前即使在推理阶段对一幅图片进行处理往往也需要超过 10 亿次的计算量，标准的深度学习算法显然不适合边缘侧的嵌入式计算环境。研究人员正在进行自顶向下的优化，即对训练完的深度学习模型进行压缩以降低推理阶段的计算负载；同时也在尝试进行自底向上的优化，即重新定义一套面向边缘侧嵌入系统环境的算法架构。

（3）存储

物联网感知数据是按照时间序列存储的时序数据，这类数据对时间顺序的依赖性很强，同一数值的数据在不同时刻会有不同的意义和价值。时序数据库（Time Series Database，TSDB）是针对包含有时间戳的时序数据而设计的数据库，并且支持时序数据的快速写入、连续性、多纬度的聚合查询等基本功能。为了确保数据的准确性和完整性，时序数据库需要不断插入新的时序数据，而不是更新原有数据。

（4）虚拟化

虚拟化技术降低了系统开发和部署的成本，并已经开始从服务器虚拟化向嵌入式系统虚拟化的方向发展。虚拟化是将物理的计算、存储与网络资源转换为虚拟的计算、存储与网络资源，并将它们放置在统一的资源池中，典型的虚拟化技术包括虚拟机与虚拟机管理器。

2. 各领域的功能模块

边缘计算的功能可以分为三个模块：控制、分析和优化。

（1）控制功能模块

控制功能模块结构如图 2-14 所示。

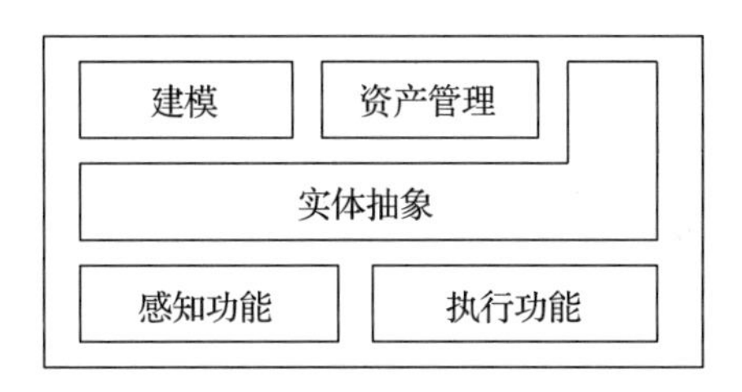

图 2-14　控制功能模块结构

在物联网工业控制领域的应用中，控制是一个重要的功能。控制系统对环境感知和执行要全面、实时与准确。因此，大规模复杂系统对控制器的计算能力和实时响应要求严格，利用边缘计算增强本地计算能力，降低由远端云数据中心带来的响应延时过大的缺点，这是面向大规模复杂控制系统的有效解决方案。

控制功能领域主要包括对环境的感知和执行、实时通信、实体抽象、控制系统建模、设备资源管理和程序运行执行器等功能。

- 感知与执行：感知是从传感器中读取环境数据。执行是向执行器中写入由于环境变化而引起的相应操作。感知 / 执行通常是由一组专用硬件、固件、设备驱动程序和 API 接口组成。
- 实体抽象：用虚拟化方法去抽象控制系统中的传感器、执行器、控制器和系统，并描述它们之间的关系，包含系统组成单元之间消息传递过程与消息的语义。虚拟实体能够将系统硬件软件化和服务化，系统构建过程中可以将硬件、系统功能和特定应用场景组合，增加开发的灵活性，提高开发效率。
- 建模：控制系统建模通过解释和关联从环境（包括传感器、网络设备）中获取的数据，达到理解系统的状态、转换条件和行为的目的。建模的过程是从定性了解系统的工作原理及特性，到定量描述系统动态特性的过程。
- 资产管理：资产管理是指对控制系统操作的管理，包括系统上线、配置、执行策略、软 / 固件更新，以及其他系统生命周期管理的操作。

（2）分析功能模块

分析功能模块结构如图 2-15 所示。

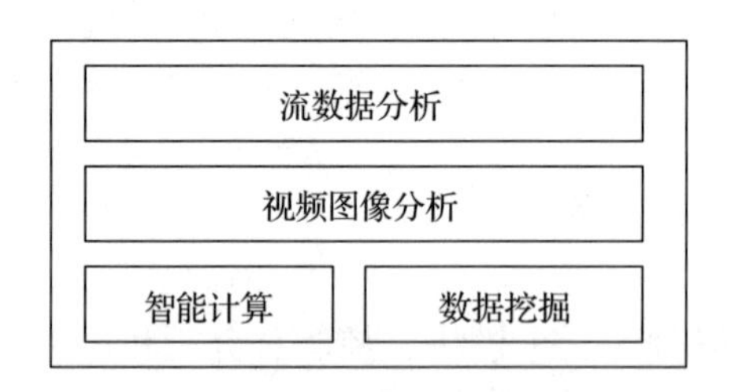

图 2-15　分析功能模块结构

对于边缘计算的计算迁移策略，一方面是对海量的边缘设备采集或产生的数据进行部分或全部计算的预处理操作，对无用的数据进行过滤，以降低传输所需的带宽；另一方面是将时间敏感型数据分析应用迁移至边缘侧，提高数据访问的速度，保证数据处理的实时性，满足数据生成速度的需求。分析功能模块主要包括流数据分析、视频图像分析、智能计算和数据挖掘等。

- 流数据分析：快速响应事件和不断变化的需求，加速对数据执行持续分析。流数据具有大量、连续、快速、变化快的特点，流数据分析应能够过滤无关数据，进行数据聚合和分组，快速提供跨流关联信息，将元数据、参考数据和历史数据与上下文的流数据相结合，并能够实时监测异常数据。

- 视频图像分析：在边缘侧为海量、非结构化的视频数据提供实时的图像特征提取、关键帧提取等基础功能。
- 智能计算：在边缘侧应用智能算法（如传统的遗传算法、蚁群算法、粒子群算法以及人工智能相关的神经网络、机器学习等），利用智能计算完成对复杂问题的求解。
- 数据挖掘：提供常用的统计模型库，支持统计模型、机理模型等模型算法的集成，支持轻量的深度学习等模型训练方法。

（3）优化功能模块

边缘计算优化功能涵盖场景应用的多个层次：

- 测量与执行优化：优化传感器和执行器信号接口，减少通信数据量，保证信号传输的实时性。
- 环境与设备安全优化：优化对报警事件的管理，尽可能实现及早发现与及早响应；优化紧急事件处理方式，简化紧急响应条件。
- 调节控制优化：采用优化控制策略、优化控制系统参数（如 PID 算法）、优化故障检测过程等。
- 多元控制协同优化：对预测控制系统的控制模型进行优化，MIMO（Multiple-Input Multiple-Output，多输入多输出）控制系统的参数矩阵优化，以及对多个控制器组成的分布式系统的协同控制优化。
- 实时优化：对生产车间或工作单元范围的实时优化，以实现参数估计和数据标识。
- 车间排产优化：优化需求预测模型、供应链管理、生产过程等。

3. 边缘管理

边缘管理包括基于模型的业务编排以及对代码、网络和数据库的管理。

（1）基于模型的业务编排

基于模型的业务编排通过架构、功能需求、接口需求等模型定义，支持模型和业务流程的可视化呈现，支持基于模型生成多语言的代码；通过集成开发平台和工具链集成边缘计算领域模型与垂直行业领域模型；支持模型库版本管理。业务编排模块的结构如图 2-16 所示。

业务编排模块一般分为 3 层：业务编排层、策略执行层和策略控制层。

- 业务编排器

业务编排器负责定义业务组织流程，一般部署在云端（公有云 / 私有云）或本地智能系统中。编排器提供可视化的工作流定义工具，支持 CRUD（增加、检索、更新、删除）操作。编排器基于并复用开发服务框架已经定义好的服务模板、策略模板进行编排。在给策略控制器下发业务流程之前，完成工作流的语义检查、策略冲突检测等。

- 策略控制器

为了保证业务调度和控制的实时性，通过在网络边缘侧部署策略控制器，实现本地就近控制。策略控制器按照一定的策略，结合本地的边缘功能模块所支持的服务与能力，将业务流程分配给本地的某个或多个边缘功能模块来实现。考虑到边缘计算领域和垂直行业领域需要不同的领域知识和系统实现，控制器的设计和部署通常需要分域。边缘计算领域控制器负责对安全、数据分析等边缘计算服务进行部署。对于涉及垂直行业业务逻辑的部分，由垂直行业领域的控制器进行分发调度。

- 策略执行器

在每个边缘计算节点内置策略执行器模块，负责将策略翻译成本设备的命令，并在本地调度执行。边缘计算节点既支持控制器推送策略，也可以主动向控制器请求策略。策略可以仅关注高层次业务需求，而不对边缘计算节点进行细粒度控制，从而保证边缘计算节点的自主性和本地事件响应处理的实时性。

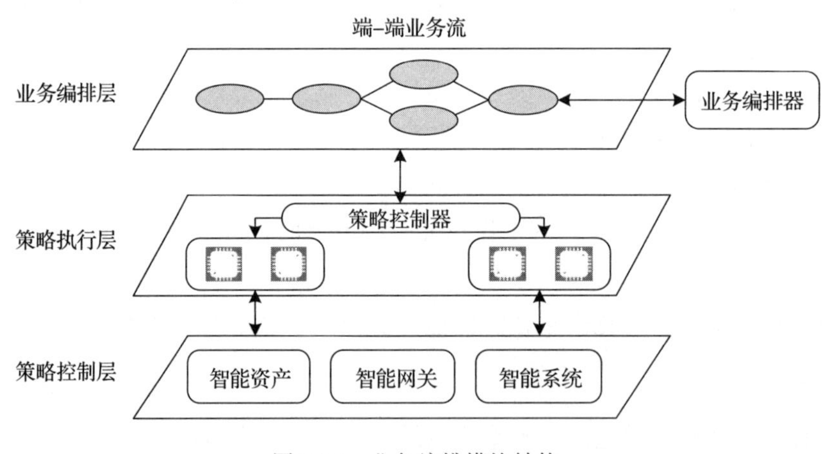

图 2-16　业务编排模块结构

（2）直接资源调用

直接资源调用是指通过代码管理、网络管理、数据库管理等方式直接调用相应的资源，完成业务功能。代码管理是指对功能模块的存储、更新、检索、增加、删除等操作，以及版本控制。网络管理是指在最高层面对大规模计算机网络和工业现场网络进行维护和管理，实现规划、分配、部署、协调、控制及监视一个网络的资源所需的整套功能的具体实施。数据库管理针对数据库的建立、调整、组合，数据安全性控制与完整性控制，数据库的故障恢复和数据库的监控提供全生命周期的服务管理。

2.3.5　部署视图

按照距离由近及远，边缘计算可分为现场层、边缘层和云层。图 2-17 给出了边缘计算的部署视图。

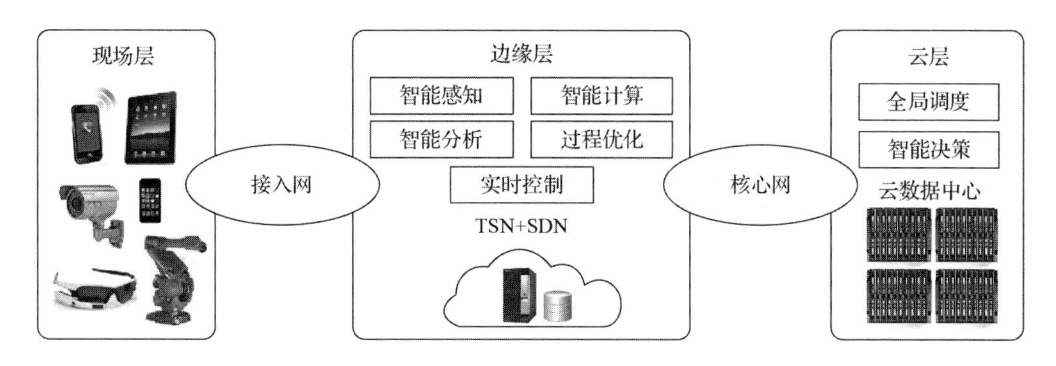

图 2-17　边缘计算的部署视图

1. 现场层

现场层包括传感器、执行器、用户终端设备、控制系统等现场节点。这些现场节点通过各种类型的接入网技术，与边缘层中的边缘网关等设备相连，在现场层和边缘层之间实现数据流和控制流的连通。

2. 边缘层

边缘层是边缘计算架构的核心，用于接收、处理和转发来自现场层的数据流，实现智能感知、安全隐私保护、数据分析、智能计算、过程优化、实时控制等时间敏感服务。边缘层包括边缘网关、边缘控制器、边缘云、边缘传感器等计算存储设备，以及时间敏感网络（TSN）交换机、路由器等网络设备。边缘层还包括边缘管理器软件，能提供业务编排或直接调用能力，控制边缘节点完成相关任务。

目前，边缘层部署分为 3 种类型：云边缘（如 KubeEdge）、边缘云（如 MEC）与云化网关。

- 云边缘

云边缘形态的边缘计算是云服务在边缘侧的延伸，在逻辑上仍是云服务，主要提供依赖于云服务或需要云服务紧密协同的服务。例如，华为云的 IEF 解决方案与云原生的边缘计算平台 KubeEdge、阿里云的 Link Edge 解决方案、AWS 的 Greengrass 解决方案都属于此类。其中，KubeEdge 是华为云开源的智能边缘项目，它将云原生和边缘计算相结合，旨在推进云原生技术在智能边缘领域的生态建设与普及。

- 边缘云

边缘云形态的边缘计算是在边缘侧构建中小规模云，边缘服务能力主要由边缘云提供；集中式数据中心侧的云服务主要提供边缘云的管理调度能力。例如，MEC、CDN、华为云的 IEC 解决方案。

- 云化网关

云化网关形态的边缘计算是以云化技术重构原有嵌入式网关系统，由云化网关在边缘侧提供协议与接口转换、边缘计算能力；部署在云侧的控制器提供针对边缘节点的资源调度、应用管理和业务编排等能力。

3. 云层

云层从边缘层接收数据流，向边缘层或通过边缘层向现场层发出控制信息，在全局范围内对资源调度和现场生产过程进行优化。云层提供决策支持系统，以及智能化生产、网络化协同、服务化延伸、个性化定制等特定领域的应用服务，并为最终用户提供接口。

2.3.6　共性服务

边缘计算参考架构 3.0 中的服务包括涉及不同层次的共性服务，主要有管理服务、数据全生命周期服务和安全服务。

1. 管理服务

管理服务包括以下基本功能：

- 支持面向终端设备、网络设备、服务器、存储、数据、业务与应用的隔离、安全、分布式架构的统一管理服务；
- 支持面向工程设计、集成设计、系统部署、业务与数据迁移、集成测试、集成验证与验收等全生命周期。

2. 数据全生命周期服务

（1）边缘数据智能分析

边缘数据是在网络边缘侧产生的，包括机器运行数据、环境数据及信息系统数据等，具有瞬间流量大、流动速度快、类型多样、关联性强、分析处理的实时性要求高等特点。与互联网等商业大数据应用相比，边缘数据的智能分析有如下特点。

- 因果与关联。边缘数据主要面向智能资产，这些系统运行时一般有明确的输入 / 输出的因果关系，而商业大数据关注的是数据关联关系。
- 高可靠性与较低可靠性。制造业、交通等行业对模型的准确度和可靠性要求高，否则会造成财产损失甚至是人身伤亡，而商业大数据分析对可靠性要求一般较低。边缘数据的智能分析要求结果可解释，黑盒子化的深度学习方式在一些应用场景会受到限制。将传统的机理模型和数据分析方法相结合是智能分析的创新和应用方向。

- 小数据与大数据。机床、车辆等资产是人设计、制造的，运行过程中的数据大多是可以预知的，异常、边界等情况下的数据才真正有价值，而商业大数据分析一般需要海量的数据。

（2）数据生命周期全过程服务

数据生命周期全过程服务如图 2-18 所示。

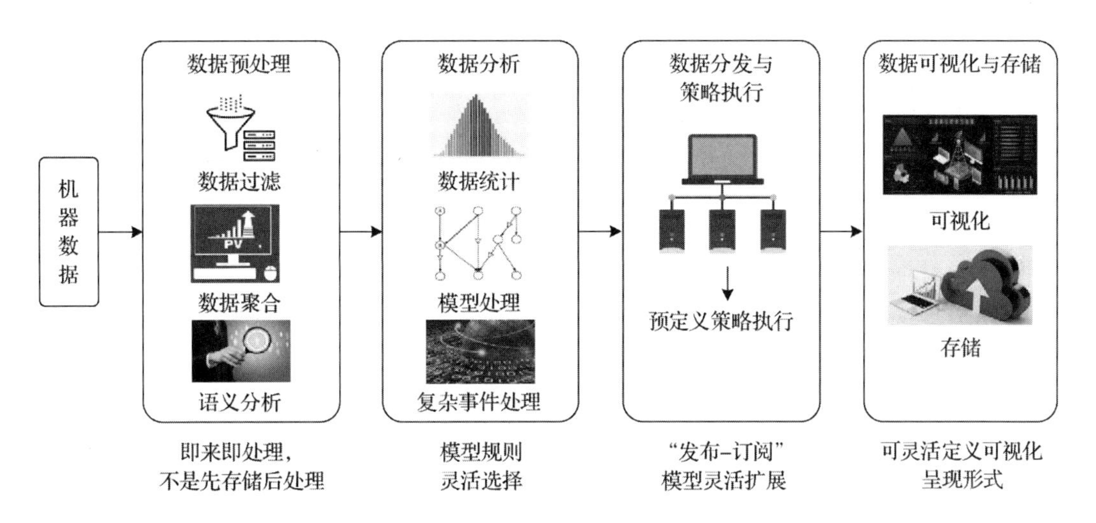

图 2-18 数据生命周期全过程

业务编排层可以定义数据全生命周期的业务逻辑，包括指定数据分析算法等，通过功能领域优化数据服务的部署和运行，满足业务实时性要求。

数据全生命周期主要包括以下环节。

- 数据预处理：对原始数据进行过滤、清洗、聚合、质量优化，剔除无效数据，并执行语义解析。
- 数据分析：对静态数据进行统计，利用机器学习模型对数据进行分析，以及对复杂事件进行处理。
- 数据分发与策略执行：基于预定义规则和数据分析的结果，在本地执行策略；或者将数据转发到云端或其他边缘计算节点进行处理。
- 数据可视化与存储：采用时序数据库技术可节省存储空间，并满足高速的读写操作需求。利用 AR/VR 等智能交互技术可逼真地呈现数据分析的结果。

3. 安全服务

边缘计算的安全涉及系统的各个层次，包括节点安全、网络安全、数据安全、应用安全等。边缘计算架构的安全设计与实现必须考虑以下问题。

- 安全功能适配边缘计算的特定架构。
- 安全功能能够灵活部署与扩展。

- 能够在一定时间内持续抵抗攻击。
- 能够容忍一定程度和范围内的功能失效，但基础功能始终保持运行。
- 整个系统能够从失败中快速恢复。

2.4　在5G网络中部署边缘计算

2.4.1　部署位置

从逻辑角度来看，MEC主机部署在边缘或中心数据网络中，并且具有引导用户平面流量流向MEC目标应用程序的UPF（用户平面功能）。数据网络和UPF的位置由网络运营商选择，网络运营商可以根据技术和业务参数（如可用的站点设施、支持的应用程序及需求、测量或估计的用户负载等）选择物理计算资源的位置。MEC管理系统负责协调MEC主机和应用程序的操作，可以动态地决定在何处部署MEC应用程序。在MEC主机的物理部署方面，根据不同的操作、性能或安全相关需求，有多种可用选项。图2-19给出了MEC物理位置的4种可行的方案。

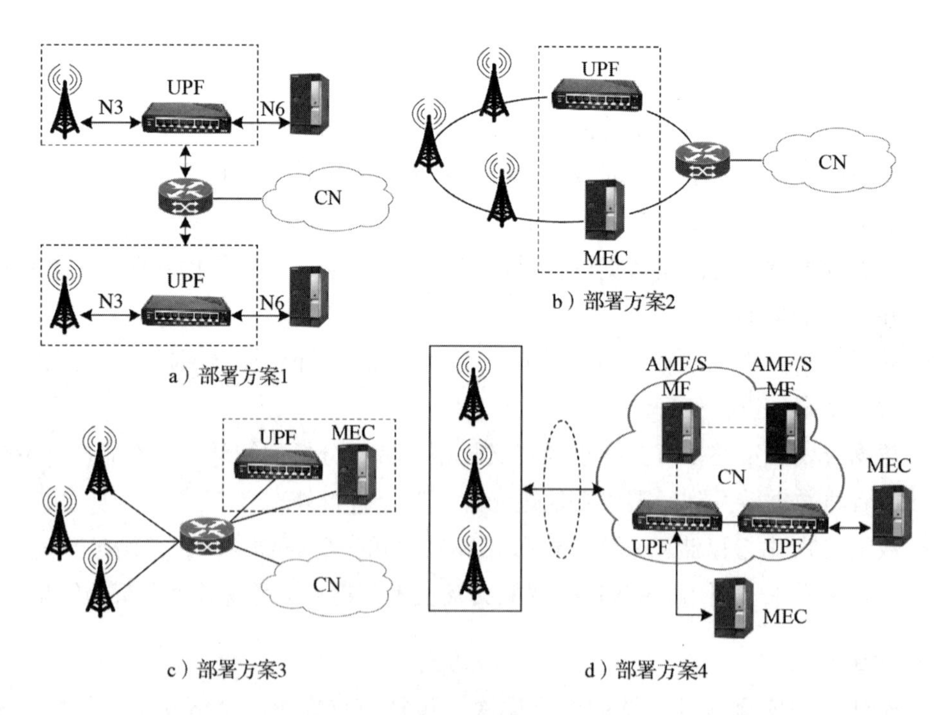

图2-19　MEC的物理位置部署

MEC物理位置可以有以下几种选择：

- 部署方案1：MEC与本地UPF部署在无线侧，即与基站并置。

- 部署方案2：MEC与传输节点并置，可能有本地UPF。
- 部署方案3：MEC、本地UPF与传输汇聚节点并置。
- 部署方案4：MEC与核心网络功能并置，即在同一个数据中心。

MEC中的流量定向是指MEC系统将流量路由到分布式云中的目标应用程序的能力。上述部署方案表明，MEC可以灵活地部署在从基站附近到中心数据网络的不同位置，主要是考虑引导流量流向目标MEC应用程序和网络。

在5G网络集成部署中，数据平面的功能被委托给UPF。UPF在将流量定向到所需的应用程序和网络功能方面起着重要作用。除了UPF之外，“第三代合作伙伴计划”（3rd Generation Partnership Project, 3GPP）还指定了一些相关的过程，用于支持将流量灵活、高效地路由到应用程序。其中一个过程是应用程序功能（AF）对流量路由的影响。它允许AF影响本地UPF的选择，并请求服务配置规则以允许流量转向数据网络。

5G网络提供的工具集可以由映射到MEC系统的功能实体（FE）的AF使用。实例化MEC应用程序时，在应用程序准备好接收流量并配置底层数据平面之前，不会将流量路由到应用程序。此配置由MEC平台完成。当部署在5G网络时，MEC功能实体与PCF交互，通过发送识别被引导的流量的信息来请求流量转向。PCF将请求转换为应用于目标PDU会话的策略，并为适当的会话管理功能（SMF）提供路由规则。根据接收到的信息，SMF识别目标UPF，并启动流量规则配置。如果不存在适用的UPF，SMF可以在PDU会话的数据路径中插入一个或多个UPF。

SMF可以使用不同的流量控制选项来配置UPF。对于IPv4、IPv6或以太网，SMF可以在数据路径中插入上行分类器函数（UL CL）。UL CL可以配置流量规则，将上行流量转发给不同的目标应用程序和网络功能，并在下行方向合并发送到UE的流量。对于使用IPv4或IPv6的PDU会话，如果UE支持，SMF可以使用多宿主控制流量。在这种情况下，SMF将在目标UPF中插入一个分支点函数，并将其配置为根据IP数据包的前缀将UL流量分割到一个本地应用程序实例和中心云中的服务。

5G系统为AF提供了一个灵活的框架，支持基于大量不同参数的流量控制。这允许为特定的UE设置通用或特定的流量规则。流量转向请求参数可能包含数据网络访问标识符（DNAI）列表、目标用户设备的信息、关于应用程序迁移可能性的指示、时间有效性条件、空间有效性条件等，用于用户平面管理通知和AF事务ID的通知类型。

除了选择UPF和配置流量控制规则之外，5G系统还为MEC功能实体提供有效的工具，例如MEC平台工具或MEC协调器，以便监视与本地云中MEC应用程序实例用户相关的移动事件。

FE可以订阅来自SMF的用户平面路径管理事件通知，并且接收关于路径更改的通知，例如特定 PDU 会话的 DNAI 更改。MEC 管理功能可以使用这些通知来触发流量路由配置或应用程序重定位过程。

上面的讨论假设 MEC 系统以及相关的功能实体受到 5G 网络的信任，并且策略允许从 AF 直接访问 5G 核心网络功能。但是，在某些情况下，例如当 MEC 被认为是不可信的，并且策略不允许直接访问 5G 核心网络功能时，FE 需要从网络开放功能（NEF）请求服务。此外，无论何时请求目标，或者目标可能有多个 PCF，都要通过 NEF。

2.4.2 部署级别

由于 5G 云服务是基于虚拟化的电信网元，因此 MEC 部署要充分考虑电信网元的特点。电信网元包括两部分：控制面与用户面。其中，控制面适合集中化部署，对资源的需求趋向同质；用户面网元适合用户下沉，以提升用户体验质量。对于下沉的用户面，UPF 是支持边缘计算的重要环节。随着边缘计算的发展，用户面下沉的需求越来越强烈。面对不同的边缘计算应用场景，这些网元对延时、存储、转发性能、计算密集度等有新的要求。

为了满足电信业务的需求，MEC 数据中心（DC）可以分为：基站级、接入级、边缘级、汇聚级与中心级，覆盖 5G 基站、区县、城市到省的范围，并且对各级数据中心的功能进行了划分。未来的 5G 网络基础设施平台将采用通用分级架构的数据中心，其结构如图 2-20 所示。

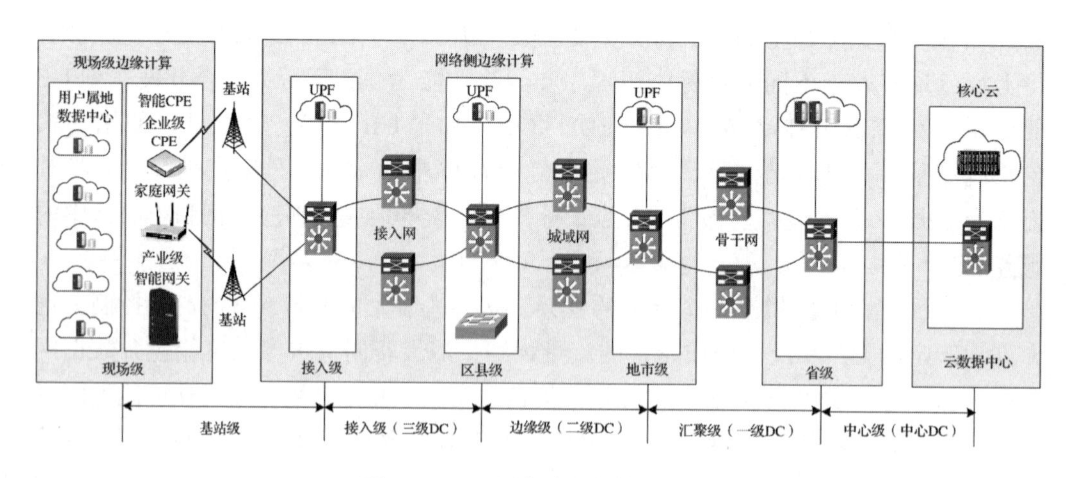

图 2-20　5G 网络分级结构示意图

1. 基站级

基站级（或现场级）是将 MEC 功能部署在移动运营商网络的接入点基站。基站级节点包括两种类型：一类节点是移动通信网基站，边缘计算设备与基站一起安装在机房中；另一类节点是在用户属地，多数没有机房环境，典型设备形态是边缘计算智能网关类设备。客户前置设备（Customer Premise Equipment，CPE）是一种实现移动通信网 4G/5G 信号与 Wi-Fi 信号转换的智能网关设备。CPE 的客户端与基站的传输距离可以达到 1km～5km。它可以扩大接入移动通信网的终端数量。CPE 大量应用于农村、城镇、医院、单位、工厂、小区等区域。

2. 接入级

接入级的本地 DC 重点面向接入网络，主要包括 5G 接入中心单元（Core Unit，CU）、4G 虚拟化基带单元（Base Band Unit，BBU）池、MEC 以及固网的光端口（Optical Line Terminal，OLT）等。其中，5G 接入 CU 可以与分布式单元（Distribute Unit，DU）合并，直接以一体化基站的形式出现，并针对超低延时的业务需求，将 MEC 功能部署在 CU 甚至 CU / DU 一体化基站上。

3. 边缘级

边缘级的本地 DC 主要承担数据面网关的功能，包括 5G 用户面与 4G vEPC 下沉 PGW 用户面（PGW-D），MEC、5G 的部分控制面，以及固网 vBRAS 功能。为了提升宽带用户的体验质量，固网部分 CDN 资源也可以部署在本地 DC 的业务云中。

4. 汇聚级

汇聚级的省级 DC 主要承担 5G 网络的控制面功能，例如接入管理、移动性管理、会话管理、策略控制等，同时部署原有的 4G 网络虚拟化核心网、固网的 IPTV 业务平台，以及能力开放平台等。考虑到 CDN 下沉及省级公司特有的政企业务需求，省级业务云也可以同时部署在省级 DC。

5. 中心级

中心级 DC 主要包含 IT 系统和业务云，其中 IT 系统以控制、管理、调度职能为核心，例如网络功能管理编排、广域数据中心互联、BOSS 等，实现网络总体的监控和维护。此外，运营商自有的云业务、增值服务、CDN、集团类政企业务等都可以部署在中心级 DC 的业务云平台。

从以上讨论中可以看出，5G MEC 部署策略的核心思想是构建灵活、通用、支持各种网络服务的技术与系统，打造面向全连接、全覆盖的计算平台，为各行各业就近提供现场级、智能连接与计算能力的基础设施。

2.4.3　网络延时估算

通过一个 5G 网络 MEC 延时估算的案例，根据不同应用场景的网络延时估算结果，采用“端 - 边 - 云”结构可以有效减少网络延时。

1. 估算的条件

5G MEC 网络延时主要包括空口延时、传播延时和转发延时。

- 空口延时：是指移动终端设备通过无线信道将信号发送到基站的接入延时。5G 标准中要求的空口延时是 1ms。
- 传播延时：是指数据包在核心网连接网络设备的传输介质中的信号传播时间。如果传输介质长度为 L，电信号在传播介质中的传播速度为 V，则传播延时 D=L/V。光纤作为连接两个路由器的传输介质，每千米光纤的传播延时约为 5μs。
- 转发延时：是指核心网中路由器等网络设备转发数据包的延时。转发延时与具体的网络转发设备的处理能力相关。以路由器与光传送网（Optical Transport Network, OTN）为例，路由器的转发延时约为 1ms，OTN 的转发延时约为 100μs。

由于服务器的业务处理延时主要取决于服务器的性能与业务数据量，与具体的业务类型相关，因此在网络延时估算中通常忽略业务处理延时。

假设：

- 云数据中心与用户 A、用户 B 的距离均为 300km。
- 数据包从用户 A、用户 B 发送到云数据中心需要经过 6 个 OTN 与 2 个路由器的转发。
- 边缘云平台部署在核心网的边缘机房中。

2. 业务场景

案例中设定了 3 种业务场景：

- 用户 A 的业务传送到云数据中心处理。
- 用户 A 的业务可以由边缘云平台处理。
- 用户 A 与用户 B 通过云数据中心进行数据交换。

3. 估算过程

1）估算用户 A 的业务传送到云数据中心的网络延时。

- 空口延时为 1ms。
- 从用户 A 传输到云数据中心核心网的距离为 300km，传播介质为光纤，每千米延时约为 5μs，则核心网通过 300km 的总传播延时约为 1.5ms。
- 2 个路由器的转发延时约为 2ms，6 个 OTN 的转发延时约为 0.6ms。
- 总延时：T_1=1+1.5+2+0.6=5.1ms

2）估算用户 A 的业务由边缘云平台处理的网络延时。

如果用户 A 的业务由边缘云平台处理，则总延时是空口延时，即 1ms。

3）估算用户 A 与用户 B 通过云数据中心进行数据交换的网络延时。

如果用户 A 与用户 B 通过云数据中心进行数据交换，则用户 A 的业务需要传送到云数据中心，再按原来的传输路径传输到用户 B；假设双向传输延时相同，则网络延时是 5.1ms 的两倍，即 10.2ms。

如果将上述 5G 参数改成 4G 参数，则差别在空口延时上。5G 空口延时为 1ms，而 4G 空口延时为 10ms，两者相差 9ms。如果 5G 网络在核心网结构与传输机制上没有大的改进，则 5G 核心网传播延时与设备转发延时基本不变。因此，如果用户 A 的业务传送到云数据中心处理，5G 网络总延时为 5.1ms，4G 网络总延时为 14.1ms。如果用户 A 的业务由边缘云平台处理，5G 网络总延时为 1ms，4G 网络总延时为 10ms。如果用户 A 与用户 B 的数据通过云数据中心来交换，5G 网络总延时为 14.1ms，4G 网络总延时为 28.2ms。

以上描述了网络延时的简单估算方法，从估算结果中可以看出：

- 没有采取边缘计算的传统“端 - 云”结构，与采用边缘计算的“端 - 边 - 云”结构相比，在网络延时上差异很大。
- 如果 5G 不对核心网技术做更大的调整和改进，那么它们在 4G 与 5G 网络延时上的差异主要表现在空口延时上。
- 5G 要满足物联网实时性应用的毫秒级传输的“端 - 端”延时需求，仅依靠 5G 网络空口延时小的优势是远远不够的，必须在边缘计算、核心网与“端 - 边 - 云”协同机制上进一步挖掘潜能。

2.4.4　整体部署策略

虽然 5G 网络架构标准化已经完成，但是 5G 网络 MEC 应用仍处于研究阶段，因此通过将 4G 网络拓扑及传输延时作为参考进行分析，为研究 5G 网络 MEC 的部署方法提供参考。图 2-21 给出了 4G 网络拓扑与典型传输延时的参考值。

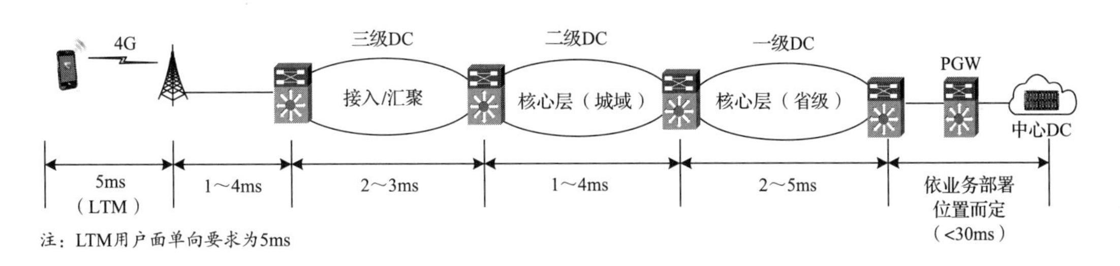

图 2-21　4G 网络拓扑与典型传输延时参考值

4G 业务应用一般部署在 PGW 后面的中心 DC。业务访问延时主要来自从基站到 PGW 的回传链路引入的传输延时，以及因业务应用部署位置引入的从 PGW 到业务部署位置的传输延时。根据图 2-21 中标出的每级网络的传输延时值，可以估算出从基站到 PGW 的传输延时大致为 6～16ms，PGW 到业务部署位置的延时小于 30ms。那么，MEC 实现业务应用本地化带来的延时减少部分不仅包括从 MEC 到 PGW 的传输延时，还包括 PGW 到原有业务应用部署位置的传输延时。

根据 3GPP 针对 5G 接入场景及需求的研究，5G 增强移动宽带场景下空口的单向延时要求为 4ms，相比于 4G LTE 网络空口单向要求的 5ms，性能提升要求不是很严苛。对于超低延时高可靠场景，则要求无线空口单向延时为 0.5ms。

5G 网络针对增强移动宽带业务和超低延时高可靠场景的业务分别提出 10ms 级"端－端"延时要求及 1ms 的"端－端"极低延时要求。

根据网络传输链路的典型延时值估算，对于增强移动宽带场景，MEC 的部署位置不应高于地市级。考虑到 5G 网络 UPF 极有可能下沉至地市级（控制面依然在省级），此时 MEC 可以和 5G 下沉的 UPF 合并设置，满足 5G 增强移动宽带场景对于业务 10ms 级的延时要求。但是，对于超低延时高可靠场景 1ms 的极低延时要求，由于空口传输已经消耗 0.5ms，没有给回传留下任何时间。针对 1ms 的极端低延时要求，直接将 MEC 功能部署在 5G 接入 CU 或 CU / DU 一体化的基站上，将传统的多跳网络转化为一跳网络，完全消除传输引入的延时。同时，考虑到业务应用的处理延时，1ms 的极端延时要求对应的是终端用户和 MEC 业务应用之间的单向业务。表 2-4 给出了 5G 网络典型场景的延时要求。

表 2-4　5G 网络典型场景的延时要求

类　型	空口单向延时（单位 ms）	说　明	总体建议
5G eMBB	4	10ms 级的业务"端－端"延时，需要降低或消除传输延时	MEC 部署在二级 DC（地市），UP 部署于二级 DC，UP/MEC 与 CP 部署于一级 DC（省级）
5G uRLLC	0.5	1ms 级的极低延时要求，业务需要直接部署在接入侧（CU、CU/DU 一体化基站），消除传输延时	MEC 部署在一体化基站（将多跳转化为一跳）

目前，在新媒体领域的专业级 8K 超高清视频直播应用中，通过使用 5G 网络边缘视频服务器，提升了用户对重要会议、体育赛事、演唱会直播等超高清视频业务的体验质量。在智能制造领域中，5G 边缘计算可以实现无线工厂、工业精准控制，利用边缘云进行初步的数据处理、自主判断问题，快速检测异常状况，及时响应服务请求，更好地实现预测性监控，提升工控效率及故障响应效率。5G 边缘云计算技术促进了生产系统、供应链系统、客户关系管理系统、企业资源计划系统等的重新分工与协同，大大提升了企业的生产效率。在智慧医疗领域中，5G 网络的大带宽、低延时、实时通信等特性，增强了高清医疗影像的传输能力，实现了 5G 边缘云在远程手术示教、重症监护、智能阅片等方面的医疗创新应用。

5G MEC 总体部署策略将根据业务应用要求的延时、服务覆盖的范围等因素，结合网络实施的 DC 化改造趋势，将所需的 MEC 业务应用与服务部署到相应层次的数据中心。

2.5　不同场景的 MEC 部署方案

2.5.1　eMBB 部署方案

针对 5G 的三大典型应用场景，3GPP 业务需求组分别考虑了不同场景下的 MEC 部署方案。根据 3GPP 业务需求组（SA1）的研究结果，当用户移动速度低于 10km/h 时，用户体验速率需要达到下行 1Gbit/s、上行 500Mbit/s，并且端－端延时为 10ms。针对 8K 3D 高清视频流应用的 10ms 延时要求，包括“终端用户－终端用户（C-C)”和“终端用户－服务器（C-S)”模式，MEC 部署位置可以从一体化基站到地市级 DC，甚至是接入级 DC。如图 2-22 给出了 5G 在 eMBB 应用场景的部署方案。

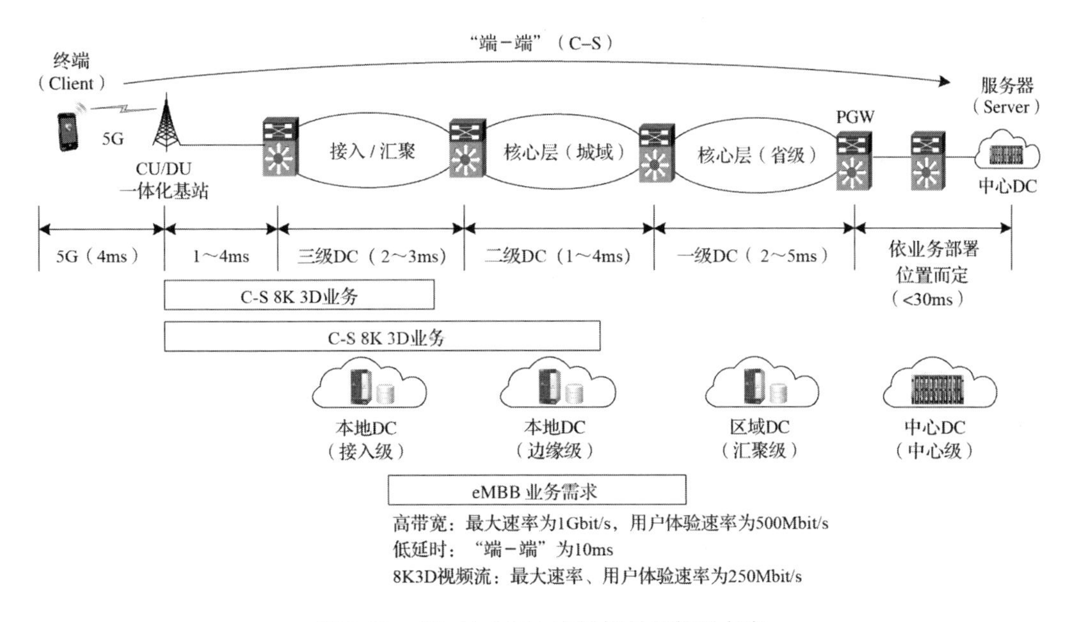

图 2-22　5G 在 eMBB 应用场景的部署方案

2.5.2　uRLLC 部署方案

在以工业生产自动化为代表的高可靠、低延时场景下，其主要的业务速率要求较低，一般小于 50Bit/s。考虑到工业控制的实时性要求，其闭环延时的要求很严格（2～20ms)，具体数值与业务场景直接相关。同时，工业控制领域对于可靠性要求很高，一般小于 1×10^{-9}。针对 2ms 严苛的延时要求，考虑到双向闭环控制以及业务处理的延时，MEC 建议与 5G 接入 CU 或者 CU / DU 一体化基站合并设置，以满足 2ms 控制的极低延时需求。图 2-23 给出了 5G 在 uRLLC 应用场景的部署方案。

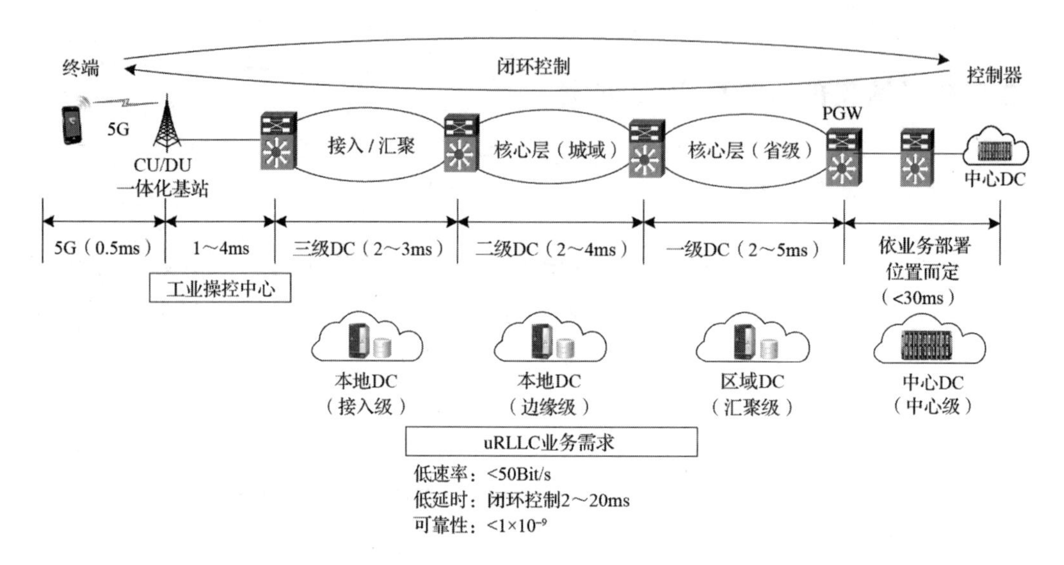

图 2-23　5G 在 uRLLC 应用场景的部署方案

2.5.3　mMTC 部署方案

在大规模机器通信 mMTC 的应用场景下，主要业务需求来自百万量级的机器类通信（Machine Type of Communication，MTC）终端接入，以及对 MTC 终端能耗的要求，其速率与延时要求和具体的应用场景相关。在这类应用场景中，MEC 的主要作用是通过将 MTC 终端的高能耗计算任务迁移到 MEC 平台，降低 MTC 的能耗，延长待机时间。同时，对于 mMTC 场景下大量终端设备的接入，主要利用 MEC 平台的计算、存储能力，实现 MTC 终端数据与信令的汇聚及处理，以便降低网络负荷。因此，MEC 的部署范围可以从基站到省级数据中心，甚至可以部署在终端簇头节点。图 2-24 给出了 5G 在 mMTC 应用场景的部署方案。

以上仅从典型应用场景的延时需求出发，对 5G 网络 MEC 部署方案进行讨论。在实际部署中，还需要结合具体的业务场景、服务覆盖范围、运营商 DC 资源、网络传输条件等因素，综合考虑并制定合理的部署方案。

2.5.4　从 4G 网络到 5G 网络的过渡

目前，虽然已经完成 5G 网络架构的标准制定，但是还没有真正完成部署，因此在研究 MEC 部署方案时，还需要考虑从 4G 网络到 5G 网络的过渡问题。

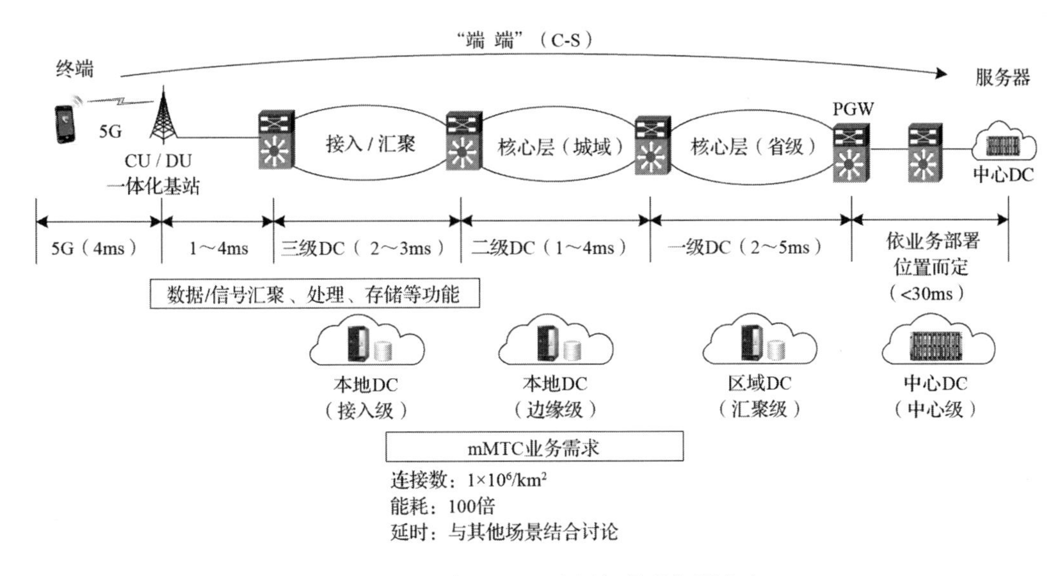

图 2-24　5G 在 mMTC 应用场景的部署方案

通信运营商在规划 MEC 系统时，将 4G 网络到 5G 网络的平滑过渡分为 3 个阶段。

1. MEC 服务器部署在汇聚节点之后

在基于 4G 核心网（Evolved Packet Core，EPC）的架构中，MEC 服务器部署在无线接入网的 eNodeB 汇聚节点之后、服务网关（SGW）之前。因 MEC 服务器部署在汇聚节点之后，故多个 eNodeB 可以共享一个 MEC 服务器。MEC 服务器可以单独部署，也可将 MEC 功能集成在汇聚节点或 eNodeB 中。MEC 服务器位于 LTE 的 S1 接口上，对用户终端发出的数据包进行 SPI/DPI（Stateful Packet Inspection/Deep Packet Inspection）解析，以决定该数据业务是否经过 MEC 服务器进行本地分流。如果不需要进行分流，则业务数据包直接传送到核心网。图 2-25 给出了 MEC 服务器部署在汇聚节点之后的系统结构。

2. MEC 服务器部署在 GW-U 之后

在 LTE 的 CUPS 标准出现之后，网络设备的用户平面网关（GW-U）与控制平面网关（GW C）实现标准化对接。如果有具体的业务需求，建议新建站采用基于 C / U 分离的 NFV 架构，MEC 服务器部署在 GW U 之后。在基于 C / U 分离的 NFV 架构下，MEC 服务器与 GW U 既可以集成部署，又可以分开部署，共同实现本地业务分流。图 2-26 给出了 MEC 服务器部署在 GW U 之后的系统结构。

3. 在 SDN/NFV 的 5G 网络架构下

在 SDN/NFV 的 5G 网络架构下，数据中心（DC）采用分级部署的方式。网络部署包括 3 级，由下到上分别为边缘 DC、核心 DC 和全国级核心 DC。MEC 服务器与GW-U、相关业务链功能部署于边缘DC，控制平面功能集中部署于核心DC。全国级核心DC以控制、管理、调度功能为核心，可按需部署于全国的网络节点，实现网络总体的监控和维护；核心DC可按需部署于省一级网络，承载控制平面网络功能，如移动性管理、会话管理、用户数据与策略等；边缘DC可按需部署于地（市）一级网络或靠近网络边缘，以承载媒体流终结功能为主，需要综合考虑集中度、流量优化、用户体验与传输成本。边缘DC主要包括MEC服务器、下沉的GW-U及相关业务链功能等，部分控制平面网络功能也可以灵活地部署于边缘DC。

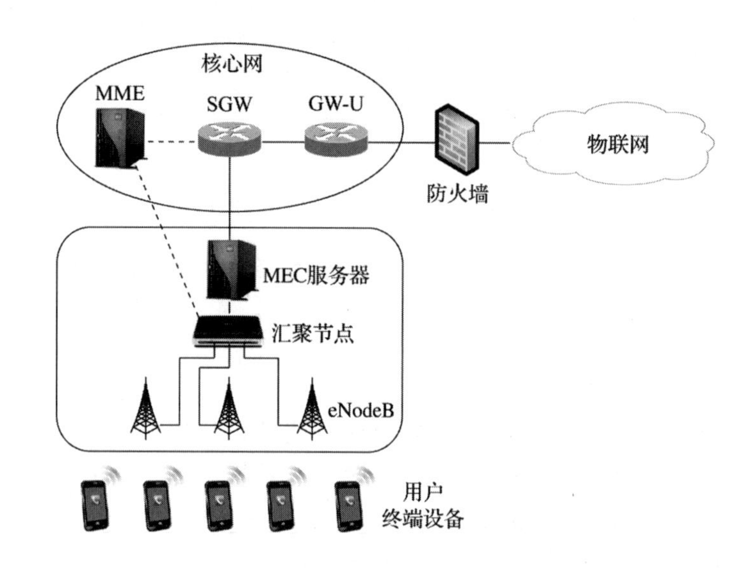

图 2-25 MEC 服务器部署在汇聚节点之后的系统结构

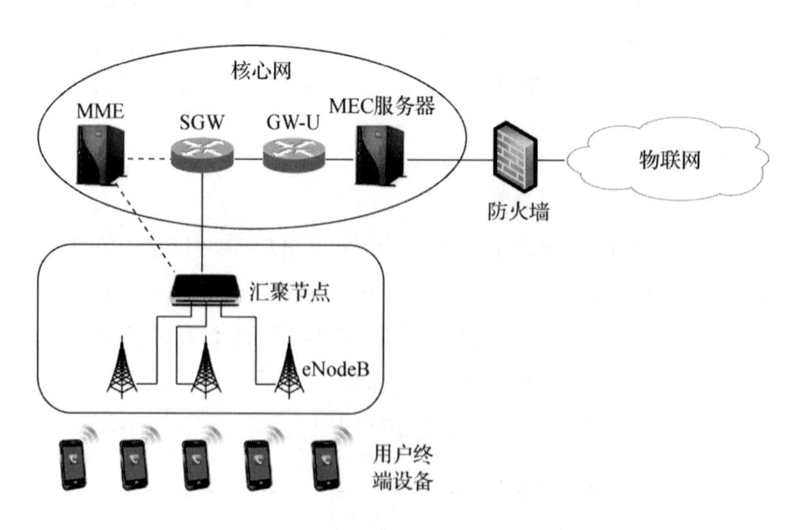

图 2-26 MEC 服务器部署在 GW-U 之后的系统结构

2.6 习题

1. 单选题

（1）以下不属于5G uRLLC场景的应用是（　　）。

A. 车联网　　B. 3D游戏

C. 工业控制　　D. 移动医疗

（2）以下不属于数据全生命周期内容的是（　　）。

A. 数据预处理　　B. 数据分析

C. 数据传输和路由　　D. 数据可视化和存储

（3）以下关于用户对5G关键指标感性认知的描述中，错误的是（　　）。

A. 在VR场景中，画面延时小于50ms时人没有眩晕感

B. 声音超前或滞后画面40~60ms，人不会感觉到声像不同步

C. 对于时速60km/h行驶的汽车，1ms延时的制动距离为17m

D. 当峰值速率为20Gbit/s时，1秒可以下载一部2.5GB的4K超高清视频

（4）以下关于5G MEC网络延时估算的描述中，错误的是（　　）。

A. 5G标准要求空口延时是1ms

B. 核心网传播延时是指数据包在核心网连接网络设备的传输介质中信号的传播时间

C. 核心网转发延时是指核心网中路由器等网络设备转发数据包的延时

D. 路由器转发延时约为10ms，OTN转发延时约为100μs

（5）以下关于云数据中心与边缘云延时的描述中，错误的是（　　）。

A. 云数据中心的端-端延时通常控制在20～100ms

B. 华为云按延时大小将边缘计算分为近场边缘计算与现场边缘计算

C. 近场边缘计算的端-端延时通常控制在5～50ms

D. 现场边缘计算的端-端延时通常控制在1～5ms

（6）以下关于5G MEC部署策略的描述中，错误的是（　　）。

A. 汇聚级的省级DC主要承担5G网络数据面功能

B. 接入级的本地DC重点面向接入网络

C. 中心级DC主要面向IT系统和业务云

D. 基站级DC是将MEC功能部署在移动运营商网络的接入点

（7）以下关于MEC物理位置选择的描述中，错误的是（　　）。

A. MEC和本地用户平面功能UPF部署在无线侧，与Wi-Fi并置

B. MEC与传输节点并置，可能有本地用户平面功能UPF

C. MEC、本地用户平面功能UPF与传输汇聚节点并置

D. MEC与核心网络功能并置，即在同一个数据中心

（8）以下关于5G技术指标的描述中，错误的是（　　）。

A. 理论的峰值速率一般情况下为 10Gbit/s

B. 峰值速率在特定条件下能达到 20Gbit/s

C. 端－端延时要求低于 1ms

D. 允许用户的最大移动速度为 500km/h

（9）以下关于“5G 应用白皮书”的描述中，错误的是（　　）。

A. 白皮书提出了 5G 融合应用“3+4+X”体系

B. “3”是指 3 大应用方向：教育数字化、娱乐数字化、管理数字化

C. “4”是指 4 大通用应用：4K/5K 超高清视频、VR/AR、无人机 / 车 / 船、机器人

D. “x”是指 x 类行业应用：工业、医疗、教育、安防等

（10）以下关于从 4G 网络到 5G 网络过渡的描述中，错误的是（　　）。

A. 通信运营商规划 MEC 系统时，将 4G 到 5G 的平滑过渡分为 3 个阶段

B. 第 1 阶段：MEC 服务器部署在汇聚节点之后

C. 第 2 阶段：MEC 服务器部署在路由器之后

D. 第 3 阶段：在 SDN/NFV 的 5G 网络架构下

2. 思考题

（1）请分析 5G 网络应用中“空口延时”与“端－端延时”的区别。

（2）请举例说明 5G 的 mMTC 在物联网中的典型应用。

（3）从“5G 应用白皮书”列出的十大应用场景中，选择自己最感兴趣的应用场景，分析该场景中最有发展前景的物联网应用。

（4）请分析 EC-IaaS、EC-PaaS 与 EC-SaaS 的区别。

（5）为什么 5G 应用需要边缘计算技术的支持？

第 3 章　计算迁移技术

本章在介绍计算迁移的基本概念的基础上，系统地讨论了计算迁移的实现原理、实现方法，以及细粒度计算迁移系统与粗粒度计算迁移系统等问题。

3.1　计算迁移概述

3.1.1　计算迁移的基本概念

计算迁移（Computation Offloading）作为移动云计算与移动边缘计算的核心技术，是将移动终端设备的一部分计算量大的任务，根据一定的迁移策略合理分配到资源充足的近距离的本地微云或远距离的远端云计算平台的过程。有的文献也将计算迁移称为“计算卸载”。计算迁移可以扩展移动设备的能力，减少移动能量消耗，同时进一步扩展了云计算技术在移动网络的应用范围。计算迁移过程如图 3-1 所示。

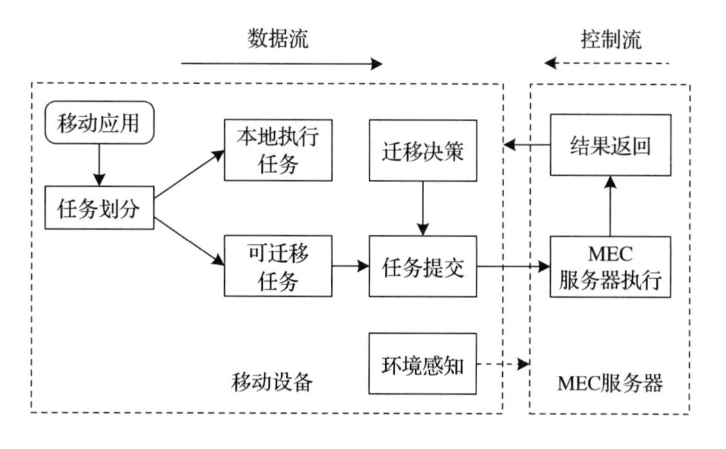

图 3-1　计算迁移过程

需要注意的是，边缘计算模型的计算迁移策略的目的应该是减少网络传输数据量，而不是将计算密集型任务迁移到边缘设备处执行。也就是说，边缘计算中的计算迁移策略是在网络边缘对边缘设备采集或产生的海量数据进行部分或全部计算的预处理操作，过滤无用数据，降低传输带宽。同时，根据边缘设备当前的计算能力进行动态任务划分，防止计算任务迁移到一个系统任务过载状态下的设备，影响系统性能。

计算迁移的实现中需要解决以下几个基本问题：任务是否可以迁移、按照哪种策略迁移、迁移哪些任务、执行部分迁移还是全部迁移等。计算迁移的规则和方式应取决于应用模型，如该应用是否可以迁移、是否准确知道应用程序处理所需的数据量，以及能否高效协同处理迁移任务。计算迁移技术需要在用户终端设备能耗、边缘设备计算延时与传输数据量等指标之间进行权衡。

3.1.2 计算迁移的类型

应用划分模块是计算迁移系统的核心。由于计算迁移是一种从软件层面解决移动终端设备资源受限的方法，因此应用划分对计算迁移的服务质量至关重要。影响应用划分的因素主要包括：划分时机、划分粒度与计算执行位置。

1. 计算迁移任务的类型

计算迁移任务大致可以分为 3 种类型，见表 3-1。

表 3-1 计算迁移任务的类型与特点

计算迁移任务的类型	任务特点	关键因素	典型应用
交互型	在任务执行过程中需要与用户进行大量交互	客户端与边缘云之间的网络状态，如带宽、延时等	云游戏
计算型	在任务执行过程中需要执行大量计算	边缘云的硬件资源	计算机视觉应用
数据型	在任务执行过程中需要访问大量数据	边缘云缓存的数据内容	地图应用

（1）交互型

交互型迁移在任务执行过程中需要与用户进行大量交互，如云游戏。交互型任务迁移时要注意客户端与边缘云之间的带宽、延时等网络状态。

（2）计算型

计算型迁移在任务执行过程中需要进行大量计算，如计算机视觉应用。计算型任务迁移时要注意边缘云的硬件资源。

（3）数据型

数据型迁移在任务执行过程中需要访问和存储大量数据，如地图应用。数据型任务迁移时要注意边缘云缓存的数据内容。

2. 计算迁移的方案

（1）边缘计算与云数据中心的协作层次

边缘计算不使用单一的部件，也不具有单一的层次，而是由边缘侧支持多种网络接口、协议与拓扑，业务实时处理与延时，数据处理与分析，分布式智能与安全以及隐私保护。云端难以满足上述要求，需要边缘计算与云数据中心在网络、业务、应用和智能方面进行协同，涉及EC-IaaS、EC-PaaS、EC-SaaS到IaaS、PaaS、SaaS的“端－端”开放平台。因此，“边－云”协同的能力与内涵涉及IaaS、PaaS、SaaS各层面，主要包括6种协同：资源协同、数据协同、智能协同、应用管理协同、业务管理协同与服务协同。“边缘计算参考架构3.0”对“边－云”协同的总体能力与内涵的描述如图3-2所示。

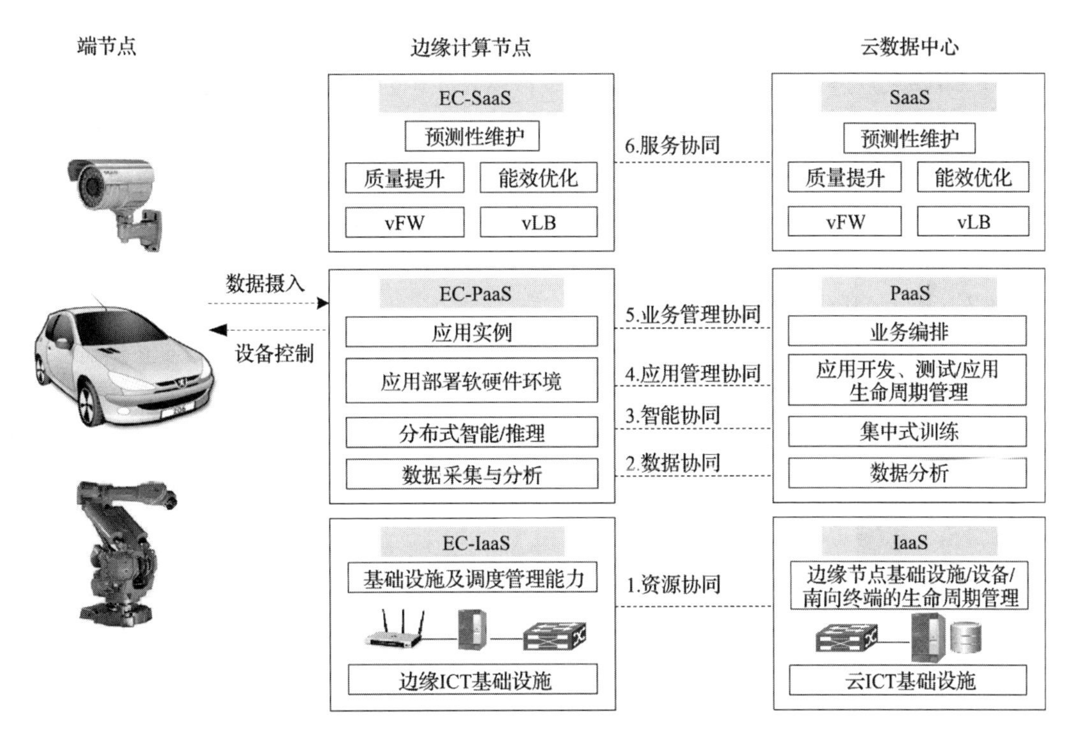

图3-2 “边－云”协同的总体能力与内涵

1）EC-IaaS与IaaS。在基于“基础设施即服务”边缘计算（EC-IaaS）工作模式中，端节点与云数据中心是在边缘信息通信技术ICT（Information Communication Technology）基础设施与云ICT基础设施级别上实现网络、计算与存储的“资源协同”。EC-IaaS端节点需要具有基础设施及调度管理能力；云数据中心需要具有边缘节点基础设施、设备、南向终端的生命周期管理能力。“南向”是软件定义网络

(Software Defined Network，SDN）的术语，指的是控制平面与数据平面的接口。这里的“南向终端”是指边缘计算ICT基础设施的数据平面中的交换机、计算机、存储器等设备。云数据中心对边缘节点基础设施、设备、南向终端的生命周期管理能力体现出EC-IaaS与IaaS的“资源协同”关系。

2）EC-PaaS与PaaS。在基于“平台即服务”边缘计算（EC-PaaS）模式中，边缘计算节点与云数据中心是在ICT平台级别上实现的“协同”，这种“协同”分为以下4种关系。

- 在边缘计算节点的“数据采集与分析”与云数据中心的“数据分析”之间实现“数据协同”。
- 在边缘计算节点的“分布式智能/推理”与云数据中心的“集中式训练”之间实现“智能协同”。
- 在边缘计算节点的“应用部署软硬件环境”与云数据中心的“应用开发、测试/应用、生命周期管理”之间实现“应用管理协同”。
- 在边缘计算节点的“应用实例”与云数据中心的“业务编排”之间实现“业务管理协同”。

3）EC-SaaS与SaaS。在基于“软件即服务”边缘计算（EC-SaaS）模式中，边缘计算节点与云数据中心在预测性维护、质量提升、能效优化、虚拟防火墙（vFW）、虚拟负载均衡（vLB）等方面实现“服务协同”。

（2）基于MEC的计算迁移方案

基于MEC计算迁移方案可以分为3级，分别为进程级、程序级与虚拟机级，如图3-3所示。

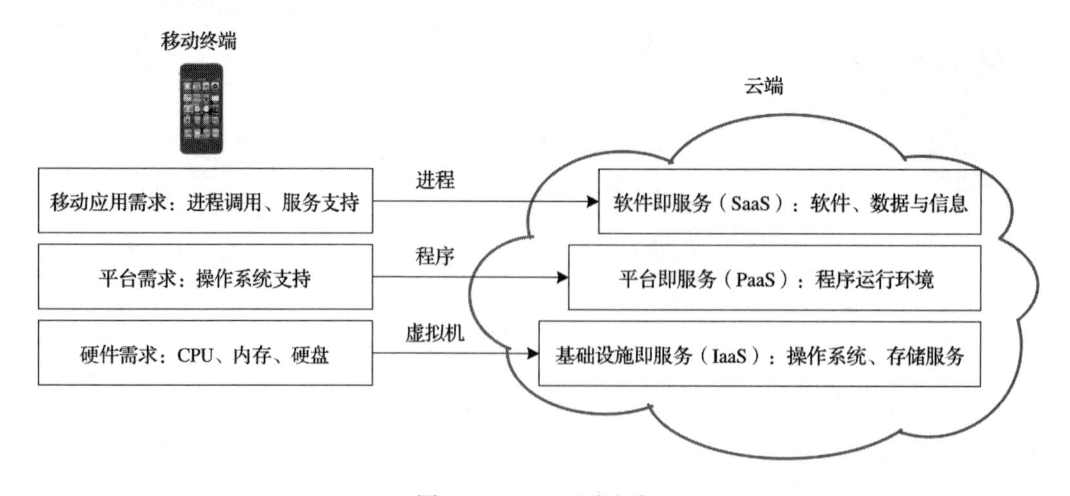

图3-3 MEC迁移方案

- 虚拟机级。当用户终端设备在移动计算中产生对CPU、内存、硬盘等硬件的需求时，可以采用IaaS服务模式，通过虚拟机形式将一部分计算与存储任务迁移到边缘云，使用边缘云提供的基于基础设施的服务。
- 程序级。当用户终端设备在移动计算中产生对操作系统平台的应用需求时，可以采用PaaS服务模式，将一部分应用程序迁移到边缘云，利用边缘云提供的操作系统作为应用程序的运行环境。
- 进程级。当用户终端设备在移动计算中产生对进程调度与服务支持的需求时，可以采用SaaS服务模式，通过分布式进程通信，使用边缘云提供的软件、数据与信息服务。

3. 基于MEC的计算迁移方法

（1）静态划分与动态划分

划分时机可以分为两类：静态划分与动态划分。静态划分是指系统在开发过程中预先设置任务迁移策略；动态划分是指实时感知终端、网络、云端的状态，进而动态调整计算迁移策略。静态划分很难保证在所有环境条件下划分方案都可以达到最优；动态划分则体现出较好的灵活性，但是为了支持动态划分，系统必须监控资源，并且分析和预测应用对资源的需求，这就势必引入额外的计算、存储、通信与能耗开销。

（2）粗粒度划分与细粒度划分

应用划分可以分为两类：粗粒度与细粒度。粗粒度划分包括操作、应用与虚拟机；细粒度划分包括方法、类、对象与线程级。粗粒度划分具有通信成本低、划分效率高的优点，但是迁移整个应用或虚拟机需要花费较长时间，不适用于移动终端快速移动的应用场景。细粒度划分可以最大程度降低应用的能耗，但是计算开销大、通信成本高、划分效率低。因此，细粒度划分适用于规模较小的应用。

计算迁移方案基本上是按照划分粒度进行分类，主要包括：基于进程、功能函数的细粒度计算迁移，基于应用程序、虚拟机的粗粒度计算迁移。细粒度计算迁移将应用程序中计算密集型的部分代码或函数以进程形式迁移到云端执行。这类迁移方案要求程序员通过标注修改代码的方法对程序进行预先划分。在程序运行时，根据迁移策略，仅对需要在边缘云上执行的部分进行迁移。

粗粒度计算迁移是将全部程序甚至是整个程序运行环境以虚拟机形式迁移到代理上运行。这类迁移方案无须对应用程序进行标注修改，减轻了程序员的负担。但是，粗粒度计算迁移不适用于用户频繁交互的应用。

计算迁移方案的层次划分如图3-4所示。

计算迁移的分类如图3-5所示。

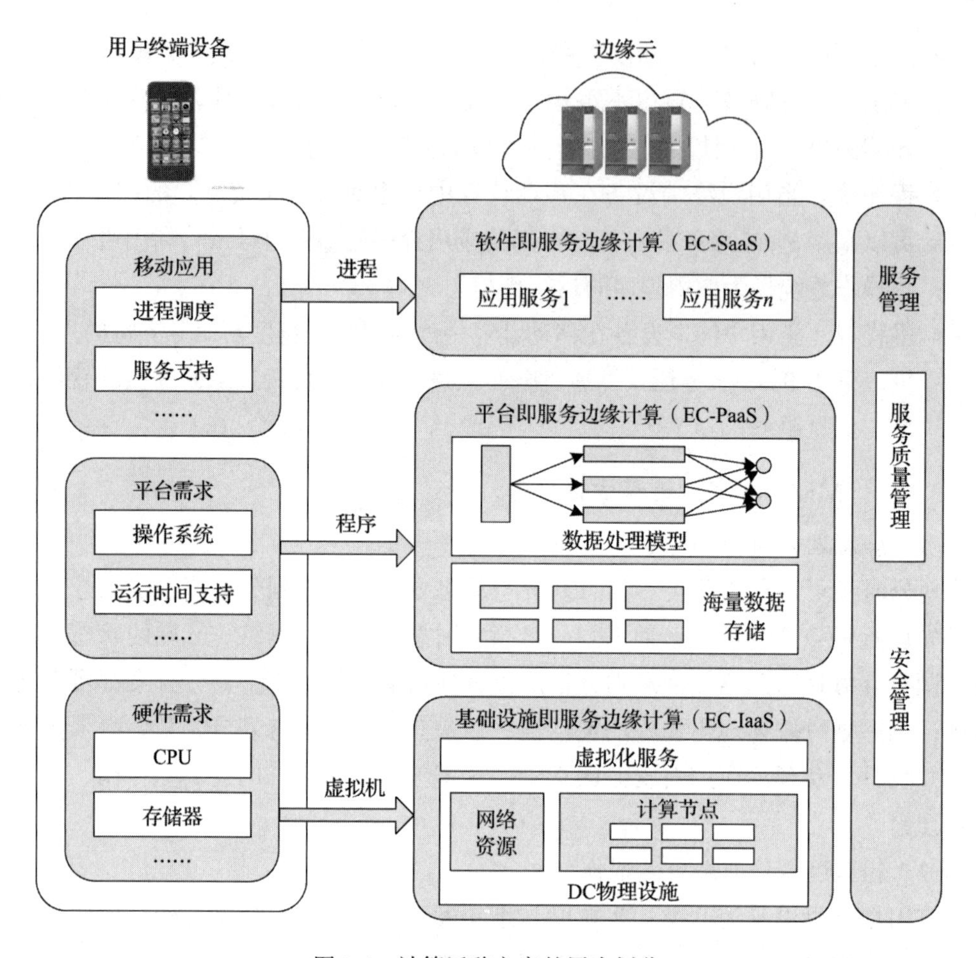

图 3-4 计算迁移方案的层次划分

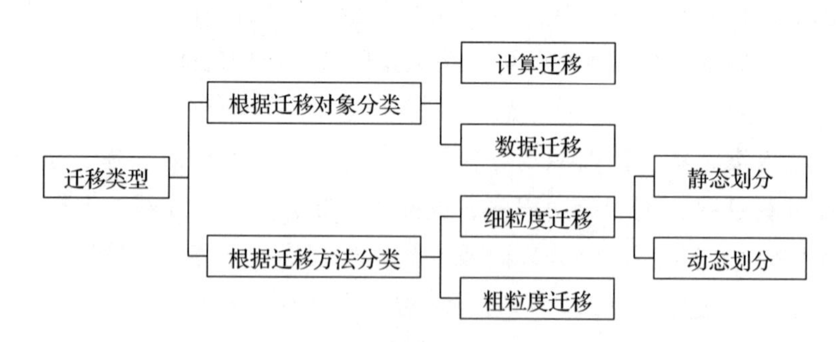

图 3-5 计算迁移的分类

3.1.3 基于 MEC 的计算迁移的步骤

基于 MEC 的计算迁移主要包括 6 个步骤：代理发现、任务划分、迁移决策、任务提交、任务执行、结果回传。

第 1 步：代理发现。

为了将一个密集型计算任务从移动终端迁移到边缘云服务器执行，需要在移动终端所在网络中找到一些可用的边缘云节点，如运算能力、负载情况、通信开销等。这些代理资源既可以是位于网络边缘侧的MEC服务器，也可以是位于远程核心云中的高性能服务器。

第2步：任务划分。

任务划分的功能主要是采用相应的算法，将一个密集型计算任务划分为本地执行和边缘云执行的部分来实现的。其中，本地执行部分通常是必须在本地设备上执行的用户接口、处理外部设备的设备驱动程序等。边缘云执行的部分通常是与本地设备交互较少，且计算量比较大的应用程序。边缘云执行的部分有时还需要进一步划分为一些更小的可执行单元，这些单元可以同时迁移到多个不同的边缘节点上执行。

第3步：迁移决策。

迁移决策是计算迁移中最核心的环节。该环节主要解决两个问题：是否迁移以及迁移到哪里。根据发现的可用的边缘云节点资源，计算迁移决策引擎决定哪些“类”的任务在本地执行，哪些“类”的任务需要迁移到边缘云节点执行。移动终端根据自身和被选中的边缘计算节点的性能、网络质量、能耗、计算时间、用户偏好等因素，为计算任务选择一个最优的边缘计算节点，并执行任务迁移。

第4步：任务提交。

计算迁移决策引擎指示任务划分模块，将计算任务划分为可以独立在不同设备执行的子任务，一部分在本地执行，一部分迁移到边缘节点执行。任务提交有多种方式，既可以通过4G/5G网络进行提交，也可以通过Wi-Fi进行提交。

第5步：任务执行。

边缘云主要采取虚拟机方案执行计算任务。移动终端将计算任务迁移到边缘云之后，边缘云就为该任务启动一个虚拟机，该任务将驻留在虚拟机中执行，而用户感觉不到任何变化。在MEC环境中，由于移动终端的位置是动态变化的，其所处的网络环境也是动态变化的，因此边缘计算必须解决好终端移动管理问题。如果移动终端与边缘节点之间的网络连接断开，就会导致任务迁移失败。边缘云代理执行管理器监控节点对迁移任务的执行情况。

第6步：结果回传。

计算结果的返回是计算迁移流程中的最后一个环节。边缘计算节点完成计算任务之后，将计算结果通过网络回传给移动终端设备。至此，计算迁移过程结束，移动终端与边缘云断开连接。

计算迁移的完整过程如图3-6所示。

3.1.4　计算迁移的工作原理

从移动迁移的实现角度来看，当应用程序需要迁移时，它向操作系统类库发送暂停请求，并保存当前的运行状态；系统类库向本地代理发送通知；本地代理读取状态信息，以及缓存中的代码或虚拟机（Virtual Machine，VM），并通过代理模块传输到服务器。远端服务器的代理模块创建新的实例，复制应用程序并运行，并将处理结果返回给移动终端。计算迁移的工作原理如图 3-7 所示。

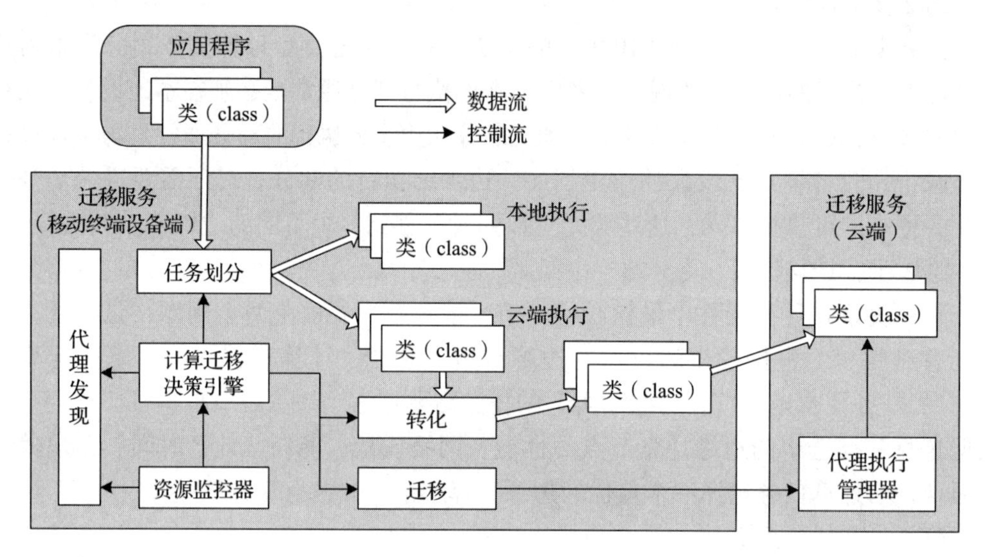

图 3-6　计算迁移的过程

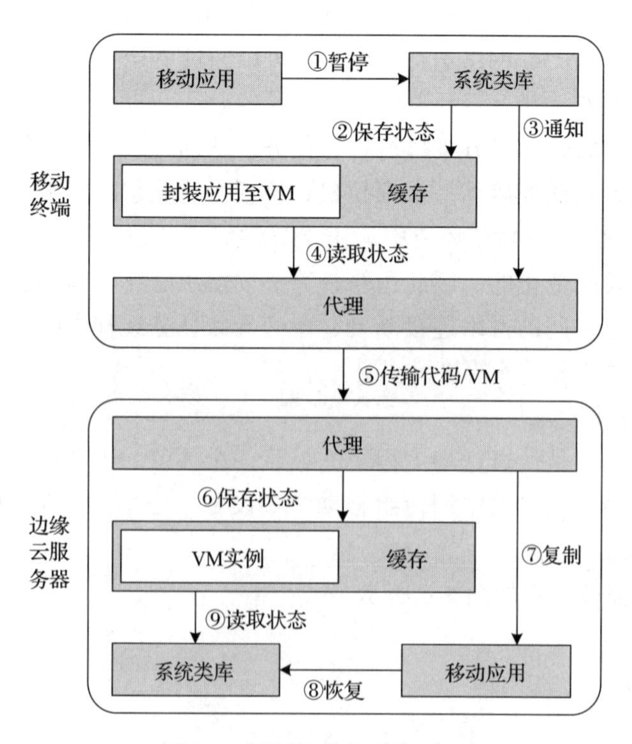

图 3-7　计算迁移的工作原理

3.2　计算迁移的实现方法

3.2.1　相关概念

从软件结构的角度来看，计算迁移系统的功能模块结构如图3-8所示。

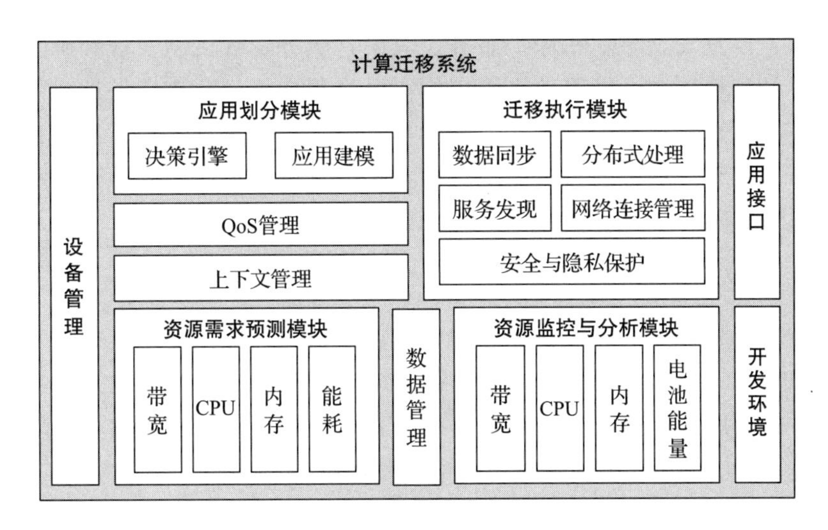

图3-8　计算迁移系统的功能模块

计算迁移系统由应用划分模块、迁移执行模块、资源需求预测模块、资源监控与分析模块，以及设备管理、数据管理、应用接口与开发环境模块组成。

1. 应用划分模块

应用划分模块是计算迁移系统的核心，它的工作分为以下4步。

第1步：对应用行为建模。通常是将应用行为（如执行时间、能耗、内存使用量）抽象成一张成本图。

第2步：将应用划分问题转化为数学模型。通常是将应用划分问题模型化为整数规划问题。假设仅考虑能耗因素，则分别写出所有任务都在本地执行、一部分任务在本地执行的能耗计算公式；同时考虑以执行时间最短、终端内存使用最小为目标的应用划分备选方案。

第3步：生成候选划分方案。图的最优划分是一个NP完全问题（Non-deterministic Polynomial Complete, NPC），解决的办法通常是产生一系列备选划分方案。

第4步：选择最优划分方案。利用一定的算法生成候选的方案，根据用户偏好、划分策略、移动终端上下文来选择最优划分方案。通常是将用户偏好描述为不同优先级，同时根据节能优先、执行时间优先、内存使用量小优先，以及来自移动终端的上下文信息、应用服务质量等级等因素，选择最优划分方案。其中，移动终端的上下文信息包括外部环境与内部环境及相互影响。例如，移动终端 CPU 负荷将影响 CPU 能耗；无线接入网（4G/5G、Wi-Fi）类型将影响无线接口能耗；网络通信质量将影响数据传输的正确性，进而影响移动终端通信能耗。

2. 迁移执行模块

迁移执行模块负责为最优划分方案提供服务发现、网络连接管理、数据同步、分布式处理，以及安全与隐私保护服务。其中，服务发现机制发现和确定移动终端周围环境中的计算资源，供移动终端根据需求进行选择；分布式处理机制负责协调和控制任务在本地与远程的执行；数据同步机制负责本地与远程数据与执行状态的同步；安全与隐私保护机制负责保护数据在传输过程中和服务器中的安全性、完整性、执行结果的正确性，以及用户隐私的保护。

3. 资源需求预测模块

资源需求预测模块负责根据过去的资源使用情况，预测计算任务将来需要使用的带宽、CPU、内存、能耗等，并根据预测结果计算出任务的本地执行与远程执行成本。之后由应用划分模块根据成本信息进行划分决策。目前，大多数资源需求预测模块都是基于机器学习来预测将来的资源使用需求。

4. 资源监控与分析模块

资源监控与分析模块负责监测、记录可用资源的情况，并为可用资源建模，预测可用资源将来的变化情况。这里所说的资源主要是指移动终端设备与远程设备可用的 CPU、内存、网络带宽，以及移动终端设备剩余电量。该模块基于监测记录和预测可用资源的变化，结合应用划分触发策略，及时通知应用划分模块重新划分应用。

评价计算迁移系统的标准主要包括以下几种。

- 自适应性：计算迁移系统能够根据移动终端上下文环境提供最优方案。
- 透明性：用户在使用过程中感觉不到计算迁移的存在。
- 有效性：通过计算迁移达到设备节能和提升用户体验效果的目的。
- 安全性与隐私性：计算迁移过程不会对网络应用造成安全威胁，涉及用户个人隐私的数据（如身份信息、信用卡、银行账户等）受到保护。

3.2.2 细粒度计算迁移系统

1. 静态划分方案

早期的计算迁移大多使用静态划分方法。在静态划分方法中，程序员通过提前修改和标注程序，使一部分程序在移动终端上执行，一部分程序在远端服务器上执行。

有些研究着眼于程序功能，如将应用程序分成显示与计算两部分。显示部分在移动终端上运行，计算部分在远端服务器上运行，两个部分通过应用程序定义的协议进行交互。如果程序交互过程比较复杂，则需要修改程序。由于这种方法仅考虑程序的功能性，不能准确掌握程序在 CPU 计算上的能耗，以及网络通信状态的动态变化和通信能耗，因此这种静态划分的方法不能保证能耗的优化。

在此基础上，有些研究将重点放在能耗上。能耗主要包括通信能耗与计算能耗。通信能耗取决于传输数据的大小与网络带宽，计算能耗取决于程序指令数与算法的难易程度。对于某类特定的应用，可以根据数据传输时间与计算时间构建一个能耗图，分析并给出一个能耗优化方案。

有些研究预先将程序修改为将数据发到网络中多个节点的分布式算法；或者是采取终端-服务器结构，将移动终端的一些任务迁移到附近资源比较丰富的节点上执行。资源监视器用于监控 CPU 利用率、内存使用情况及网络带宽；迁移引擎用于将应用划分为本地与远程等不同部分；类方法是将类转换成可以远程执行的方法。

静态划分方案是假设在计算迁移之前，已经通过预测与估算方法，确定可以保证计算开销与通信开销。但是，在实际网络与应用程序的运行中，由于终端移动过程的复杂性、无线通信链路的不稳定性，计算开销与通信开销的不确定性难以预料，因此静态划分方法的正确性也是难以保证的。

2. 动态划分方案

针对静态划分方法对环境变化的不适应性，动态划分方法可以根据环境状态的变化灵活调整迁移划分的区域，充分利用可用的资源。动态迁移划分的基本原理如图 3-9 所示。

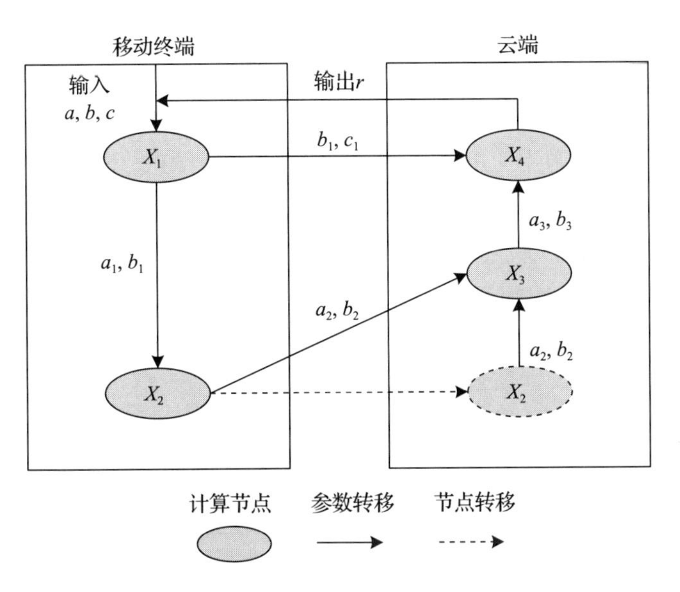

图 3-9　动态迁移划分的原理

其中，a、b、c为应用程序的输入，r为应用程序的输出。应用程序运行过程中经历X_1～X_4这4个节点。默认X_1和X_2在移动终端执行，X_3和X_4在云端执行。应用程序节点X_1与云端节点X_4交换参数b_1、c_1；节点X_2与云端节点X_3交换参数a_2、b_2；云端节点X_3与X_4交换参数a_3、b_3；云端节点X_4将计算结果r传输到移动终端。根据动态迁移策略设置，在网络通信状态好的情况下，系统可以将X_2动态迁移至云端执行。

3. 细粒度计算迁移系统

MAUI是一种典型的基于Surrogate的细粒度、动态计算迁移系统。MAUI系统的设计目标是，通过支持细粒度（方法级）的计算迁移，在最大程度上节省智能手机类移动终端设备的能耗。MAUI的系统结构如图3-10所示。

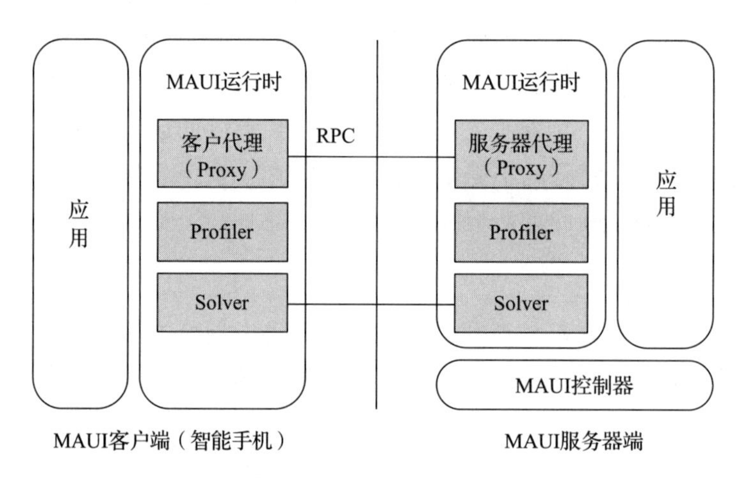

图3-10　MAUI的系统结构

MAUI系统由客户端与服务器端组成。客户端主要包括3个组件：客户代理（Proxy）负责远程过程调用（Remote Procedure Call，RPC）、过程控制与数据传输；Profiler负责修改程序，收集程序能耗、测量数据与数据传输等需求；Solver负责提供调用决策引擎的接口。服务器端主要包括4个组件。其中，服务器代理（Proxy）与Profiler配合客户端的对应组件，提供对应的服务；Solver负责周期性求解线性规划问题；MAUI控制器负责用户身份认证，并根据客户端请求分配资源，以实现划分好的应用。

MAUI提供了一种通用的动态迁移方案，能够减轻系统开发人员的负担。系统开发人员仅需将应用程序划分为本地执行与远端执行两部分，无须为每个程序制定迁移决策逻辑。在程序运行过程中，MAUI基于收集到的网络状态等信息，动态决策哪些远端执行的部分程序在云端执行。Proxy按照决策执行相应的控制与数据传输功能。MAUI的缺点是影响动态决策的网络状态信息较少，不适用于无线网络链路状态变化剧烈的场景。

需要注意的是，无论是由程序员预先修改程序还是采用其他方法，细粒度计算迁移都需要额外的划分决策开销，而且很难获得最优解，这也是计算迁移中的一个困难问题。

3.2.3　粗粒度计算迁移系统

1. 粗粒度计算迁移的特点

粗粒度计算迁移是将整个应用程序封装在虚拟机中发送到云端执行，以减少细粒度计算迁移带来的程序划分、迁移决策等额外开销。

一种研究思想是将移动终端的应用程序与运行环境全部复制到云端，CloneCloud（克隆云）是应用这种研究思想的代表性系统。另一种研究思想是将移动终端附近计算能力较强的节点作为代理服务器，为移动终端提供计算迁移服务。移动终端首先向搜索服务器发送迁移请求，搜索服务器返回代理服务器的 IP 地址与端口号。移动终端进一步向代理服务器申请计算迁移服务。每个代理服务器可以运行多个独立的虚拟机，保证为每个应用程序提供独立的虚拟空间。Cloudlet（微云）是应用这种研究思想的代表性系统。

2. 典型的粗粒度计算迁移系统

CloneCloud 是典型的粗粒度计算迁移系统，其系统架构如图 3-11 所示。

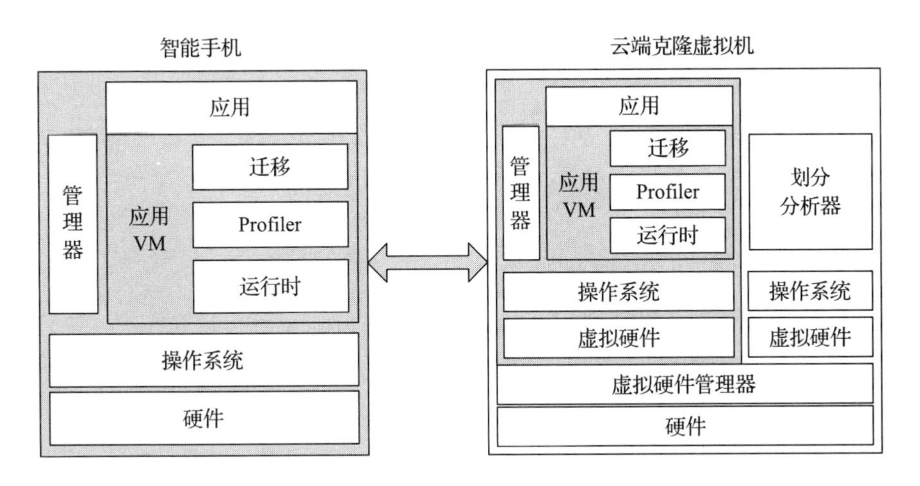

图 3-11　CloneCloud 系统架构

Profiler 模块为应用的每次执行分别生成移动设备与云端克隆虚拟机的执行成本模型（Profiler 树）；划分分析器模块根据 Profiler 树选择一系列需要远程执行的方法；迁移模块实现线程挂起、状态打包、恢复与状态合并等功能；管理器模块负责准备克隆镜像，完成移动终端与云端克隆虚拟机之间的通信与同步；运行时模块确定采用哪种应用划分方案。

CloneCloud 的优点是，有良好的透明性，能够自动转换运行在应用虚拟机上的移动应用，运行过程中无须人为干预；支持线程级的细粒度计算迁移；具有良好的跨平台性。CloneCloud 的缺点主要是采用离线划分机制，需要事先为各种执行条件（如 CPU 速度、网络通信质量）生成不同的划分方案。由于人为评估各种执行条件不可能覆盖各种情况，因此 CloneCloud 对外部环境变化的适应性较差。

3.3 习题

1. 单选题

（1）以下不属于计算迁移系统组成模块的是（ ）。

A. 应用划分模块　B. 数据通信模块
C. 资源需求预测模块　D. 迁移执行模块

（2）以下不属于基于 MEC 的计算迁移的步骤的是（ ）。

A. 代理发现、任务分割　B. 迁移策略、任务提交
C. 闭环控制、动态管理　D. 任务执行、结果反馈

（3）以下不属于计算迁移任务类型的是（ ）。

A. 存储型　B. 计算型
C. 数据型　D. 交互型

（4）以下关于基于 MEC 的计算迁移方案分级的描述中，错误的是（ ）。

A. 进程级　B. 程序级
C. 虚拟机级　D. 系统级

（5）以下关于粗粒度计算迁移特点的描述中，错误的是（ ）。

A. 自适应性　B. 扩展性与可靠性
C. 透明性　D. 安全性与隐私性

（6）以下关于“边 – 云”协同的描述中，错误的是（ ）。

A. 网络协同、传输协同　B. 智能协同、应用管理协同
C. 资源协同、数据协同　D. 服务协同、业务管理协同

（7）以下关于计算迁移策略的描述中，错误的是（ ）。

A. 在网络边缘将海量边缘设备产生的数据进行预处理操作
B. 将计算密集型任务迁移到边缘设备处执行
C. 过滤无用数据，降低传输带宽
D. 根据边缘设备的当前计算力进行动态的任务划分

（8）以下关于 EC-PaaS 工作模式的描述中，错误的是（ ）。

A. 边缘节点“数据采集与分析”与云数据中心“数据分析”实现“数据协同”

B. 边缘节点“分布式智能 / 推理”与云数据中心“集中式训练”实现“智能协同”

C. 边缘节点“应用部署软硬件环境”与云数据中心“业务生命周期”实现“管理协同”

D. 边缘节点“应用实例”与云数据中心“业务编排”实现“业务管理协同”

（9）以下关于迁移执行模块功能的描述中，错误的是（　　）。

A. 服务发现机制发现和确定终端周围环境中的计算资源，供终端按需选择

B. 安全与隐私保护机制负责数据在传输过程中的隐私保护

C. 同步机制负责本地与远程数据与执行状态的同步

D. 分布式执行机制负责协调和控制任务在本地与远程的执行

（10）以下关于基于 MEC 的计算迁移方法的描述中，错误的是（　　）。

A. 动态方式是实时感知终端、网络、云端的状态，动态调整计算迁移策略

B. 静态方式是在开发过程中预先设置了任务迁移的策略

C. 静态划分很难保证在所有环境条件下划分方案都可以达到最优

D. 动态划分的灵活性较差

2. 思考题

（1）请举例说明计算迁移的基本步骤。

（2）请根据典型应用分析迁移任务的分类及特征。

（3）请比较粗粒度与细粒度技术迁移的区别。

（4）在计算迁移实现中需要解决哪些基本问题?

（5）从软件结构的角度来看，计算迁移系统应包括哪些功能模块?

第4章　移动边缘计算系统

本章从移动边缘计算系统的概念出发，系统地讨论Cloudlet及其相关研究，雾计算的概念、技术与架构，边缘计算中间件技术，以及MEC、Cloudlet与雾计算的比较。

4.1　MEC系统概述

4.1.1　相关概念

随着移动互联网与物联网应用的发展，催生了多种移动边缘计算系统解决方案，如Cloudlet（微云）、雾计算与多接入边缘计算。

2009年，微云概念出现；2011年，雾计算（Fog Computing，FC）概念出现；2012年，雾计算解决方案出现。研究人员将“雾计算”形象地描述为“接近地面的云”。2013年，移动边缘计算（Mobile Edge Computing，MEC）概念出现。2014年，欧洲电信标准化组织（European Telecommunications Standards Institute，ETSI）成立移动边缘计算工作组。2015年，开放雾计算联盟（OpenFog）成立。2016年，ETSI将移动边缘计算的概念扩展为多接入边缘计算（Multi-access Edge Computing，MEC），并成立边缘计算产业联盟。

2017年，移动边缘计算出现了几个重要的动向。

- 电气与电子工程师协会（Institute of Electrical and Electronics Engineers，IEEE）将边缘计算列为P2413提案（Standard for an Architectural Framework for the Internet of Things，物联网体系框架标准）的重要内容之一，定义了边缘计算参考架构，以推动边缘计算标准化的发展。

- ETSI 将移动边缘计算工作组正式更名为多接入边缘计算工作组，以便更好地满足包括物联网在内的边缘计算应用需求。
- MEC ISG（行业规范小组）发布 MEC App、解决移动边缘服务的一般原则、应用程序生命周期管理、移动边缘平台应用程序使用、无线网络信息 API 和位置 API 等标准。
- IEEE 与 OpenFog 联合成立 IEEE P1934 工作组，以 OpenFog 的参考架构为基础，提出了用户、功能和架构需求，定义了雾计算的网络架构标准、应用程序接口 API 和性能标准，加速了雾计算的推广和商用进程。
- 国际雾计算产学研联盟大中华区在上海成立。
- 美国计算机社区联盟发布《边缘计算重大挑战研讨会报告》，阐述了边缘计算在应用、架构、能力与服务，以及边缘计算理论等方面的主要挑战。报告指出：为了实现边缘计算的设想，计算机系统、网络与应用程序研发人员必须合作，进一步研究可编程性、程序自动划分、命名规则、数据抽象、调度策略、服务管理、系统优化、隐私保护、网络安全、商业模式等问题。

我国企业积极推进边缘计算产业与商业开发。2016 年，由华为、中科院沈阳自动化研究所、中国信通院、Intel、ARM 等单位发起的边缘计算联盟（Edge Computing Consortium，ECC）在北京成立，该联盟旨在搭建边缘计算产业合作平台。2018 年，中国移动、中国电信、中国联通、中国信通院、Intel 等单位发起开放数据中心委员会工作组，推进电信领域的边缘计算服务器标准与管理接口规范制定工作。2019 年，百度、阿里巴巴、腾讯、中国信通院、中国移动、中国电信、华为、Intel 等单位联合成立开放数据中心委员会边缘计算工作组，致力于推动业界边缘计算的商业开发部署。

需要注意的是，术语“MEC”最初表示“移动边缘计算”，2017 年，IFEE 发布的 P2413 提案将 MEC 的含义扩展为“多接入边缘计算”。

4.1.2 标准化工作

2014 年，ETSI 率先启动 MEC 标准项目研究。ETSI MEC 标准化的内容主要包括 MEC 需求、平台架构、编排管理、接口规范、应用场景研究等。

2017 年底，ETSI MEC 完成第 1 阶段基于传统 4G 网络架构的部署，定义了边缘计算系统的应用场景、参考架构、应用支撑 API、应用生命周期管理与运维框架、无线侧能力服务 API，以及 RNIS、定位、带宽管理等。

2018 年 9 月，第 2 阶段的标准化完成，同期开启第 3 阶段的标准维护和新增。第 2 阶段主要聚焦在 5G/Wi-Fi/ 固网的 MEC 系统，重点覆盖 MEC in NFV 参考架构、“端 – 端”边缘应用移动性、网络切片支撑、合法监听、基于容器的应用部署、

V2X支撑、Wi-Fi/固网能力开放等研究，以更好地支撑MEC商业化部署与“固-移”融合的需求。

ETSI MEC还陆续发布了多本MEC白皮书，内容涉及C-RAN、MEC从4G到5G的演进、MEC关键技术、MEC软件实现等。这些白皮书主要给出了MEC对现有和未来网络架构的融合构想，并提出切实的解决方案和演进规划。

未来的MEC标准化工作主要向3个方面推进。

- MEC与5G的结合。
- MEC与垂直行业的结合。
- MEC与开源的结合。

5G网络架构如何更好地支持移动边缘计算是重要的研究方向。MEC的高带宽、低延时、海量连接、贴近边缘的特征能够有效解决很多垂直行业中的技术难题。MEC与开源结合有助于推动MEC商用与落地的部署。

4.2 Cloudlet

4.2.1 基本概念

2009年，卡内基梅隆大学提出了Cloudlet的概念，并由此演化出开放边缘计算（Open Edge Computing，OEC）计划。Cloudlet是一个可信且资源丰富的计算机或机群，它部署在网络边缘（接入网与核心网之间），为接入的移动终端设备提供计算、存储与网络服务。Cloudlet将原先移动计算的2层架构“端-云”变为3层架构“端-边-云”，它是学术界公认的比较成熟的一种边缘计算系统。Cloudlet也可以像云一样为用户提供服务，因此它被称为“微云”或“薄云”“小云”。

移动终端与Cloudlet一般都接入同一个基站，或者是属于同一个Wi-Fi，移动终端到Cloudlet仅有“一跳”的距离，这样可以有效控制网络通信延时，从而为计算密集型和交互性较强的移动应用提供服务。边缘计算利用数据传输路径上的计算、存储与网络资源为用户提供服务，对这些数量众多且空间上分散的资源进行统一控制与管理，使开发者能够快速开发与部署基于边缘计算的应用。

边缘计算系统的研究的获得产业界和学术界的广泛关注，如亚马逊公司针对边缘计算与物联网推出了AWS Greengrass、开源社区软件Apache Edgent等。目前，关于边缘计算系统或平台的研究可以分为3类。

- 从云端服务功能的角度开展的研究，主要包括Cloudlet、Cachier、AirBox、CloudPath等。
- 从物联网（Internet of Things，IoT）资源可用性的角度开展的研究，主要包括PCloud、ParaDrop、FocusStack、SpanEdge、Apache Edgent等。

- 从融合云端和 IoT 资源的角度开展的研究，主要包括 AWS Greengrass、Azure IoT Edge、Firework 等。

目前，比较有代表性的边缘计算系统主要有 Cloudlet、ParaDrop 与 PCloud。我国比较有代表性的项目是海云计算系统。

4.2.2 基本特征

为了推动 Cloudlet 的发展，卡内基梅隆大学联合 Intel、华为等公司成立了开放边缘计算联盟（Open Edge Computing Consortium，OEC），为基于 Cloudlet 的边缘计算平台制订标准化 API。目前，该联盟正在将 OpenStack 扩展到边缘计算平台，使分散的 Cloudlet 可通过标准的 OpenStack API 进行控制和管理。

Cloudlet 主要有以下 3 个基本特征。

1. 软状态

Cloudlet 可以看成位于网络边缘的小型云计算中心。Cloudlet 作为应用的服务器端，通常要维护与客户端交互的状态信息。与云的不同之处在于，Cloudlet 不会长期维护交互的状态信息，仅暂时缓存部分来自云端的状态信息。在一定的时间内，Cloudlet 主动维护服务状态，超过时间限制之后进行删除与更新。Cloudlet 服务器端采用软状态设计，实现服务器和移动终端之间的数据缓存与传输。Cloudlet 可以进行自我管理，自动恢复服务错误，减轻云端对 Cloudlet 的管理负担。

2. 资源丰富

Cloudlet 具有充足的计算资源，可满足多个移动用户将计算任务迁移到 Cloudlet 上执行的需求。Cloudlet 实现通常采用高性能的处理器和存储器；服务器之间通常采用有线连接，有效保证系统的可靠性与安全性。Cloudlet 通常有稳定的电源供应，无须考虑能源耗尽问题。同时，Cloudlet 基于标准的云计算技术开发，并在虚拟机中安装计算迁移代码，因此它具有良好的可扩展性。

3. 贴近用户

Cloudlet 将云计算技术下沉到邻近移动终端的接入网边缘，可以直接部署在移动的车辆或机器人上，无论是在网络距离还是在物理距离上都贴近用户，使网络带宽、延迟、抖动这些不稳定的因素都易于控制与改进。同时，空间距离近意味着 Cloudlet 与用户处在同一情境（如位置）中，根据这些情境信息可以为用户提供个性化（如基于位置信息）的服务，有效提高用户体验的质量。

但是，Cloudlet 存在两大缺点：一是移动用户依赖云服务提供商提供的 Cloudlet 基础设施；二是 Cloudlet 资源是有限的，多个用户同时提出服务请求时，Cloudlet 资源可能很快被耗尽。针对这些问题，研究人员正在研究动态 Cloudlet 与移动 Cloudlet。

4.2.3　关键技术

Cloudlet 本质上仍然是云，它与云之间有很多相似之处。但是，Cloudlet 需要支持不可信的用户级计算之间的强隔离，具备身份认证、访问控制、监测机制，以及动态资源分配的功能。这就形成 Cloudlet 与传统云在技术上的几个重要区别，以及 Cloudlet 在实现中需要解决的关键技术问题。

Cloudlet 关键技术主要涉及以下几个方面。

1. 快速配置

由于 Cloudlet 主要针对移动场景而设计，因此必须解决用户终端移动性带来的连接高度动态化问题。在移动场景下，用户终端的接入和离开都会导致对 Cloudlet 所提供功能的需求变化，因此 Cloudlet 必须具备灵活的快速配置能力。

2. 虚拟机切换

用户在移动过程中，终端设备可能会超出原 Cloudlet 的覆盖范围，进入其他 Cloudlet 的覆盖范围，这样就会造成高层应用的中断，导致用户的服务体验质量降低。为了维持网络与服务的连续性，需要解决不同 Cloudlet 之间的虚拟机切换问题。

3. Cloudlet 发现

Cloudlet 是地理位置上分散的小型数据中心，在 Cloudlet 开始配置之前，移动终端需要发现周围可以连接的 Cloudlet，然后根据预先制订的规则（如地理位置邻近性或网络状况信息）选择合适的 Cloudlet 并进行连接。

4.2.4　工作原理

Cloudlet 是学术界公认的比较成熟的边缘计算系统。Cloudlet 设计思想是：将移动终端正在运行的部分或全部应用中的数据与计算任务无缝、透明地迁移到位于同一个无线局域网中的小型云计算中心执行，以解决移动终端资源受限的问题。Cloudlet 是一个可信且资源丰富的主机或主机群，它们被部署在网络边缘位置，支持移动计算中计算密集型应用与延迟敏感型应用（如人脸识别、增强现实）。

理解 Cloudlet 的基本工作原理时，需要注意以下问题。

（1）Cloudlet 实现使用覆盖层（Overlay）概念

在通常情况下，虚拟机提供大部分的客户操作系统、软件库和软件支持包的镜像，而与具体应用服务相关的数据仅占小部分。Cloudlet 将与具体应用服务相关的数据部分从通用部分中抽离出来，形成 VM Overlay 与 Base VM 的概念。其中，与具体应用相关的数据部分称为 VM Overlay，通用数据部分称为 Base VM。客户端软件的镜像部分称为 Launch VM。虚拟机合成（VM Synthesis）是将 Base VM 与 VM

Overlay 合成 Launch VM 的过程。实际上，虚拟机合成过程是使用与不同应用程序对应的 VM Overlay 配置 Cloudlet 的过程。Cloudlet 的快速配置与虚拟机切换都要用到虚拟机合成技术。

（2）Base VM 与 VM Overlay 的关系

Base VM 通常是一些目前流行的操作系统，如 Ubuntu Server、Windows 等。Launch VM 是指可直接服务移动用户特定请求的 VM 镜像，与特定的服务应用功能相对应。VM Overlay 由 Base VM 和 Launch VM 的二进制差值经过压缩编码之后获得。因此，VM Overlay 是应用程序中除了通用数据部分之外，与用户具体应用相关的“定制化”数据部分。Base VM 和 VM Overlay 之间的关系如图 4-1 所示。

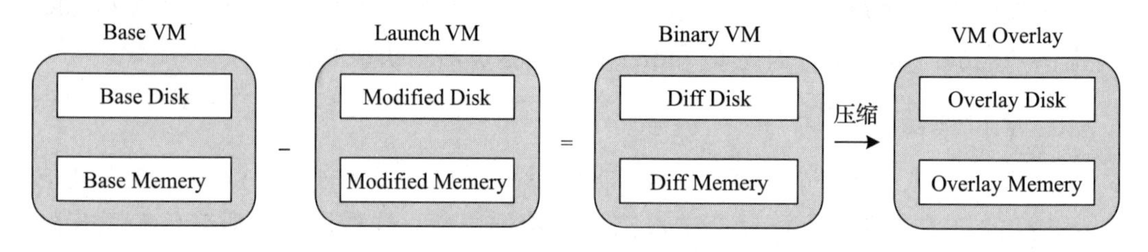

图 4-1　Base VM 与 VM Overlay 之间的关系

（3）VM 合成的过程

为了实现 Cloudlet 的快速配置和虚拟机切换，后台的虚拟机服务器需要预加载 Base VM。用户设备向 Cloudlet 发送 VM Overlay，虚拟机服务器根据 Base VM 与解压后的 VM Overlay 形成相应的 Launch VM，并通知用户终端定制服务已准备就绪。这时，用户终端就可以将计算迁移到 Cloudlet。VM 合成的过程如图 4-2 所示。

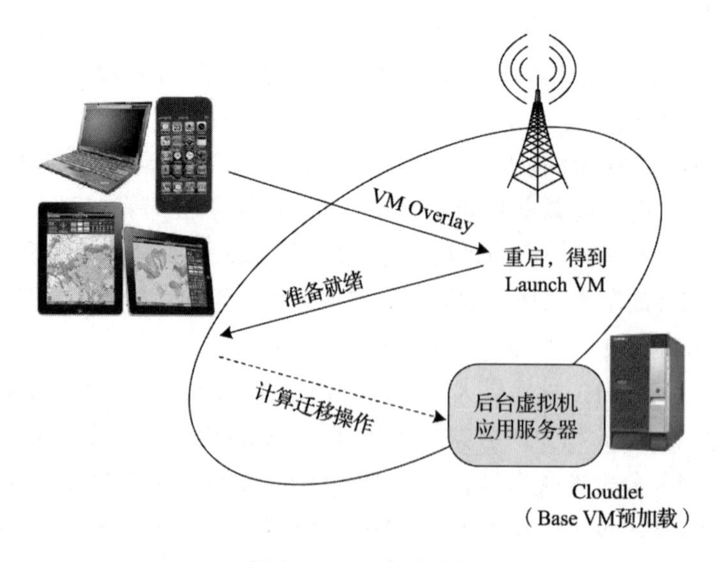

图 4-2　VM 合成过程

（4）Cloudlet 的工作流程

移动终端首先需要发现周围可以连接的 Cloudlet，并选择最合适的 Cloudlet 建立连接。此后，用户向 Cloudlet 提供自己的 VM Overlay。Cloudlet 将接收的 VM Overlay 与预先加载的 Base VM 进行虚拟机合成，获得 Launch VM 并完成配置，提供用户定制的服务。用户向 Cloudlet 进行计算迁移，将计算任务交由 Cloudlet 完成。Cloudlet 在服务结束之后，丢弃该用户在使用过程中产生的 VM 残余，释放移动终端与 Cloudlet 的连接。Cloudlet 的工作流程如图 4-3 所示。

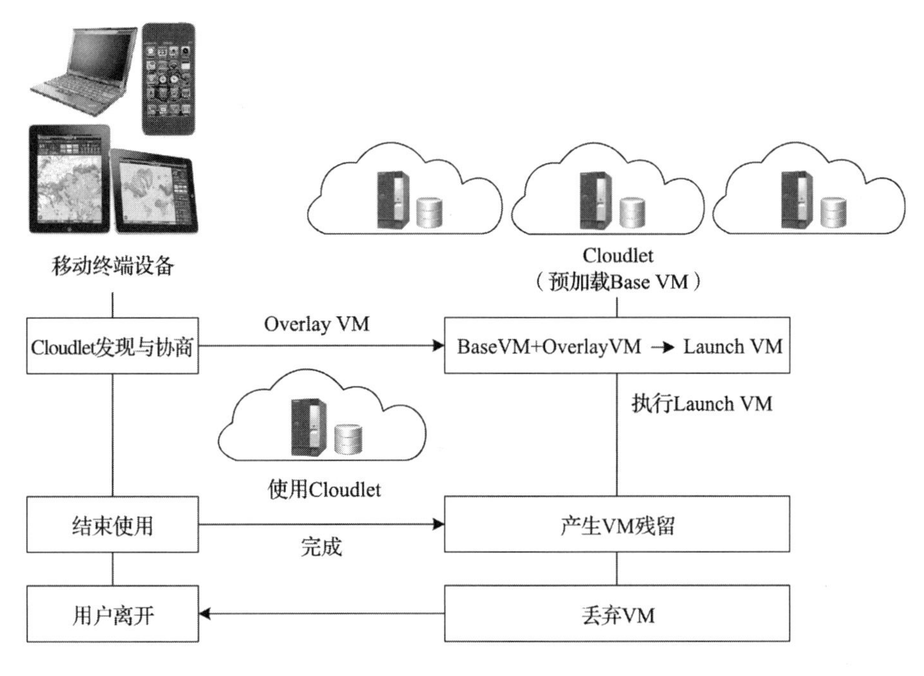

图 4-3　Cloudlet 工作流程

与传统的云计算不同，Cloudlet 部署在网络边缘，仅服务附近的移动终端。Cloudlet 的软件栈分为 3 层：第 1 层由操作系统和 Cache 组成，其中 Cache 主要对云中的数据进行缓存；第 2 层是虚拟化层，将资源虚拟化，并通过统一的平台 OpenStack++ 对资源进行管理；第 3 层是虚拟机实例，移动设备迁移的应用都在虚拟机中运行，这样可以弥补移动设备与 Cloudlet 应用的运行环境（操作系统、函数库等）差异。Cloudlet 的组件结构及对应用移动性的支持机制如图 4-4 所示。

Cloudlet 计算迁移涉及以下 3 个步骤。

第 1 步：Cloudlet 资源发现。

移动中的移动设备快速发现周围的可用 Cloudlet，并选择最合适的 Cloudlet 作为迁移任务的载体。

第 2 步：虚拟机配置。

在选定的 Cloudlet 上启动运行应用的虚拟机，并快速配置运行环境。移动性导致用户难以提前在 Cloudlet 上准备好配置的相关资源（如虚拟机镜像），而通过网络上传这些资源需要漫长的等待，严重影响了可用性。因此，需要一种虚拟机快速配置技术，在选定的 Cloudlet 上启动运行应用的虚拟机，并配置运行环境。

第 3 步：资源切换。

资源切换将运行应用的虚拟机迁移到另一个更合适的 Cloudlet 上。Cloudlet 的最大优势是贴近用户，但在很多情况下 Cloudlet 无法跟随用户移动。虽然保持网络连接就可以一直维持服务，但是随着移动设备与 Cloudlet 之间的网络距离的增加，网络带宽、延迟等因素也随之恶化。因此，资源切换机制会将任务从原有 Cloudlet 无缝切换到附近更合适的 Cloudlet 上执行。

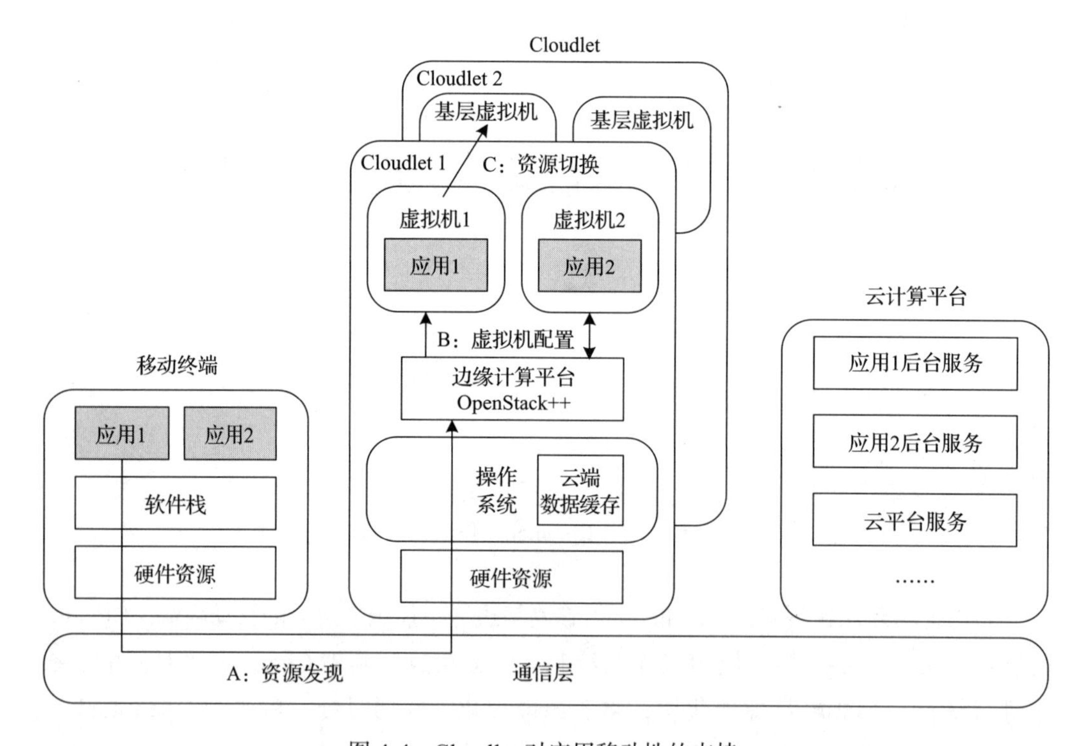

图 4-4　Cloudlet 对应用移动性的支持

4.2.5　资源发现与选择机制

1. 资源发现机制

资源发现机制需要搜索到客户周边的 Cloudlet 服务器。Cloudlet 资源发现的过程如图 4-5 所示。

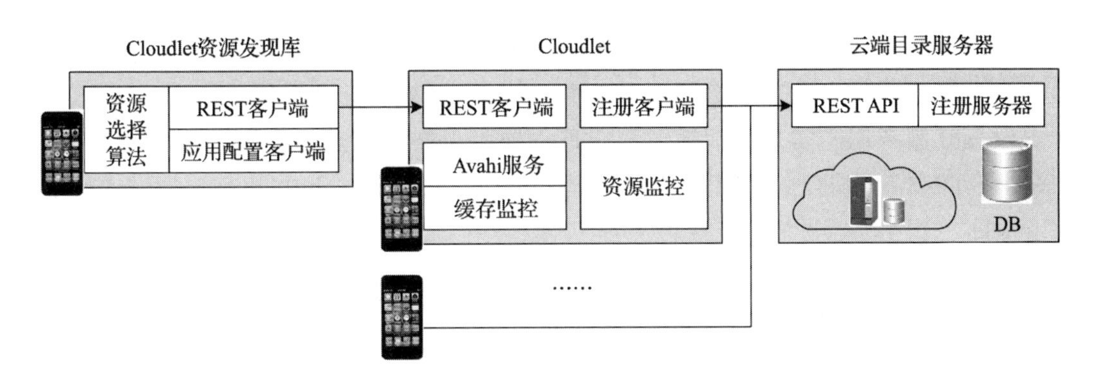

图 4-5　Cloudlet 资源发现过程

Cloudlet 使用一个单独虚拟机为每个移动设备迁移的任务提供运行环境，这样做在一定程度上造成了计算资源的浪费，但是具有以下几个优势。

- 将 Cloudlet 的软件环境与运行应用的环境隔离，使得二者之间不会相互影响，增强系统的稳定性。
- 对应用软件的开发几乎没有任何约束，弥补了多种多样的移动设备与 Cloudlet 运行环境（如操作系统、函数库）的差异。
- 动态资源分配，随用随取，应用灵活。

这些优势有助于实现 Cloudlet 的自我管理，降低云端对 Cloudlet 管理的复杂度。

为了支持特定应用程序的资源发现，Cloudlet 采用两级搜索的方式。首先，使用本地或全局搜索发现本地所有的 Cloudlet 列表；其次，使用一部分经过授权的 Cloudlet 并行收集每个 Cloudlet 的详细信息；最后，根据应用程序的描述选择合适的 Cloudlet。

Cloudlet 资源发现机制主要由 3 部分组成：云端的目录服务器、Cloudlet 服务器、客户端等。其中，云端的目录服务器存储全部的 Cloudlet 基本信息，并负责全局搜索。每个 Cloudlet 在启动时向目录服务器发送一个注册请求，并使用心跳消息不断更新其状态。Cloudlet 服务器与目录服务器之间使用 RESTful API 通信，这是 Web 服务的常用方法。每个客户端向目录服务器发送 HTTP POST 消息来进行注册，并用 HTTP PUT 获取心跳消息。RESTful API 还用于客户端获取 Cloudlet 信息。客户端发送带身份信息和参数的 HTTP GET 消息来搜索可用的 Cloudlet。

资源发现机制在 Cloudlet 中的部分有两个接口：一个是用于与云端的目录服务器通信的 HTTP 客户端，另一个是用于接收移动设备查询信息的 HTTP 服务器。目录服务器根据移动设备请求返回 Cloudlet 状态的详细信息，例如缓存状态和动态资源信息。

除了通信模块之外，Cloudlet 还维护两个监视守护进程：资源监视器和缓存监视器。其中，资源监视器负责检查静态和动态的硬件状态。静态资源信息包括 CPU

核心数、CPU 时钟速度与内存大小，这些信息在 Cloudlet 注册时更新到目录服务器。在移动设备发送查询之后，动态资源信息直接传输到移动设备。

Avahi 服务用于实现本地搜索，它是一种用于在类 Linux 的操作系统上实现多播 DNS/DNS-SD 协议的零配置网络服务。移动设备使用 Avahi 可以在广播域内发现 Cloudlet，而无须通过外网连接到云端。

资源发现机制在客户端的部分包含一个 HTTP 客户端，以便连接到目录服务器与 Cloudlet。客户端发现和选择 Cloudlet 的工作流程如下。

- 移动设备上的应用程序或后台服务使用 Cloudlet 资源发现库函数连接到目录服务器，以便查找有效的 Cloudlet 列表。同时，移动设备上的 Avahi 客户端会查找本地网络的 Cloudlet。
- 对于每个候选的 Cloudlet，移动设备同时向每个 Cloudlet 发送查询，用于获得资源可用性与文件缓存状态等的详细信息。
- Cloudlet 资源发现库将根据收集到的信息，为移动应用选择最佳的 Cloudlet。
- 配置库函数会将相应的后台程序配置到所选的 Cloudlet，并将后台程序所用的 IP 地址返回给移动终端。
- 利用返回的 IP 地址，客户端与 Cloudlet 中的后台服务建立连接，然后可以进行任务迁移操作。

在资源发现过程中，移动客户端资源发现库发送两个查询：一个查询发送到目录服务器，另一个查询发送到所有候选的 Cloudlet。发送到目录服务器的查询是一个 HTTP GET 查询报文，要求获得附近 Cloudlet 的信息。第二个查询发送给每个具有特定应用程序的候选 Cloudlet。一个 Cloudlet 资源搜索的内容主要包括：应用程序 ID、允许的最大往返延时、运行应用程序检查云端缓存状态所需的文件。选择算法根据这些信息为客户端选择合适的 Cloudlet。

Cloudlet 的优势是对应用开发者没有约束，现有程序基本无须修改就能在 Cloudlet 中运行，同时能够加快很多复杂移动应用的响应速度。

2. 资源选择机制

不同的迁移任务类型对资源的选择有不同的需求。Cloudlet 在资源选择机制中主要考虑以下 3 个因素。

- 网络距离：可以量化为客户端与 Cloudlet 之间的网络带宽、延时。
- 计算资源：可以量化为 CPU 运算速度、空闲内存大小，以及是否有一些特殊计算设备，如 GPU、FPGA 加速器等。
- 缓存数据：可以量化为 Cloudlet 缓存执行任务所需的数据量。

基于哪些因素选择 Cloudlet 将高度依赖于应用程序，重要的问题是如何掌握各种应用程序的要求。一个简单方法是在云端全局搜索中描述应用程序的细节；目录服务器解释请求，并从数据库中找到匹配的 Cloudlet。但是，这种方法的问题是保存和匹配每个 Cloudlet 的详细属性会产生很大的开销。这些数据都是动态的，例如 CPU 使用率和空闲内存大小等资源随时间波动。随着任务的执行，缓存信息也会频繁变化。

4.3　Cloudlet 的相关研究

4.3.1　ParaDrop

ParaDrop 是威斯康星大学麦迪逊分校 WiNGS 实验室的研究项目。无线网关可以在 ParaDrop 的支持下扩展为边缘计算平台，从而像普通服务器一样运行应用。ParaDrop 适用于物联网应用，例如智能电网、智能网联汽车、无线传感执行网络等，可以作为物联网的智能网关平台。

在物联网应用中，传感器数据会汇集到物联网网关，然后传输到云中进行分析。ParaDrop 在物联网网关中植入单片机使其具备通用计算能力，并通过软件技术使部署在云端的应用与服务都可以迁移到网关。开发者可以动态定制网关上运行的应用。ParaDrop 系统结构如图 4-6 所示。

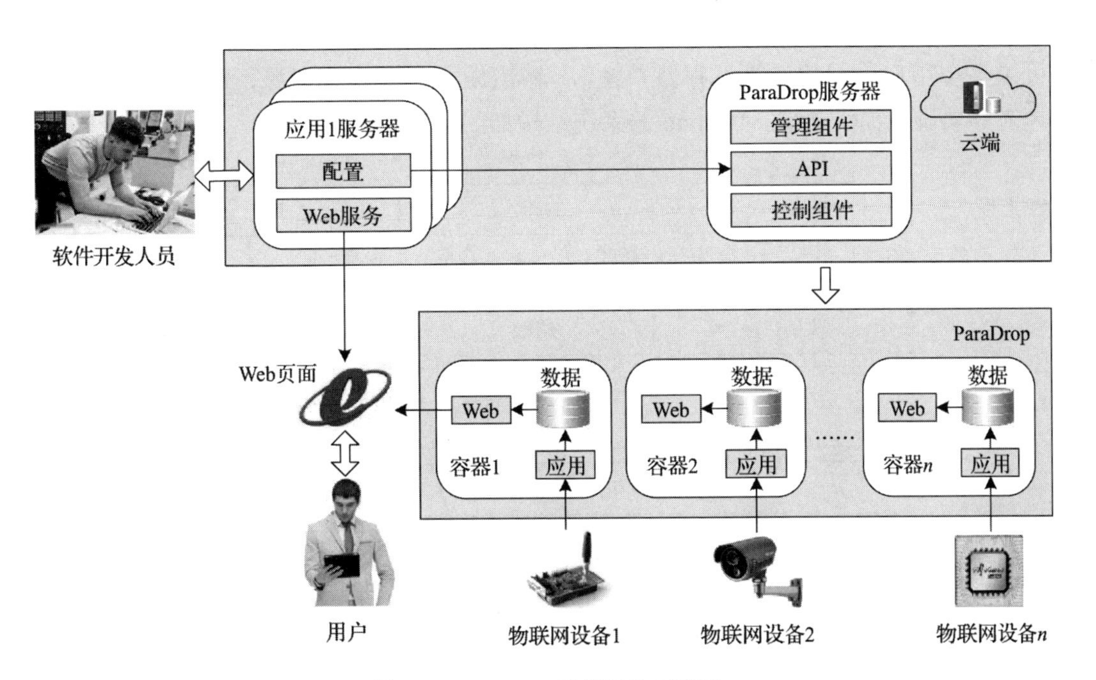

图 4-6　ParaDrop 系统结构示意图

ParaDrop 通过容器技术来隔离不同应用的运行环境，一个网关上可以运行多个用户的应用。网关上所有应用的安装、运行与撤销都由云端的后台服务控制，并对外提供一组 API。开发者通过 API 来控制资源的利用及监控资源状态，而用户通过 Web 页面与应用进行交互。ParaDrop 将 Web 服务与数据分离，Web 服务由云端的后台服务提供，而传感器采集的原始数据都存储在网关上，用户对云端访问的数据进行控制，以便保护用户的数据隐私。

ParaDrop 的优势主要表现在以下几个方面：

- 敏感数据可以在本地处理，不必上传云端，从而保护用户隐私。
- Wi-Fi 接入点距离数据源只有一跳，具有低且稳定的网络延迟，在 Wi-Fi 接入点运行的任务有更短的响应时间。
- 减少传输到互联网上的数据量，仅用户请求的数据通过互联网传输到用户设备。
- 网关可以通过无线电信号获取一些位置信息，如设备之间的距离、设备的具体位置等，利用这些信息可以提供位置感知的服务。
- 当遇到特殊情况无法连接互联网时，应用的部分服务仍然可以使用。

目前，ParaDrop 正处于稳步发展中，软件系统全部开源，支持 ParaDrop 的硬件设备已经商用。

4.3.2　PCloud

PCloud 是佐治亚理工学院 Korvo 研究组在边缘计算领域的研究成果。PCloud 可以整合用户周围的计算、存储、输入 / 输出设备、云计算资源，使这些资源无缝地为移动设备提供支持。PCloud 的系统结构如图 4-7 所示。

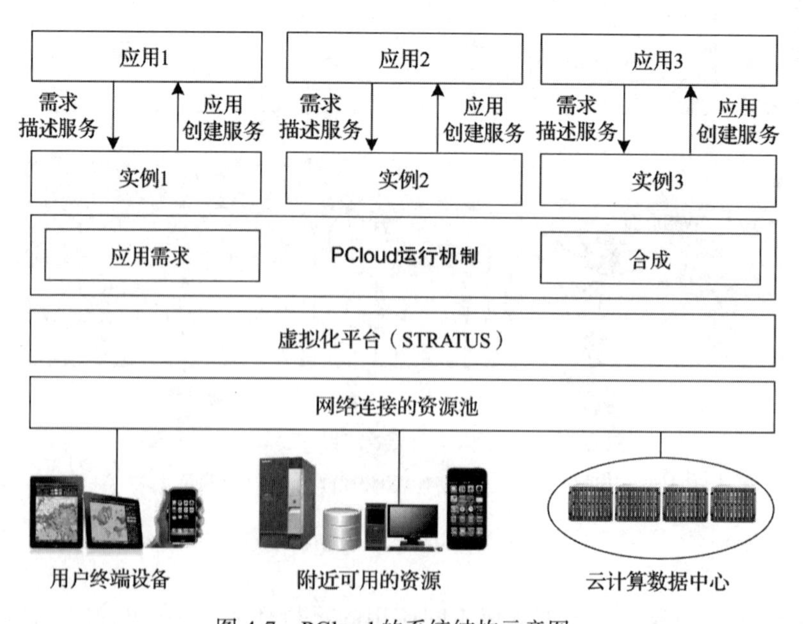

图 4-7　PCloud 的系统结构示意图

在 PCloud 系统中，本地、边缘以及云计算数据中心的资源通过网络连接，并由特殊的虚拟化平台（STRATUS）将各类资源虚拟化，构成了资源池；在应用运行时，从资源池中挑选并组合需要的资源。

PCloud 将资源池化之后，由运行机制负责资源的申请与分配；该机制可以提供资源描述接口，根据应用的要求选择合适的资源并组合。在资源组合之后的实际运行中，移动应用通过接口向 PCloud 描述所需的资源，PCloud 根据该描述与当前可用资源给出最优配置，生成实例为应用提供相应的服务。资源评价指标主要包括计算能力、网络延迟等因素，对于输入 / 输出设备还包括屏幕大小、分辨率等因素。

PCloud 将边缘资源与云计算数据中心资源结合，使两者相辅相成、优势互补。云计算数据中心的丰富资源弥补了边缘设备在计算、存储能力上的不足，边缘设备因为贴近用户因而可以提供云计算中心无法提供的低延时服务。同时，这也增强了整个系统的可用性，无论是网络故障还是设备故障都可以选择备用资源。

4.3.3　FocusStack

FocusStack 是美国 AT&T 实验室的研究项目，支持在 IoT 应用系统中部署各类边缘计算设备。多数物联网边缘设备的移动性很强，但在计算、能耗、连接性等方面受限。FocusStack 的主要研究目标是：基于地理位置为传感器等接入设备发现有足够资源的节点，并将应用程序部署到这些边缘计算节点；为程序开发者提供管理应用程序运行的接口，使开发者更专注于应用程序的开发，而无须将精力分散到如何找到合适的边缘计算资源，以及如何跟踪边缘计算节点状态等问题上。

FocusStack 形成由边缘设备（容器）和云数据中心服务器（虚拟机）构成的混合云。从这个角度来看，FocusStack 更像是混合云与用户之间的中间件。FocusStack 的系统结构如图 4-8 所示。

FocusStack 系统主要由以下两部分组成。

- Geocast 提供基于地理位置的情境感知（Location-based Situational Awareness，LSA）信息。
- OSE 扩展（OpenStack Extension，OSE）负责部署、执行和管理在网络受限的边缘设备上的容器。

当用户通过 FocusStack API 发起一个云操作（如实例化一个容器）时，LSA 子系统首先基于 Geocast 路由分析这个请求的范围，发送一个包含地理位置信息的资源列表到目标区域，等待当前满足要求且状态良好的边缘设备应答。选定的边缘设备在管理（Conductor）模块的帮助下运行相应的 OpenStack 操作。

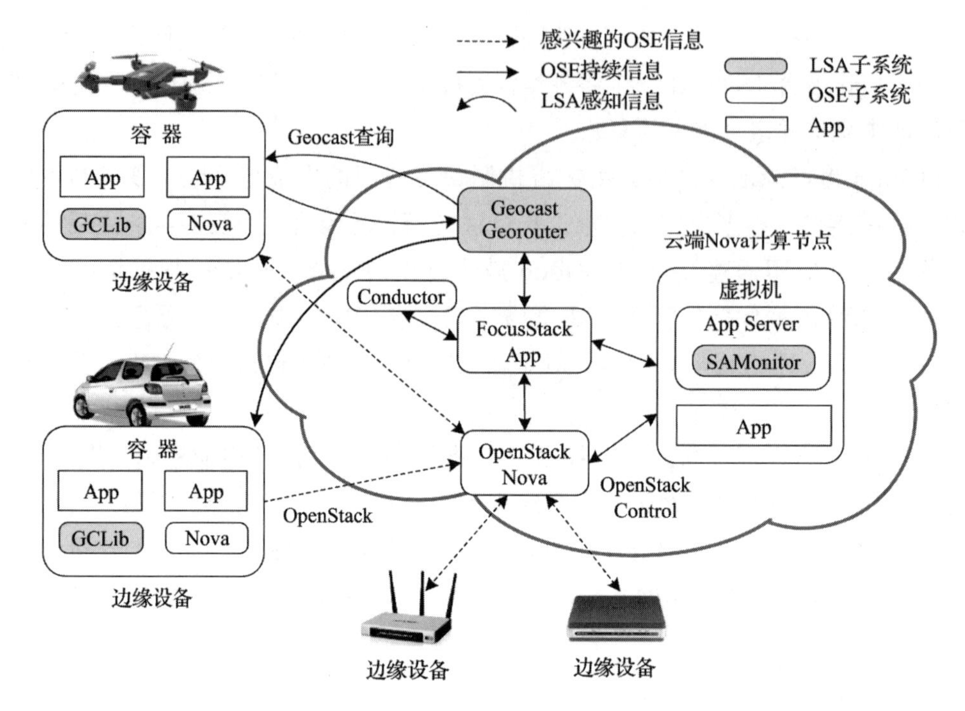

图 4-8 FocusStack 系统结构示意图

FocusStack 的 LSA 子系统基于 FCOP（Field Common Operating Picture）算法。FCOP 是一种基于地理信息的可伸缩分布式算法。每个设备都可以更新其他设备的感知信息，即允许一组设备监控另一组设备的存活状态。系统的具体实现使用 AT&T 实验室的位置投射系统（AT&T Labs Geocast System，ALGS）。数据包的地址是一个物理空间的子集，表示这个数据包要发送到该地址对应空间的所有设备。在 ALGS 系统中，数据包的地址是由经纬度及半径所划定的地表圆形区域。地址处理投射服务主要用于在感兴趣的区域间传递请求和回复消息，在某些情况下，也用于传递设备控制信息（如无人机），以及发布基于位置的广播信息。ALGS 实现一个两层网络的地址处理投射服务，数据可以通过专门的 Wi-Fi 网络传输，也可以通过范围更广的互联网传输。

发送端将数据包传输到路由服务器（Georouter Server），路由服务器追踪每个边缘设备的位置和元数据，根据数据包的地址决定地理区域信息，并将数据包发送到指定区域中的每个设备，包括边缘设备和运行 SAMonitor 实例的云设备。位置和连接状态信息由路由数据库（Georouting Database，GRDB）维护。GCLib 框架是一个提供数据获取服务的软件框架，它运行在边缘设备和使用 SAMonitor 的云应用中。它将数据载荷和地理信息封装成 Geocast 包，并利用相关协议发出数据包，各个硬件组件也通过它注册感兴趣的信息。每个程序或服务若想了解一个区域内的设备感知状态，都需要使用一个 SAMonitor 组件。

SAMonitor是一个接口部件，负责和LSA子系统沟通。应用程序服务器通过FocusStack API向SAMonitor发起请求，SAMonitor构建一个当前区域的实时运行图，返回一组区域内可用的边缘设备列表。SAMonitor和FCOP协作，允许发送请求的设备和云服务提供设备的移动性，动态监控区域内移动的设备。在区域设备图建好之后，这些信息将会发送给OSE中的Conductor，它负责检查这些设备是否有能力运行任务，是否满足预定的规则，以及是否取得设备拥有者的任务运行授权等。通过这些检查后，可用的边缘设备列表将被提交给应用程序服务器，应用程序服务器从中选取合适的设备，OSE通过OpenStack Nova API管理和部署边缘设备上的程序，即Nova管理运行任务。

在OSE子系统中，边缘计算节点运行一个定制版本的Nova计算节点，通过Nova计算节点与本地的Docker（应用容器引擎）进行交互来管理容器。边缘计算节点上的容器支持OpenStack的全部服务，包括接入虚拟网络和基于应用程序粒度的配置，而虚拟网络提供容器与容器、容器与虚拟机之间的通信。

4.3.4　CloudPath

CloudPath是多伦多大学的研究成果。CloudPath的基本设计思路是实现链路计算（Path Computing）。CloudPath的系统结构如图4-9所示。CloudPath底部是用户终端，顶部是云数据中心。CloudPath将边缘计算任务部署在链路的各级数据中心，使不同类型的应用（如IoT数据聚合、缓存、处理等）可运行在不同级别的数据中心，开发者可综合考虑时间延迟、资源可用性、地域覆盖性等因素，形成按需分配、动态部署的用户终端到云计算中心链路上的计算、存储资源的多层级架构。

CloudPath应用由一组可以在各级数据中心运行，快速按需进行实例化的短周期和无状态的函数组成。开发者通过标记函数指定相应代码的运行位置（如边缘、核心、云端等），或者标记性能需求（如响应延迟等）。身份认证模块可以在任何位置运行，人脸检测模块需要在满足响应延迟10 ms内的位置运行，而人脸识别模块需要在满足响应延迟50 ms内的位置运行。

CloudPath提供一个分布式的最终一致存储服务，用来读写状态信息。存储服务自动在跨多级数据中心时按需备份应用的状态信息，并保证最低的访问延迟和最小的通信带宽。CloudPath系统不会迁移运行中的函数/功能模块，它通过结束当前实例并在合适的位置开启新实例来支持服务的移动性。

CloudPath将各级数据中心构建成树状拓扑结构。各级数据中心都称为CloudPath节点，新节点可以接入树的任意一层，不同节点的资源、能力、数量都不同。每个CloudPath节点都由以下6个模块组成。

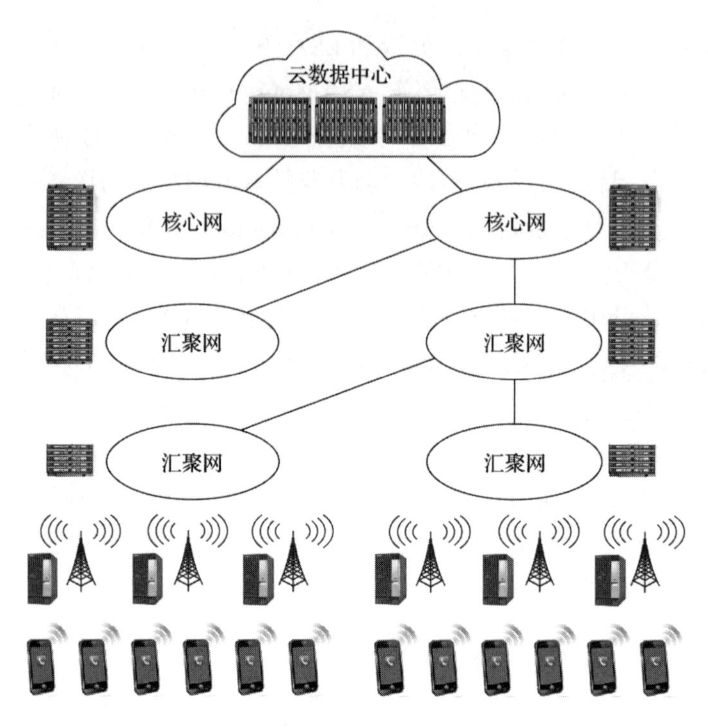

图 4-9　CloudPath 的系统结构示意图

- 执行模块（PathExecute）：实现一个无服务器的云容器架构，支持轻量级无状态的应用函数 / 功能模块运行。
- 存储模块（PathStore）：提供一个分布式的最终一致存储系统，透明地管理跨节点的应用数据。存储模块也在路由模块和部署模块中使用，以便获取应用程序的代码和路由信息。
- 路由模块（PathRoute）：根据用户在网络中的位置、应用偏好、系统状态与负载等信息，将请求传递到最合适的 CloudPath 节点。
- 部署模块（PathDeploy）：根据应用偏好和系统策略，动态地部署和移除 CloudPath 节点上的应用。
- 监控模块（PathMonitor）：为应用及相应的 CloudPath 节点提供实时监控和历史分析数据。通过存储模块收集聚合每个节点的其他 ClouldPath 模块的度量值，以网页的形式展现给用户。
- 初始化模块（PathInit）：顶层数据中心节点包含一个初始化模块，开发者通过它将自己的应用上传到 CloudPath。

CloudPath 在明确分离计算与状态的前提下，将抽象的共享存储层拓展至链路上的所有数据中心节点，降低了第三方应用开发与部署的复杂性，并且保留云计算中常用的 RESTful 开发模型。

4.4　雾计算

4.4.1　基本概念

2011 年，雾计算的概念出现。2012 年，Cisco 公司正式提出了雾计算的定义。

L. M. Vaquero 对雾计算的比较全面的定义是，雾计算通过在云与移动设备之间引入中间层来扩展基于云的网络结构，而中间层实质上是由部署在网络边缘的雾服务器组成的“雾层”。

理解雾计算定义的内涵时，需要注意以下几点。

第一，雾计算的名字体现了它的特点。与云计算相比，雾计算更贴近“地面”的终端用户与设备。与边缘计算不同的是，雾计算更强调在云与数据源之间构成连续统一体（Cloud-to-things Continuum），为用户提供计算、存储与网络服务，使网络成为数据处理的“流水线”，而不仅是“数据管道”。边缘和核心网络的组件都是雾计算的基础设施。

第二，雾计算将数据及处理与应用程序集中在网络边缘的设备中，数据的存储及处理更依赖本地设备，而不是服务器。这些设备可以是已有的传统网络设备（如路由器、交换机、网关等），也可以是为专门部署而新增的服务器。雾计算强调节点的数量，通过将分布在不同地理位置、数量庞大的雾节点构成雾网络，弥补了单个设备资源与功能的不足；充分使用已有的网络设备资源，大幅度降低了边缘云系统的组建投资。同时，多种网络设备、服务器集成在一个雾网络中，必然会带来系统内部不同结构的节点、内部节点与外部用户终端之间信息交互的异构性问题。

第三，“雾”不是作为“云”的替代品而出现。“雾”是“云”概念的延伸，与“云”是相辅相成的关系。在物联网应用系统中，“雾”可以过滤、聚合用户消息；匿名处理用户数据，保证隐秘性；初步处理数据，做出实时决策；提供临时存储，提升用户体验。“云”可以负责大计算量或长期存储任务，如数据挖掘、状态预测、整体决策等，从而弥补单一雾节点在计算资源上的不足。“雾”可以理解为位于网络边缘的小型“云”。

第四，物联网应用系统通过雾计算将简单的数据分类任务分发给物联网设备，将复杂的上下文推理任务分配给边缘网关设备；将需要更高处理能力（包含 TB 量级数据的分析）的任务交给核心云处理。雾计算在嵌入式终端、分布式系统、智能技术的基础上，研究如何在云数据中心与边缘雾设备之间实现能力的平衡分配，它不仅体现在边缘设备之间的优化，还为边缘设备与其他网络实体的协同工作提供了一种“端－端”实现方案。

2017 年 10 月，根据 OpenFog 联盟在“雾计算市场项目的规模和影响”中的预测：

到2022年，全球雾计算的市场将超过180亿美元，涉及领域依次是能源、公用事业、运输、医疗和工业；雾计算功能将集成到现有的智能硬件中；雾计算研究也将转移到应用和服务上。产业界认为，物联网为雾计算提供了良好的发展机遇，车联网、智能医疗将是雾计算的重要应用领域。雾计算是物联网边缘计算应用的主流技术。

4.4.2 雾节点的功能

雾计算在将云计算模式扩展到网络边缘的同时，也在安全性、资源利用率、API等方面面临着挑战。为了尽快通过开发开放式架构、分布式计算、联网与存储等核心技术加快雾计算的部署，从而发掘其在物联网应用的潜能，2017年2月，OpenFog联盟发布了OpenFog参考架构。这是一个开放的通用技术架构，旨在支持云技术、5G、智能与物联网结合的数据密集型应用需求。

OpenFog参考框架的核心是定义了8个技术原则：安全性、可伸缩性、开放性、自主性、RAS（可靠性、可用性、适用性）、敏捷性、层次结构与可编程性。这些原则也被用于判断一个系统是否真正符合OpenFog的定义。OpenFog参考框架特有的多层雾节点能够运用接近源头的数据，管理“雾－物”“雾－雾”和“雾－云”接口。OpenFog参考框架标志着雾计算向标准化迈出了重要的一步，将会成为雾计算的行业标准。

雾网络由多个雾节点组成。OpenFog参考框架给出了雾计算节点的功能结构，如图4-10所示。

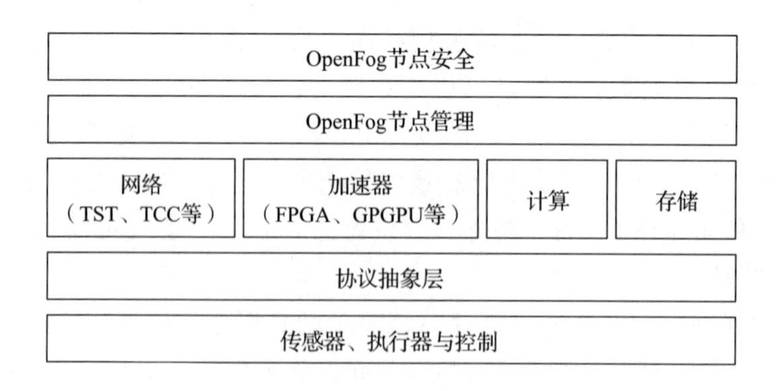

图4-10 雾计算节点的功能结构

（1）节点安全（Node Security）

节点安全对整个系统的安全是至关重要的。在多数情况下，雾节点可以作为安全网关来验证传感器和执行器的合法性，从而保证通信安全可靠。

（2）节点管理（Node Management）

雾节点需要支持管理接口，以便通过更高层级的管理实体进行统一管理和控制。

（3）网络（Network）

由于很多雾计算应用都是延时敏感的，因此在多数情况下雾节点需要通过网络进行通信，以便更有效地满足实时性应用的需求。

（4）加速器（Accelerator）

在某些延时和功率优先的应用场景中，雾计算应用需要利用加速器来减少完成任务所需的时间。

（5）计算（Compute）

雾节点应该具备一般的计算能力，并且能支持标准软件的运行，这对于雾节点之间的互操作性而言是很重要的。

（6）存储（Storage）

雾节点应该具备一定的存储能力，以便进行数据的缓存。存储设备在性能、可靠性、数据完整性的要求上，也需要视具体的应用场景而定。

（7）传感器、执行器和控制（Sensor, Actuator & Control）

传感器和执行器是 IoT 中的基本组成元素。以智能交通灯系统为例，监控摄像头作为视频传感器采集道路数据，交通灯作为执行器进行显示。每个雾节点可能同时连接成百上千个相关设备，这些设备通常同时支持有线和无线通信协议。

（8）协议抽象层（Protocol Abstraction Layer）

实际上，在物联网应用系统中，很多类型的传感器和执行器并不支持与雾节点的直接连接，因此需要有一个协议抽象层，以便向高层屏蔽这些设备的差异性，通过协议变换，在逻辑上实现它们与雾节点的互联。

4.4.3　雾计算应用系统架构

OpenFog 参考框架给出了雾计算应用系统架构，它由设备层、雾层与云层等组成，如图 4-11 所示。

（1）设备层

设备层主要负责实现设备与雾之间的数据交互，由数据采集、命令执行、注册 3 个模块组成。

- 数据采集模块：由负责采集数据的传感器设备构成。
- 命令执行模块：由接收和执行高层指令的执行器构成。
- 注册模块：用来识别实体设备的身份。当设备第一次加入网络时，需要向注册模块申请并获得一个标识身份的 ID 与密钥。设备的 ID 在全网是唯一的，当设备动态接入网络时，需要使用 ID 进行身份确认。

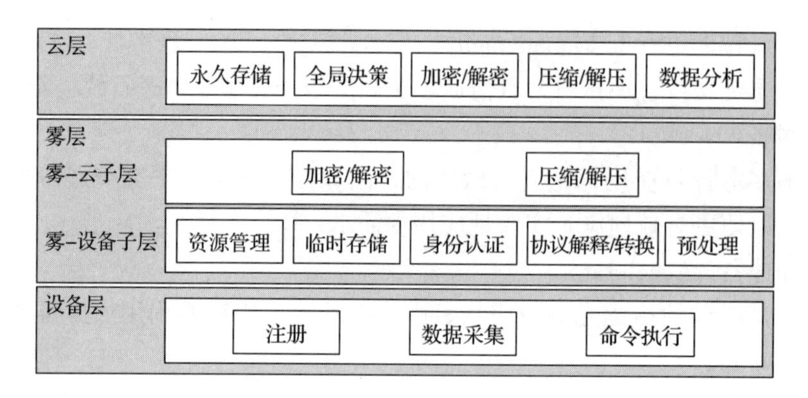

图 4-11　雾计算应用系统架构

（2）雾层

雾层分为 2 个子层：雾 – 设备子层与雾 – 云子层。

雾 – 设备子层主要负责控制实体设备与协议解释，由资源管理、临时存储、身份认证、协议解释 / 转换、预处理 5 个模块组成。

- 资源管理模块：负责接收由设备层发出的加入请求，并将设备规格添加至清单中。根据雾应用程序的资源管理策略，关闭已注册但未在预设时间内发送信息的设备。
- 临时存储模块：存储正在进行计算的数据，以及已注册设备的规格与 ID、密钥。
- 身份认证模块：从临时存储模块中检索已注册的设备清单，通过 ID 与密钥对设备的身份进行验证。
- 协议解释 / 转换模块：当设备与雾节点之间采用不同协议（如 Wi-Fi、BLE、ZigBee 等）通信时，实现协议语义的解释与数据格式的转换。
- 预处理模块：对临时存储的数据进行清洗、融合、边缘挖掘，通过数据过滤、降噪等方式来改善数据的质量；在紧急情况下，通过对接收或采集到的数据与预设阈值、条件进行对比来实现决策。轻量级分析、特征提取、模式识别、决策等都需要具体的算法来处理数据。雾中使用的方法必须简单且满足现有计算能力的限制。

雾 – 云子层主要负责实现雾和云之间交互的数据处理，由加密 / 解密、压缩 / 解压 2 个模块组成。

- 加密 / 解密模块：对敏感数据进行加密和解密操作。
- 压缩 / 解压模块：对数据进行压缩与解压缩，以便降低网络数据通信量。

（3）云层

云层主要负责实现云计算中心的主要功能，由永久存储、全局决策、加密 / 解密、压缩 / 解压与数据分析 5 个模块组成。

- 永久存储模块：接收来自不同雾区的有用数据，并采用大数据技术进行永久存储。
- 数据分析模块：采用模式识别、知识发现等方法进行数据分析，产生知识，为全局决策提供依据。
- 全局决策模块：根据数据分析产生的知识，形成决策或建议。
- 加密 / 解密模块：对敏感数据进行加密和解密操作。
- 压缩 / 解压模块：对数据进行压缩与解压缩，以便降低网络数据通信量。

从雾计算应用系统架构的分析中，可以总结出“端 – 边 – 云”之间的信息交互架构，如图 4-12 所示。

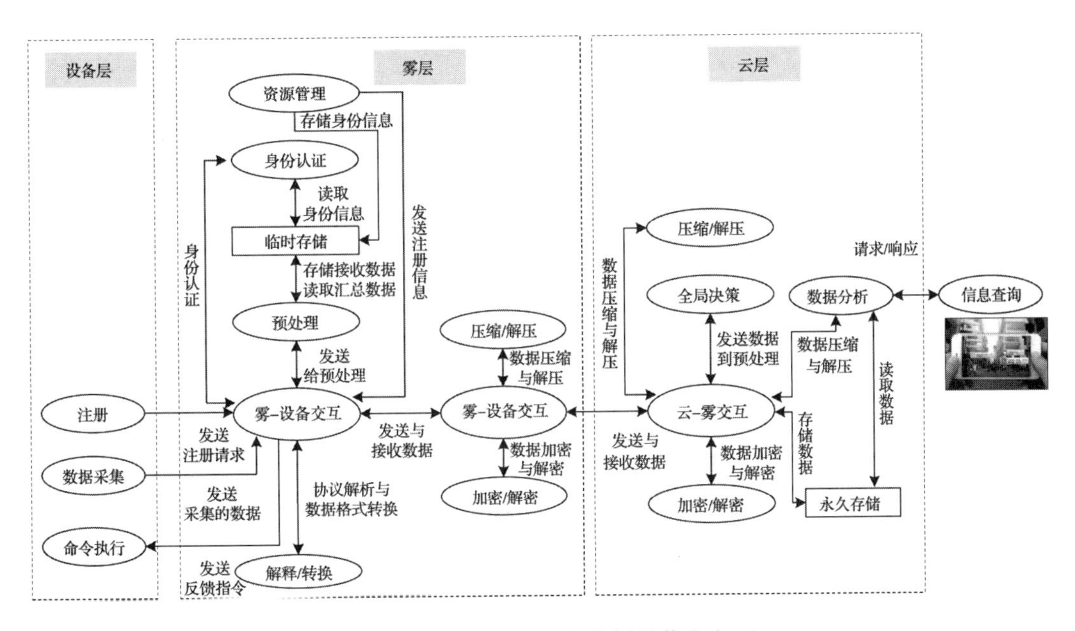

图 4-12　“端 – 边 – 云”之间的信息交互

4.4.4　层次结构划分

智能物联网的雾边缘计算（Fog Edge Computing，FEC）通常可以分为内边缘、中边缘与外边缘的 3 层结构，如图 4-13 所示。

1. 内边缘

内边缘又称为近边缘，连接企业、互联网服务提供商（ISP）、演进分组核心（EPC）的数据中心和城域网（MAN），以及在国家、地区范围内的广域网（WAN）。最初，内边缘服务提供商仅提供将本地网络接入互联网的基础设施。随着移动互联网与物联网的发展，提高 Web 服务体验质量的需求激增，促进了 WAN 数据中心的地理分布式缓存和处理机制发展。在商业服务方面，谷歌边缘网络（peering.google.

com）与 ISP 合作，在 ISP 的数据中心部署数据服务器，旨在提高谷歌云服务的响应速度。此外，ISP（如 AT&T、Telstra、Vodafone 等）意识到很多本地企业也需要低延迟云，因此它们也提供本地云。在基于雾计算的参考框架中，基于 WAN 的云数据中心可以被视为内边缘的雾。

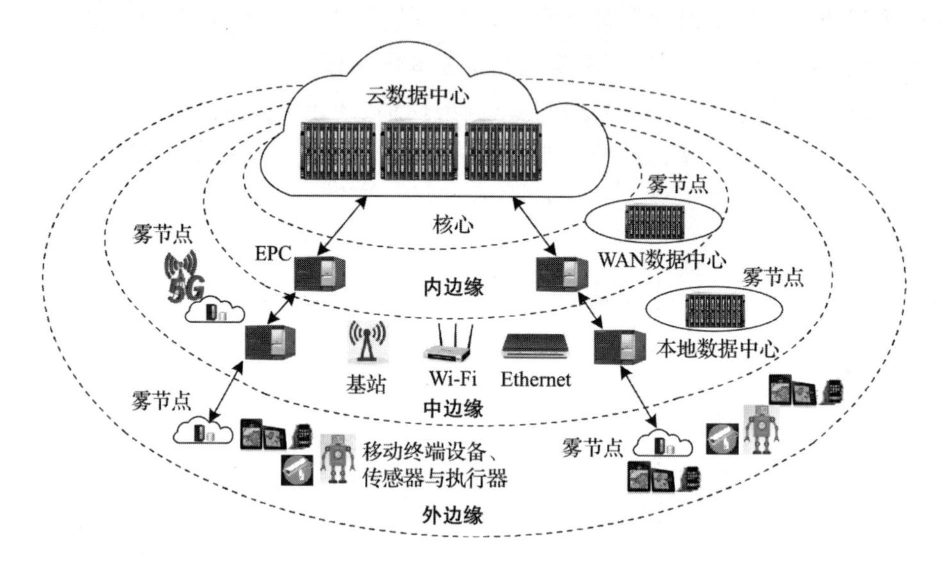

图 4-13　雾计算与边缘计算的层次结构

2. 中边缘

中边缘对应典型的 FEC 环境。FEC 由两种类型的网络组成，即局域网（LAN）与蜂窝移动通信网。局域网包括 Ethernet、Wi-Fi、校园网（CAN）等。蜂窝网络由宏蜂窝、微蜂窝、微微蜂窝和毫微微蜂窝组成。中边缘涵盖了用于托管 FEC 服务器的各种设备。

（1）局域网

Cisco 引入的雾计算架构利用网关设备（如 Cisco IR829 工业集成路由器）提供与公用云服务类似的模型，其中网关提供了支持 FEC 虚拟化的技术。此外，将 FEC 节点部署在位于 LAN 的相同子网内，即在物联网设备与计算机之间的一跳范围内，这是虚拟化服务器应用的理想解决方案。这种方法又被称为本地云、本地数据中心或微云。

（2）蜂窝网络

提供 FEC 机制的想法源自各种蜂窝网络中使用的网络虚拟化技术。大多数城市都拥有广泛的蜂窝网络资源，这些网络由多种类型 BTS 提供，它们是路边 FEC 主机的理想部署设备，从而满足各种对实时数据进行快速处理和响应的移动物联网需求，如智能网联汽车、移动医疗、AR/VR 等。目前，华为、诺基亚等电信基础设施和设备供应商已开始提供MEC硬件和基础设施解决方案。在不久的将来，基于蜂窝网络的FEC将广泛应用于从宏蜂窝、微蜂窝到微微蜂窝、毫微微蜂窝BTS的室内蜂窝扩展设备。

3. 外边缘

外边缘也称为端边缘、远边缘或薄雾，它连接物联网的前端设备，如受限设备、集成设备与IP网关设备。

（1）受限设备

受限设备通常是指具有有限的处理能力和存储能力的微控制器的设备（如传感器、执行器等）。例如，Atmel ATmega 328单片机微控制器，即Arduino Uno Rev3的CPU，仅具有20 MHz的处理能力和32 KB的闪存。物联网管理员通常不希望将复杂任务部署到此类设备。由于无线传感器和执行器具有现场可编程能力，物联网系统可以动态地对这些设备进行远程更新。正是传感器、执行器具有现场可编程能力，才促进了薄雾研究的发展。薄雾强调物联网设备之间具有交互与协作的自我管理能力，以实现不依赖核心云的远程操控，或高度自动化的M2M（Machines to Machines）环境。

（2）集成设备

集成设备由具有良好能力的处理器控制。同时，集成设备在组网（如Wi-Fi、BLE等）、嵌入式传感器（如陀螺仪、加速器）等方面有嵌入式功能。集成设备中性价比最高的产品通常采用ARM芯片，例如基于CPU的智能手机与平板电脑。它们既可以执行传感任务，也可以通过边缘设施与云进行交互。集成设备可能在操作系统方面存在限制，降低了在设备上部署虚拟化平台的灵活性。但是，考虑到ARM CPU和嵌入式传感器的发展，一些平台将很快为集成设备实现FEC提供服务。

（3）IP网关设备

IP网关设备充当受限设备和边缘设备之间的中介。由于IP网络需要能量密集型Wi-Fi（如IEEE 802.11g/n/ac），很多受限设备通常不在IP网络中操作。受限设备使用能耗较少的协议（如蓝牙、ZigBee、Z-wave等）进行通信。低能耗通信协议通常不直接与IP网络连接，可使用IP网关设备为受限设备和路由器之间的通信提供中继。因此，后端云能够与前端的受限设备进行交互。基于Linux的IP网关设备可以提供虚拟化环境，因此，有些研究项目已经将IP网关设备用作FEC节点。

由于边缘计算中不同层次拥有的计算能力不同，因此负载分配将会成为一个重要问题。延时、带宽、能耗与成本是决定负载分配策略的关键指标，并且这些指标之间具有相关性。针对不同的工作负载，应该设置指标的权重和优先级，以便系统选择最优分配策略。

4.5 边缘计算中间件

4.5.1 研究背景

在传统的软件工程中，中间件的基本功能是向高层屏蔽低层硬件或软件的差异性。物联网中间件的应用主要体现在两个层面：一是边缘计算层，另一个是应用服务层。边缘计算层是低层感知节点、执行节点与用户终端的硬件、软件与协议的异构问题；应用服务层是低层接入系统的软件、硬件、协议与功能的异构问题。中间件是物联网应用系统的硬件与软件设计中需要考虑的一个基本功能。由于物联网自身的特点，因此其中间件研究具有自身的特色，我们主要讨论物联网中间件的特殊问题。

在物联网边缘计算研究的初期，由于系统规模相对较小，研究人员一般认为移动边缘计算的微云与雾计算节点基本相同。但是随着应用规模的扩大，大型物联网边缘计算应用研究的深入，尤其是随着 5G 边缘计算研究的开展，MEC、微云、雾计算的部署位置、功能与性能需求的差异越来越明显。

雾计算与边缘计算的紧密结合促进了人机交互的各种应用程序开发，这些应用程序在地理位置上分布广泛，并且具有较高的实时性要求。随着物联网应用规模的扩大，移动终端的数量快速增长，终端的地理位置更分散，动态改变位置的设备越来越多，这些都为基于 MEC、微云、雾计算的物联网应用程序设计与编程带来很大困难。

对于大型物联网应用系统，需要设计管理雾计算与边缘计算架构（FEA）的计算、存储与网络资源的应用软件。由于边缘设备位置的动态改变，用于管理节点资源的算法更复杂，造成控制数据和决策算法在边缘设备上执行时资源消耗过多。面对物联网边缘计算编程环境的复杂性，屏蔽 MEC、微云、雾计算设备的差异性、提供统一的编程接口，从而有效降低编程难度的 FEA 中间件技术的研究，引起了产业界的高度重视。

对适用于物联网应用场景的 FEA 中间件，设计时需要考虑应用软件编程的如下需求。

- 能适应边缘资源、运行状态的监控、处理的实时性需求。
- 能适应地理分散的感知数据流传输的带宽需求。
- 能适应动态故障诊断、处理的系统稳定性需求。
- 能适应边缘资源动态变化的实时更新需求。

4.5.2 中间件的功能

针对物联网应用系统的实际需求，FEA 中间件能够为应用程序提供以下功能。

1. 边缘设备发现

雾或边缘的数据源可以是物联网中位置固定或移动的传感器，或者是各种用户终端设备。数据源产生的数据可以在本地处理，或发送到雾或边缘设备进一步处理。中间件的一个基本功能是发现感知节点或执行节点接入 / 退出边缘网络的请求报文，提供与物联网应用系统的标准接口。

2. 执行期间的运行环境

中间件可以提供在边缘设备上远程执行应用程序的平台功能，包括代码下载、边缘设备中的程序远程执行，以及可供请求设备获取结果的访问接口。

3. 最小的任务中断

如果任务执行期间出现意外中断，将会影响系统运行的可靠性，导致任务重新初始化或产生错误的结果。设备使用模式、移动性和网络的意外断开都有可能导致设备执行环境的改变，进而导致设备不能继续完成感知、执行或计算任务。中间件可以采用最小的任务中断，为应用程序智能调度提供接口。

4. 操作参数的开销

在边缘设备之间建立通信关系，选择合适的边缘设备，在多个边缘设备之间分配 FEA 任务，以及管理 FEA 任务的远程执行等操作都在边缘设备上消耗额外的计算、带宽和能耗。由于这些资源对边缘计算来说很宝贵，因此节约资源是中间件设计时要考虑的一个重要问题。中间件需要为应用程序节省计算、存储与带宽资源。

5. 环境感知的自适应设计

为了适应在移动应用环境中进行数据感知时外部环境的动态变化，FEA 在设计中需要考虑采用自适应算法来提高服务质量。

6. 服务质量（QoS）

很多边缘或雾应用程序需要感知特定目标的多维数据，并且获取数据的连续性、实时性与准确性来决定应用程序的 QoS 指标，中间件设计要考虑为应用程序保证 QoS 指标提供良好的执行环境。

4.5.3 中间件的架构

1. FEA 设备类型与分层结构

雾计算与边缘计算架构（Fog Edge Architecture，FEA）将设备分为对应不同层次的 5 种类型，如图 4-14 所示。与传感器 / 执行器连接的移动终端设备是离用户最近的设备。当处理设备离开网络边缘时，通信延时将会增加。但是，面向云数据中心与数据存储的资源可用性也随之增加。

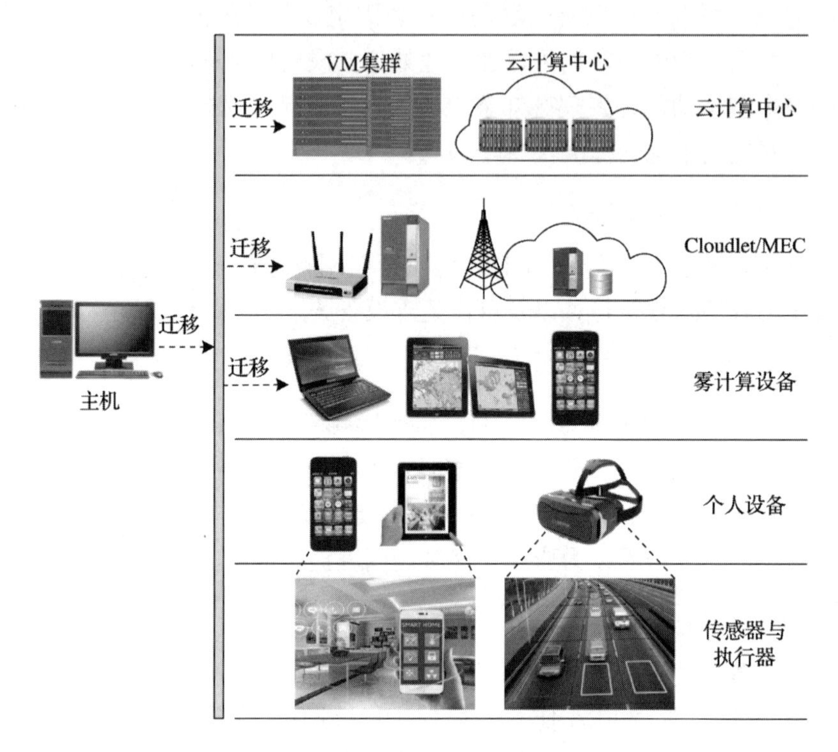

图 4-14　雾计算与边缘计算设备

（1）传感器与执行器

嵌入式传感器与执行器被安装在物理实体中或部署在人体上。传感器负责获得外部环境数据或人体生理参数，执行器执行由系统发起的操作指令。内置的网络功能使传感器与执行器都具有一定的计算和通信功能，实现相邻节点之间的数据传输。

（2）个人设备

个人设备包括智能手机、可穿戴计算设备、移动终端设备等。这些设备与嵌入式传感器与执行器连接，它们通常充当中间数据中枢或计算平台，提供到服务器的通信链路。个人设备资源的一部分也可以共享出来，以执行雾和边缘分布式应用程序。

（3）雾计算设备

雾计算设备具有比个人移动设备更强的计算能力。由于这些设备更靠近边缘，因此它们在与数据源通信方面更有优势。雾计算节点位于边缘设备和云之间，可以用来处理数据或作为中间存储设备。雾计算设备可以通过 Wi-Fi、蓝牙或 ZigBee，以对等通信（P2P）或设备到设备（D2D）方式，实现与个人设备之间的通信。

（4）Cloudlet/MEC

Cloudlet 是电信公司设置在无线基站或 Wi-Fi 接入点，具有与核心网的高带宽连接的小型专用边缘服务器。另一种边缘计算方式是在电信网基站处配置计算资源，即 MEC 服务器。

（5）云计算中心

云计算中心是连接在核心网的远端核心云计算平台，具有强大的计算、通信和存储功能。云计算中心通常采用按需服务的模式，根据用户请求按需扩展 VM 的数量。

2. 物联网 FEA 中间件架构

雾计算与边缘计算应用程序有以下几种类型。

- 需要大规模数据采集和分布式处理的软件。
- 需要实时和快速响应的软件。
- 需要实时处理连续数据流的软件。

这些应用程序存在于不同的应用领域，如智能医疗、紧急救援、智能交通、环境监控等。应用程序需要一个大型的分布式架构来处理多层数据。雾计算与边缘计算服务器用于处理和分析时，边缘附近的较低层执行有用信息的过滤、预处理和提取。包括中间件的物联网 FEA 架构如图 4-15 所示。

图 4-15　包括中间件的物联网 FEA 架构

（1）API

雾计算和边缘计算应用程序的常用服务可以被设计为 API。这些 API 需要实现

3 个基本功能：API 规范、安全认证及隐私加密与设备发现。

API 设计需要遵守一定的规范，使 API 可根据需要方便地集成到应用程序中，形成不同的中间件功能。API 安全认证及隐私加密包括授权用户访问应用程序与计算资源，以及为用户的数据通信建立安全通信信道。参与边缘计算节点身份验证的方法有数字签名方法，有采用主密钥为漫游雾节点的轻量级相互认证方案，有基于公钥基础设施（PKI）的方法，也有研究是针对 VM 迁移的真实性认证方法等。

用户移动设备数据的隐私性、位置感知服务的隐私保护及数据加密是 API 安全研究的另一个重要内容。虽然传感器和边缘设备的资源有限，但是可利用雾节点为边缘数据处理提供必要的加密功能。现有的研究工作主要基于匿名或伪匿名技术、轻量级隐私保护，以及基于策略的雾计算访问控制机制。

设备发现允许用户移动设备动态接入和离开网络。很多研究使用轻量级消息传递（MQTT）协议作为标准的“发布 / 订阅”消息机制，它是专为受限设备和低带宽、高延时或不可靠的受限网络而设计的。例如，一个设备通过“发布 / 订阅”机制发布应用程序启动请求，参与设备响应该请求，并通过通信信道与它进一步通信。雾和边缘分布式中间件使用“发布 / 订阅”机制作为第三方服务集成到中间件，为消息交换提供安全、可靠、可扩展的服务。

（2）中间件服务

中间件服务是通过以下几个功能模块的协同工作来实现的。

环境监控和预测模块

FEA 通过中间件的环境监控与预测模块持续监测环境参数，以自适应方式来应对环境的动态变化。通过移动设备的 GPS 信息，可获取设备的位置信息；通过加速度传感器，可获取设备的移动方向与加速度。根据设备位置、移动方向与加速度，配合设备上传的视频信息，可以动态监控周边的环境信息，并对发生的事件进行预测。目前，研究工作主要是采用时间序列、随机过程或机器学习方法，通过对“人 – 移动环境变化”建模和预测来智能管理多个用户设备之间的操作。

代理选择模块

FEA 代理是指在边缘计算环境中，承担传感器 / 执行器计算任务的边缘计算设备。代理选择模块可以基于不同的策略（如基于公平的选择、博弈论、环境优化、资源优化等）选择代理服务。目前，研究的代理服务主要包括能量感知、对延时的容忍、环境感知等。

实时和流数据应用程序要求在给定时间内完成数据处理任务，设备剩余能量决定了设备能够提供服务的时间。有些研究是通过能量感知来发现剩余电量和设备性能，以决定这个设备是否适合作为代理设备。

有些移动应用程序使用环境感知功能，根据移动设备或用户所处环境的变化进行自我调整。有些研究基于环境感知、大规模活动预测或用户位置变化，利用随机节点模型、统计模型与时空模型的建模与计算，从而确定对代理设备的选择。

数据处理与分析模块

FEA 架构中的应用程序需要考虑不同层的数据处理。用户设备或个人设备可以从感知设备获得的原始数据中提取基本信息。用户设备中数据分析模块向雾服务器发送基本数据；雾、微云与核心云服务器逐级聚合和分析数据，最终由应用层向执行器发出控制指令。例如，感知设备发现目标之后，无须将图像传送到高层，在用户设备上即可通过人脸识别软件进行分析，然后将人脸特征参数传送到雾服务器，由雾服务器用更强的计算能力与目标人像数据库进行匹配，以确定是否为需要跟踪的目标。

调度与资源管理模块

调度与资源管理模块监控不同层中资源的可用性，发现新加入用户设备的资源可用性；监控个人设备中的资源使用情况；监控雾服务器、微云中处理数据的 VM 可用性。在面部跟踪的应用中，应用程序根据目标的位置信息，调度与资源管理模块将搜索位置与候选的设备位置进行匹配，随着目标移动的位置调度计算资源。

网络管理模块

FEA 使用多层网络来连接个人设备、雾与微云，应用程序可以在雾和云中使用 SDN 或虚拟网络的 VM。用户设备通常在“点 – 点”链路上使用 TCP 套接字，实现个人设备与雾服务器之间的进程通信，执行应用程序。网络管理模块实现 FEA 环境中网络工作状态的监控。

执行管理模块

执行管理模块有助于在边缘节点和雾节点执行应用程序特定的代码功能。目前，雾计算研究主要采用虚拟环境与私有 OS 堆栈、移动设备上支持迁移的虚拟化、代码卸载技术、基于插件的设计等方法。执行管理模块在运行时，下载并集成到应用程序中。当出现需要跟踪的目标时，MEC 服务器将目标对象的人脸检测软件迁移到相关的雾服务器中，加速在移动过程中的应用软件的执行速度。

移动性管理模块

移动性管理模块支持中间件对移动边缘设备的管理。当跟踪的目标移动时，不同的传感器可能都发现了目标，应用程序将结合目标的位置变化来预测监控目标的动向。在 FEA 移动性管理的研究中，包括数据和中间件服务跟随设备移动，主要使用定位 / 标识分离协议（LISP）。

（3）物联网传感器 / 执行器

传感器负责从周围环境中获取实时感知数据。可以采用多种形式来利用感知数据。感知数据可以直接用于 FEA 应用程序以分析、评估用户设备周边的环境信息；在对感知数据进行分析之后，产生执行指令并回送到执行器执行。

雾计算与边缘计算架构中间件的研究有助于支持超低延时的物联网应用程序的

编程与实现，对提高物联网应用系统的移动性、安全性、可靠性与可扩展性都有重要意义。

4.5.4 智能中间件的研究

随着物联网规模的扩大、用户需求的增长和数据分析难度的增加，传统的机器学习算法已无法满足物联网数据分析的要求。近年来，深度学习作为一种更高效的解决方案被广泛应用，为面向大规模物联网中的复杂问题提供分类、预测、控制决策等服务。但是，深度学习需要构建复杂的神经网络结构，大大增加了物联网智能化软件开发和推广的难度。因此，学术界和工业界提出了很多新的深度学习中间件。智能中间件（Machine Learning as a Service，MLaaS）是一个重要的研究方向。

中间件服务提供商开发了多种深度学习中间件，并提供了模块化的功能和工具库，帮助开发者更便捷、高效地使用深度学习模型。该中间件是帮助用户快速开发深度学习算法的框架，它提供了深度学习的基础模型、基本功能和部分通用算法，并为用户提供相应接口来实现基础功能的快速调用和组合。物联网开发者仅需专注物联网智能需求自身，利用这些中间件选择和组合模块化的深度学习功能，应对不同物联网场景下的语音识别、图像识别、自然语言处理、计算机视觉等方面的需求。

为了使开发者直接使用模块化的学习模型和智能算法，中间件服务提供商开发了专门的智能中间件。这类中间件可以大幅提高智能技术在物联网，尤其是中间件上的开发效率，并且提升中间件的服务质量，推动智能技术在物联网系统中的应用。

典型的实现深度学习算法的 MLaaS 具有以下几个特点。

- 高效率开发：提供基本的库函数，简化程序开发流程，开发者无须理解深度学习算法与编写的代码，专注于物联网本身的需求即可。
- 可视化界面：提供丰富的可视化工具和多样化的数据呈现方式，帮助用户理解和梳理代码等内容。部分可视化结果可直接应用于物联网系统中。
- 多语言支持：通常支持多种编程语言，如 C++、Python、Java、Go 等，用户可选择熟悉的语言进行编程。
- 自定义计算：通过计算图的结构进行编程，物联网中很多智能分类和控制问题可以通过组合智能中间件的功能和模块来实现。
- 跨平台移植：能在不同的平台硬件上运行，包括物联网系统中的个人计算机、服务器、移动终端设备等。基于智能中间件编写的程序具有高度的可移植性。
- 集中式优化：通过线程和队列操作等方式，对物联网系统中的硬件资源进行合理调度，使计算资源得到充分利用，以达到更好的性能。

目前，比较成熟的工业化应用的 MLaaS 大多集中在传统机器学习领域（如回归算法和决策树算法等），主要包括 Amazon SageMaker、Microsoft Azure ML Studio、

Google ML Engine、Niagara Analytics 等。

以 Niagara Analytics 为例，当设备和系统之间交互时，Niagara Analytics 提供多种算法库来实现复杂的算法，从而提高了数据分析的质量。这些智能算法可以主动识别问题，并提供更多的上下文信息。Niagara Analytics 的核心是一个高性能计算引擎，实时数据被应用在 Wiresheet 视图中，进行可视化的算法编程。Niagara Analytics 分析规则可根据不同应用的需求进行自动配置，无须技术人员参与。Niagara Analytics 计算引擎可用于故障检测诊断，相应的分析规则就是分析算法，可配置它们来监控系统的运行，而分析产生的报警也可以传输给报警平台。Niagara Analytics 提供开放接口来支持第三方应用程序，以便使用库中已有算法或导入新算法。

4.6　MEC、Cloudlet 与雾计算

4.6.1　发展背景与特点

1. MEC 的发展背景与特点

5G 的应用必须得到云计算的支持，云计算技术在边缘计算中的应用有助于满足网络延时、带宽的需求，提供系统运行的可靠性。2016 年 4 月，MEC ISG 公布了 MEC 参考架构白皮书。由于 MEC 技术与标准是由电信产业界制定的，因此 MEC 的基本概念和网络参考架构可以与 5G 系统规范、基于服务的架构，以及电信网 SDN/NFV 改造的规范保持一致。MEC 的特点可以归纳如下：

- MEC 在靠近用户的基站处部署 MEC 服务器；
- MEC 以 IaaS 方式管理虚拟资源池中共享的虚拟资源；
- MEC 基本框架将功能划分为网络层、主机层与系统层。

2. Cloudlet 的发展背景与特点

物联网应用推动了移动边缘计算技术的发展，它也是推动 5G 应用发展的主要因素之一。边缘计算模式适合执行轻量级计算任务，典型的实现方式有 Cloudlet 与雾计算。

Cloudlet 是由卡内基梅隆大学在 2009 年提出的，并由此演化出 OEC 计划。Cloudlet 的技术路线是将云计算技术下沉到邻近用户终端的接入网边缘，可直接部署在移动的车辆或机器人上，无论网络距离还是物理距离都贴近用户，使网络带宽、延迟、抖动等不稳定因素更易于控制；距离近意味着 Cloudlet 与用户处在同一情景（如位置），根据情景信息为用户提供个性化（如基于位置信息）服务，有效提高用户体验质量。Cloudlet 的特点可以归纳为以下 3 点。

- Cloudlet 是一个可信且资源丰富的主机或主机群。
- Cloudlet 基于 VM 技术，为移动终端设备提供服务。
- Cloudlet 与移动终端设备通常仅有“一跳”的距离。

3. 雾计算的发展背景与特点

在雾计算中，从用户终端设备到云数据中心的路径上，传统的网络设备（如路由器、交换机、机顶盒、代理服务器）及专用微型数据中心都可以充当雾节点。MEC 服务器或 Cloudlet 也可以被视为雾节点，并在雾计算系统与 MEC 中执行各自的工作。雾节点通常数量庞大、分布范围广，通过独立或集群方式创建广域的云服务。从更广泛的角度来看，MEC 是雾计算的一个子集。5G 网络与雾计算、MEC 的集成，已经成为物联网实现超低延时、超高带宽与可靠性的首选计算模式。

雾计算的特点可以归纳如下：

- 雾节点数量大、类型多、分布广。
- 雾节点更接近物联网感知与执行设备。
- 雾节点部署在用户设备到核心云的传输路径上。

4.6.2 整体技术比较

MEC、Cloudlet 与雾计算的比较如表 4-1 所示。

表 4-1 MEC、Cloudlet 与雾计算的比较

技　术	部署位置	应用场景	支持边缘无线接入	支持移动性与节点交互
MEC	部署在靠近接入点、基站、汇聚点或网关的位置	针对物联网的低延时应用	支持云无线接入 C-RAN	仅支持用户终端从一个边缘节点到另一个边缘节点的移动管理
Cloudlet	部署在靠近接入点、基站、汇聚点或网关的位置，或直接运行在智能网联汽车或无人机上	针对物联网的移动增强性应用	本身不支持边缘无线接入，但可作为独立模块运行在无线接入系统	仅支持 VM 镜像从一个边缘节点到另一个边缘节点的切换
雾计算	部署在用户终端到云数据中心的传输路径上	针对物联网的分布式计算与存储应用	支持边缘无线接入	支持雾节点分布式应用之间的通信

4.7 习题

1. 单选题

（1）以下不属于 Cloudlet 基本特点的是（　　）。

A. 软状态　　B. 资源丰富

C. 自适应　　D. 贴近用户

（2）以下不属于Cloudlet关键技术的是（　　）。
A. 快速配置　　B. 覆盖网络
C. Cloudlet发现　　D. VM切换

（3）以下不属于OpenFog核心技术原则的是（　　）。
A. 专属性、保密性　　B. 开放性、自主性、敏捷性
C. 层次性、可编程性　　D. 可靠性、可用性、适用性

（4）以下属于OpenFog雾节点功能结构的是（　　）。
A. 节点安全、节点管理　　B. 计算、存储、网络
C. 传感器、执行器和控制　　D. 网络设备抽象层

（5）以下属于OpenFog"雾－云子层"组成模块的是（　　）。
A. 资源管理模块　　B. 临时存储模块
C. 路由选择模块　　D. 预处理模块

（6）以下关于雾计算概念的描述中，错误的是（　　）。
A. 强调只有核心网络组件是雾计算的基础设施
B. 更贴近"地面"的终端用户与终端设备
C. 在云与数据源之间构成连续统一体来提供计算、存储与网络服务
D. 将分布在不同地理位置、数量庞大的雾节点构成雾网络

（7）以下关于Cloudlet概念的描述中，错误的是（　　）。
A. 一个可信且资源丰富的主机或主机群
B. 到移动终端通常只有"一跳"的距离
C. 部署在接入网与核心网之间
D. 形成"端－云"的2层架构

（8）以下关于Cloudlet资源选择考虑因素的描述中，错误的是（　　）。
A. 网络距离：客户端与Cloudlet之间的网络带宽、延时
B. 计算资源：CPU运算速度、空闲内存大小及特殊计算设备
C. 接入方式：5G、Wi-Fi或其他近场网络
D. 缓存数据：Cloudlet缓存执行任务需要的数据量

（9）以下关于雾边缘计算结构的描述中，错误的是（　　）。
A. 分为内边缘、中边缘与外边缘　　B. 内边缘又称为端边缘
C. 中边缘对应于FEC环境　　D. 外边缘又称为远边缘或薄雾

（10）以下关于物联网应用场景FEA中间件需求的描述中，错误的是（　　）。
A. 适用于对边缘资源、运行状态的监控/处理的实时性需求
B. 适用于对地理分散的感知数据流传输带宽的需求
C. 适用于动态故障诊断、处理的系统稳定性需求
D. 适用于云数据中心管理机制变化的需求

2. 思考题

（1）为什么说ETSI将“移动边缘计算”更名为“多接入边缘计算”是为了满足包括物联网在内的边缘计算应用需求?

（2）如何实现MEC的移动终端到Cloudlet仅“一跳”距离?

（3）如何理解Cloudlet的“软状态”特性?

（4）请举例说明OpenFog参考框架中“协议抽象层”的作用。

（5）请分析雾边缘计算结构中“外边缘”的技术特点。

第5章　边缘计算安全

网络安全是一种伴生技术，只要有一种新的网络应用出现，就一定会产生相应的网络安全问题，边缘计算也不例外。本章从边缘计算安全的基本概念出发，系统地讨论边缘计算面临的潜在威胁、边缘计算安全服务架构，以及边缘计算安全的关键技术。

5.1　边缘计算安全概述

5.1.1　边缘计算安全的重要性

随着边缘计算的发展从产业共识走向落地实践，边缘计算安全逐渐成为产业界与学术界的研究重点。2018年11月，边缘计算联盟（ECC）与工业互联网产业联盟（AII）在联合发布的“边缘计算参考架构3.0”的“安全服务”一节中，给出了边缘计算安全的设计原则、特殊性，以及边缘计算安全服务架构。2019年11月，ECC与AII联合发布了《边缘计算安全白皮书》。

边缘计算安全是边缘计算的重要保障，其基本功能表现在以下几个方面。

第一，提供可信的基础设施。

边缘计算安全涉及计算、存储、网络在内的物理资源与虚拟资源的安全，也要为数据交换、传输路径、处理模型提供可信的安全平台与基础设施，以便应对数据篡改、资源与服务非授权访问、端口入侵，以及拒绝服务（Denial-of-Service，DoS）攻击和分布式拒绝服务（Distributed DoS，DDoS）攻击等安全威胁。

第二，提供可信的安全服务。

从运行维护与数据安全的角度来看，边缘计算安全通过提供应用监控、应用审计、访问控制，以及轻量级数据加密、数据安全存储、敏感隐私数据处理与监测等安全措施，为边缘计算提供可信赖的安全服务。

第三，提供安全的设备接入与协议转换。

边缘计算节点数量庞大，面向智能工业的行业应用涉及云数据中心、边缘云、边缘网关、边缘控制器等各种设备，边缘计算形态复杂、异构性突出。边缘计算安全必须要保障设备的安全接入与协议转换。

第四，提供可信的网络覆盖。

除了传统的运营商网络需要安全保障（如身份认证、加密 / 解密、攻击检测 / 攻击防护、防火墙）之外，边缘计算环境的特定行业 TSN、工业专网等也需要有定制化的网络安全保障手段。

边缘计算需要构建跨越云计算与边缘计算安全防护体系，以增强抵御针对边缘基础设施、网络、应用、数据的攻击的能力，为边缘计算的发展提供安全、可信的运行环境，加速并保障边缘计算产业的发展。

5.1.2 边缘计算安全的特殊性

传统的网络安全技术（如防火墙、数据加密、病毒防御、攻击检测与防御）都可以用于边缘计算安全中。同时，边缘计算具有分布式架构、异构网络、实时性应用、数据多源异构等特点，并且受感知 / 执行节点、用户终端设备多样性与资源受限等因素的影响。

由于边缘计算任务一般由边缘节点与终端设备在“一跳”网络环境中完成，并且用户终端可能处于移动状态下，因此云计算的很多安全解决方案难以用于边缘计算。构成边缘计算的网络设施、服务设施、虚拟机与用户终端由多个所有者共同拥有，边缘计算系统的任何部分都可能成为网络攻击和隐私窃取的目标。

与云数据中心安全运行相比，边缘计算的数据是在距离数据源最近的边缘计算节点上暂存和处理，这种服务本地化有利的一面是使攻击者难以接近数据，同时数据源与远端的云数据中心没有实时的信息交互，攻击者难以感知到用户个人数据；不利的一面是它将网络攻击范围限制在较小的范围内，一旦攻击者成功控制了边缘计算节点，整个节点所服务的区域都将面临瘫痪的危险。

服务本地化带来的另一个后果是边缘计算受到的攻击更加多样化，不仅存在传统的外部攻击者，而且会出现控制用户终端、网络设施、服务设施或虚拟机的内部攻击者。攻击者可以利用自己能够控制的部分网络设施，也可以在系统中部署恶意的网络设施。只要攻击者控制了边缘计算系统的部分网络设施，就可以通过注入虚假信息、冒充合法用户与合法设备、部署恶意的虚拟机、篡改系统配置文件等方式，发动网络攻击，窃取用户隐私数据。

数据隐私保护及安全是边缘计算提供的一种重要服务。在数据源附近进行计算是保护隐私和数据安全的一种方法。但是，由于网络边缘设备的资源有限，对于资源有限的边缘设备来说，现有的数据安全保护方法并不完全适用。网络边缘高度动态化的环境也会使网络更易受到攻击和难以保护。

5.1.3　边缘计算潜在的安全威胁分析

边缘计算安全包括节点安全、网络安全、数据安全与应用安全4个方面。因此，边缘计算潜在的安全威胁也需要从这4个方面去认识。

1. 节点安全威胁

接近用户的现场级边缘计算设备一般部署在无人值守的机房或用户现场，处于不受电信运营商控制的开放环境，容易受到各种物理攻击，还要考虑遭受突发事件、自然灾害影响的问题。节点安全威胁主要包括以下几个方面：

- 利用设备层感知、执行节点分散和无人监管的状态，捕获、盗窃或移动节点设备的位置，破坏边缘计算系统的正常工作状态，劫持边缘计算系统；
- 插入伪装的节点，提供错误感知数据，造成系统数据混乱；
- 实施功耗攻击，破坏节点设备的供电，或耗尽节点电源，造成节点失效；
- 在节点中植入病毒软件，迫使节点参与DoS/DDoS攻击。

在选择现场级边缘计算节点的位置与设备，以及网络、电力、空调等基础设施时，一定要重视防盗、防破坏，还要防止攻击者侵入系统，修改操作系统与基础设施硬件、软件配置，以及防止信息泄漏。

2. 网络安全威胁

针对网络安全的威胁主要包括以下几个方面。

第一，很多物联网终端设备是通过无线方式接入，攻击者可能利用无线网络协议漏洞制造伪基站，通过伪基站向移动用户发送信号，用户终端有可能选择信号最强的伪基站，并与伪基站建立连接。伪基站会向用户终端发送垃圾邮件、网络钓鱼链接、高额优惠的虚假信息，或传播病毒、蠕虫与恶意软件。这类安全威胁主要有以下几种基本的形式：

- 利用无线信道进行信息窃听，篡改、伪造发送的信息；
- 采用软件无线电技术，利用通信协议漏洞攻击物联网；
- 发送电磁干扰信号，破坏无线通信系统的正常工作；
- 伪装成合法用户，向系统传输错误数据或指令。

- 伪装成基站，发动中间人攻击。

第二，互联网中常见的DoS/DDoS攻击在物联网边缘计算中已经屡见不鲜。攻击者甚至利用物联网边缘计算作为切入点攻击互联网。DoS/DDoS攻击的入口是网络，攻击目标是边缘计算服务器和整个系统，甚至是互联网。

第三，边缘计算中的“边缘”概念是相对的，它包括从数据源到云数据中心的整个数据传输路径上任意的计算、存储与网络资源，我们从雾计算的讨论中已经很清楚地认识到这点。因此，进行边缘计算的网络威胁与安全技术研究时需要开阔思路，将研究视野扩展到更大范围，以认识相应的问题。

3. 数据安全威胁

在边缘计算环境中，除了关注传统的信息系统数据加密存储和传输安全问题，还要考虑因边缘计算自身特点所带来的数据安全风险问题。

用户将数据上传到边缘计算设备，边缘计算设备需要对部分数据进行存储和分析、计算，数据存储与计算从统一的云端分散到多个边缘节点。在这个环节中，边缘计算的应用属于不同的应用服务商，接入网络属于不同的运营商，这可能导致边缘计算中多安全域共存、多种格式数据并存。在这种环境下如何保证数据的安全存储和处理是影响边缘计算安全的重要因素。攻击者有可能采取以下的方法危及数据安全：

- 伪装成合法用户，向边缘计算系统发送伪造的感知数据；
- 伪装成合法计算节点，篡改源感知数据，造成整个系统的数据出现混乱与差错；
- 获取用户设备身份信息，侵入系统，破解数据库，窃取数据；
- 发送伪造的数据，破坏节点之间的信任机制；
- 利用非法获取的数据，攻击者可以从中分析出用户的敏感数据，获取用户行为特征与喜好等隐私信息。

攻击者对数据的威胁有可能造成数据丢失或泄露、数据库破解、备份失效与隐私失密等严重的后果。

4. 应用安全威胁

边缘计算设备承担着实时性强的行业应用与业务的运营管理任务。针对这些应用，攻击者的典型攻击方式是伪装成合法用户或合法计算节点，侵入边缘计算系统；向边缘服务器发起拒绝访问攻击，以及对边缘服务器虚拟机或容器的攻击。

（1）对边缘计算服务器的DoS/DDoS攻击

针对边缘计算服务器的拒绝访问攻击类似互联网传统的DoS/DDoS攻击，这会造成边缘计算系统的应用服务功能不能正常实现，甚至系统瘫痪。这类攻击主要有以下3种基本形式。

- 攻击者的 DoS 攻击通过伪造不同的设备地址，向移动边缘服务器发送大量的服务请求；边缘计算服务器在一个时间段内收到大量服务请求，其中一些是正常的用户服务请求。由于同时收到的服务请求太多，会导致一些正常用户的访问请求得不到处理，出现应答延时。
- 攻击者的 DoS 攻击通过伪装成边缘服务器向移动设备发送服务应答包，应答包中的不接收服务器地址是攻击者设置的虚假服务器地址。那些真正等待边缘计算服务器应答的用户认为收到正确的应答包，将数据与计算任务转移到虚假的边缘服务器，造成用户数据的外泄。如果用户收到的应答包中含有恶意代码或病毒，就有可能使接收应答的用户终端成为 DDoS 的"肉鸡"，参与新的 DDoS 攻击。
- 攻击者通过与边缘服务器正常的 TCP 连接来发送一些特殊结构的数据包，耗费边缘服务器的 CPU、内存等资源，导致服务器不能正常工作，甚至瘫痪。

DoS 攻击过程如图 5-1 所示。

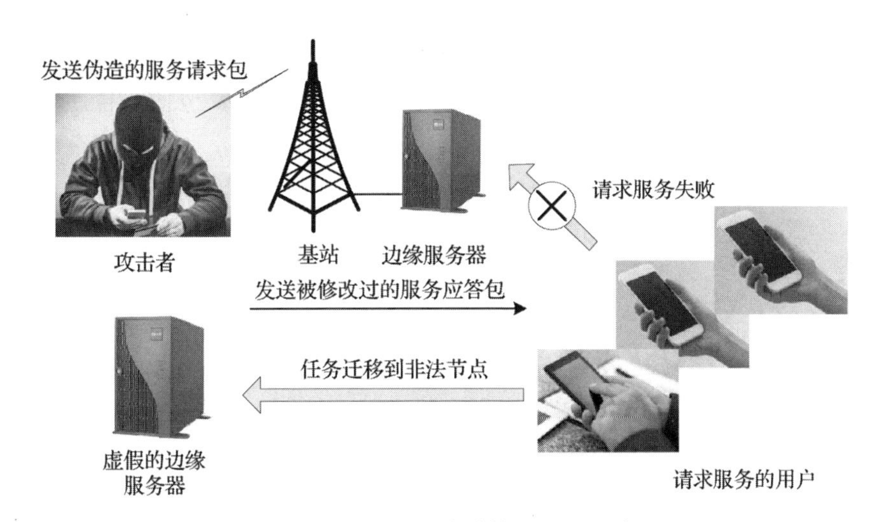

图 5-1　针对边缘计算的 DoS 攻击

（2）对虚拟化软件与虚拟机 / 容器的安全威胁

边缘计算应用安全研究还要考虑到虚拟化软件安全以及虚拟机 / 容器安全。这种安全威胁主要包括以下几个方面。

DoS/DDoS 攻击

DoS/DDoS 攻击可以攻击虚拟化软件、虚拟机 / 容器。恶意的虚拟机会设法耗尽整个边缘计算节点的计算、存储或网络资源。在某些情况下，这种攻击的后果是很严重的，多数节点都没有其他可供使用的资源。

资源误使用

恶意的虚拟机可以搜寻和破解附近的 IoT 设备密码，一旦找到设备漏洞，立即开展攻击，传播病毒软件，绑架虚拟机或容器，使其成为 DoS/DDoS 的“肉鸡”。

隐私泄露

部署在边缘计算节点的大多数虚拟机不是独立于物理机的，虚拟机通常会调用一些有关物理环境或逻辑环境的 API（如本地网络状态）。如果这些 API 没有有效的防护手段，虚拟机就有可能得到有关执行环境与节点周围环境的敏感信息，造成隐私泄露。

权限升级

恶意的虚拟机可能尝试寻找物理主机的弱点。这种攻击将会造成多种结果，从复制其他虚拟机造成的隔离失败到虚拟机能控制主机部分或所有功能升级。同时，边缘计算的虚拟机迁移将会加重这种攻击的后果。

虚拟机复制

恶意的虚拟机能够对其他虚拟机发起从信息抽取到复制运算等多种形式的攻击。攻击者也可能通过包含逻辑炸弹、恶意代码或其他有害因素的虚拟机，在不同节点之间的迁移过程中对其他节点造成威胁。

（3）对用户终端设备的威胁

用户终端设备是边缘计算系统中的重要组成部分。用户终端不仅是服务的消费者，也可以是数据源之一。攻击者对用户终端的攻击方式主要包括信息注入与破坏和服务复制。

信息注入与破坏

任何被攻击者控制的终端都能被用来散布虚假数据、篡改源数据或删除数据。

服务复制

在一些情况下，用户终端也需要参与到服务的实现中。例如，部署边缘计算节点的虚拟机控制的终端集群能够实现分布式计算功能。但是，如果攻击者控制了其中的一台设备，那么服务产生的结果就能够被复制，导致整个系统变得不可信。

边缘计算潜在的安全威胁如图 5-2 所示。

安全层面	工作内容	潜在的威胁	
应用安全	• 行业应用 • 业务运营	伪造用户身份	DoS/DDoS攻击
		攻击边缘计算节点	攻击虚拟机
数据安全	• 数据分析与呈现 • 数据计算与存储	隐私泄露	篡改伪造数据
		破解数据库	非法利用数据
网络安全	• 海量联接与网络管理 • 实时传输	DoS/DDoS攻击	利用协议漏洞
		伪造基站	攻击无线信道
节点安全	• 感知与执行 • 基础设施	物理攻击	耗尽设备电能
		插入伪造节点	入侵节点系统

图 5-2　边缘计算潜在的安全威胁

边缘计算节点的计算能力有限，设备接入数量较多，而且需要支持实现实时、安全的数据处理，因此，设计适用于边缘计算系统的低延时、动态操作的安全、可信的系统仍然有很多问题需要研究。

5.1.4　边缘计算安全面临的挑战

2019 年 11 月，ECC 与 AII 联合发布了《边缘计算安全白皮书》，分析了边缘计算环境中潜在的攻击窗口，并列举了边缘计算安全面临的 12 大挑战。

1. 边缘计算环境中潜在的攻击窗口

边缘计算环境中潜在的攻击窗口如图 5-3 所示，主要涉及以下 3 个层面。

- 边缘接入（云 - 边、边 - 端接入），对应图中的位置①。
- 边缘服务器（硬件、软件、数据），对应图中的位置②。
- 边缘管理（账户、管理 / 服务接口、管理人员），对应图中的位置③。

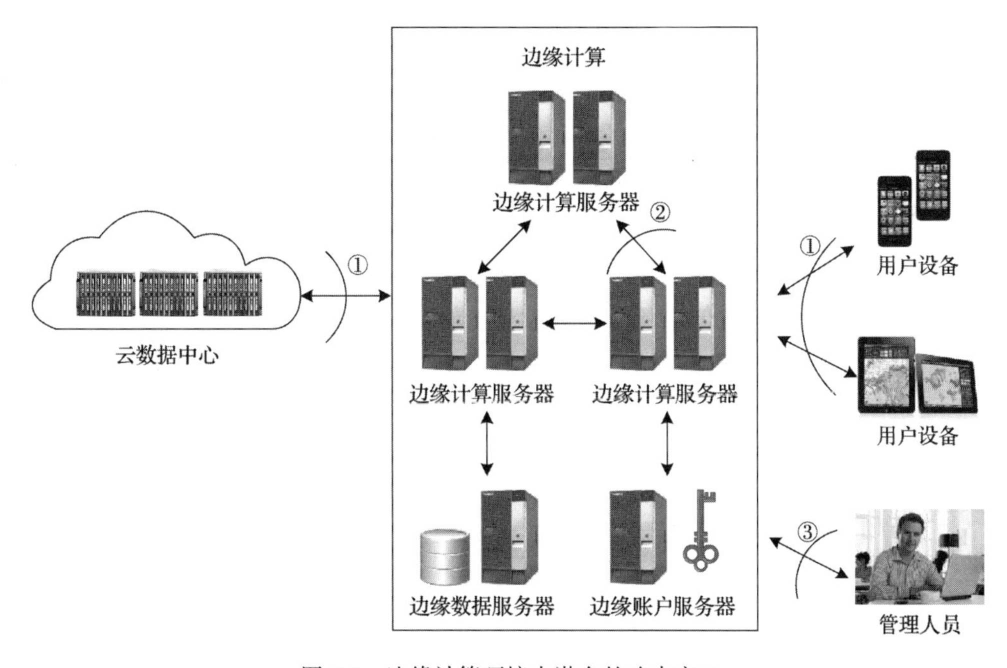

图 5-3　边缘计算环境中潜在的攻击窗口

2. 边缘计算安全面临的 12 大挑战

研究人员根据调研的工业边缘计算、企业与 IoT 边缘计算的关注程度，将边缘计算安全面临的 12 大挑战从高到低依次排序如下。

（1）不安全的通信协议（边缘网络安全）

边缘节点与海量、异构、资源受限的现场或移动设备之间大多采用短距离的无线通信，边缘节点与云数据中心之间大多采用消息中间件或网络虚拟化技术，这些协议在安全性方面的考虑不足。

（2）边缘节点数据易损毁（边缘数据安全）

边缘计算的基础设施位于网络边缘，缺少有效的数据备份、恢复及审计措施，攻击者可能通过修改或删除用户在边缘节点上的数据来销毁某些证据。

（3）隐私数据保护不足（边缘数据安全）

边缘计算将计算从云数据中心迁移到临近用户的一端，直接对数据进行本地处理和决策，在一定程度上避免了数据在网络中的长距离传输，降低了隐私泄露的风险。由于边缘设备获取的是用户的第一手数据，可能涉及大量的敏感隐私数据，造成边缘节点的用户很容易收集和窥探其他用户的位置信息、服务内容、使用频率等。

（4）不安全的系统与组件（边缘基础设施）

边缘节点通过分布式结构承担云数据中心的部分计算任务，但是边缘节点又可能从云数据中心下载不安全的定制操作系统，或者是被攻击者修改过的供应链上的第三方软件 / 硬件组件。因此，用户与云数据中心对边缘节点的计算结果是否正确存在信任问题。

（5）身份、凭证和访问管理不足（边缘应用安全）

身份认证是验证用户提供的访问凭证是否有效和合法的过程。在边缘计算场景中，边缘设备没有足够的存储、计算资源来执行认证协议所需的加密操作，需要将这些工作委托给边缘计算节点，那么终端用户与边缘计算服务器必须相互认证。边缘云服务提供商需要为动态、异构的大规模设备用户接入提供访问控制功能，并且支持用户基本信息和策略信息的分布式远程提供及定期更新。

（6）账户信息容易被劫持（边缘网络安全）

账户劫持是对现场设备用户身份的窃取。攻击者非法获取设备或服务所绑定的用户特有的唯一身份标识。用户的现场设备通常与固定的边缘节点直接相连，设备的账户通常使用的是弱密码、易猜测密码或硬编码密码，导致攻击者更容易伪装成合法的边缘节点对用户进行钓鱼、欺骗等操作。

（7）恶意的边缘节点（边缘基础设施安全）

在边缘计算场景中，参与实体的类型多、数量大，信任情况非常复杂。攻击者可能将恶意的边缘节点伪装成合法的边缘节点，诱使用户连接到恶意的边缘节点，从而隐秘地收集用户数据。另外，边缘节点通常放置在用户附近（如基站、路由器等位置），甚至可能在 Wi-Fi 接入点的覆盖范围边缘。因此，为其提供安全防护变得困难，更有可能发生物理攻击。由于边缘计算设备结构、协议、服务提供商的不同，现有入侵检测技术难以检测此类攻击。

（8）不安全的接口（边缘应用安全）

边缘节点既要向海量现场设备提供接口，又要与云数据中心进行交互。这种复杂的边缘计算环境、分布式的架构引入了大量接口，但是当前的相关设计没有全面考虑安全性。

（9）易发起 DDoS 攻击（边缘网络安全）

参与边缘计算的现场设备通常使用简单的处理器和操作系统，并且设备本身的计算、存储、网络资源有限，无法支持复杂的安全防御方案，导致攻击者可以轻松地入侵这些设备，并利用这些海量的设备发起超大流量的 DDoS 攻击。

（10）APT 攻击易蔓延（边缘基础设施安全）

APT（Advanced Persistent Threat，高持续性威胁）攻击是一种寄生形式的攻击，它通常存在于目标基础设施中，从中秘密地窃取数据。边缘计算节点通常有很多已知或未知的漏洞，并且与云计算中心安全更新同步不及时。边缘计算环境对 APT 攻击的检测能力不足，边缘计算节点一旦被攻破，接入该边缘节点的用户数据和程序就会失去安全性。

（11）难监管的恶意管理员（边缘应用安全）

管理员拥有访问系统和物理硬件的超级用户权限，可以控制边缘计算节点整个软件栈，包括特权代码（如容器引擎、操作系统内核和其他系统软件），从而能够重放、记录、修改、删除任何网络数据包等。现场设备的存储资源有限，因而可能缺乏对恶意管理员的审计。

（12）硬件安全的支持不足（边缘基础设施安全）

边缘计算节点远离云计算中心的管理，被恶意入侵的可能性更大。目前，应用基于硬件的可信执行环境（TEE），如 Intel SGX、ARM TrustZone、AMD 内存加密等，在云计算环境中已经成为趋势。但是，TEE 在边缘计算等复杂信任场景中的应用还存在性能问题，在侧信道攻击等安全性上的不足仍有待探索。

5.2　边缘计算安全服务的架构

5.2.1　边缘计算安全的需求

边缘计算重新定义了物联网系统中“端 - 边 - 云”的关系。边缘计算系统不是单一的设备、层次，而是涉及 EC-IaaS、EC-PaaS、EC-SaaS 的“端 - 端”开放平台。边缘计算网络架构的演变必然对网络安全提出新的需求。为了支撑边缘云计算环境下的安全防护能力，《边缘计算安全白皮书》明确了边缘计算安全需要满足的需求特征。

1. 海量性

边缘计算系统包括海量的边缘节点设备、海量的连接和海量的数据。围绕海量特征，边缘计算安全需要考虑高吞吐量、可扩展、自动化、智能化等能力。

（1）高吞吐量

边缘网络中连接的节点数量大，连接方式与协议多样，数据交互频繁，终端设备具有移动性，这就要求相应的安全服务具有高吞吐量，同时支持轻量级加密的安全协议，以及无缝切换的高效身份认证方案。

（2）可扩展

伴随着边缘计算节点数量的剧增，设备上运行着多种应用程序，并且产生了大量的数据，这就要求安全服务能突破可支持的最大接入规模限制，边缘节点资源管理服务应具有可扩展性，能够通过物理资源虚拟化、跨平台的资源整合，支持不同用户请求的资源之间实现安全协作与互操作。

（3）自动化

边缘计算海量的节点设备上运行着各种系统软件与应用程序，导致安全需求多样化，这就要求安全服务能够突破管理人员的限制，实现设备管理的自动化，边缘节点能够实现对连接设备的自动配置、远程软件升级、更新，以及入侵检测的自动化。

（4）智能化

边缘网络中接入的设备数量大，产生的数据要在边缘计算节点上处理和存储，这就要求相关的安全服务能突破数据处理能力的限制，边缘节点应具有一定的智能，能够与周围的边缘计算节点协作，提高边缘计算的数据处理能力。

2. 异构性

边缘计算中的异构包括计算的异构性、平台的异构性、网络的异构性与数据的异构性。围绕异构特征，边缘计算安全需要考虑无缝对接、互操作、透明等能力。

（1）无缝对接

边缘网络中存在大量的异构网络连接与平台，边缘应用中存在大量的异构数据，这就要求相关的安全服务能为网络接入、资源调度与数据访问提供统一的接口，实现无缝连接。边缘安全可以通过基于软件定义的思路实现硬件资源的虚拟化与管理功能的可编程，将硬件资源抽象为虚拟资源，提供标准化的接口对虚拟资源进行统一的安全管理与调度，实现统一的接口认证与 API 访问控制。

（2）互操作

边缘设备的多样化与异构性，无线网络协议、不同种类传感器产生数据的不一致，以及计算与存储能力的不同，使不同设备之间的通信、数据交互要经过复杂的转换与协调。这就要求相关的安全服务具有对不同边缘设备设计统一的安全标识、资源发现、设备注册与安全管理的能力。

（3）透明

边缘设备的硬件能力与软件类型的多样化，要求相关的安全服务能突破对复杂设备类型管理能力的限制，通过对不同设备安全威胁的自动识别、安全机制的自动部署、安全策略的自动更新，实现对不同设备安全配置的透明性。

3. 资源约束

边缘计算的资源约束包括计算资源约束、存储资源约束与网络资源约束，从而实现在安全功能和性能方面的约束。围绕资源约束特征，边缘安全需要考虑轻量化、“云－边”协同等能力的构建。

（1）轻量化

边缘节点通常采用低端设备，计算、存储和网络资源受限，不支持额外的硬件安全特性（如TPM、HSM、SGX enclave、硬件虚拟化等），现有的云安全防护技术并不完全适用，因此需要提供轻量级的认证协议、系统安全加固、数据加密和隐私保护，以及硬件安全特性软件模拟方法等技术以保障安全。

（2）“云－边”协同

由于边缘节点的计算和存储资源受限，可管理的边缘设备规模和数据规模也存在限制，并且很多终端设备具有移动性（如车联网等），脱离云数据中心将无法为这些设备提供全方位的安全防护，这就需要提供“云－边”协同的身份认证、数据备份和恢复、联合机器学习隐私保护、入侵检测等技术实现安全防护。

4. 分布式

边缘计算更靠近客户侧，自然具有各种分布式特征。围绕分布式特征，边缘计算安全需要考虑自治、“边－边”协同、可信硬件支持、自适应等能力的构建。

（1）自治

与传统云计算中心化管理不同，边缘计算具有多中心、分布式的特点，因此在脱离云数据中心（离线）的情况下，可以损失部分安全能力，实现安全自治，或者说具有本地存活的能力。这就需要提供设备的安全识别、设备资源的安全调度与隔离、本地敏感数据的隐私保护、本地数据的安全存储等功能。

（2）“边－边”协同

由于边缘计算的分布式特性，现场设备要经过多个边缘节点，加之现场环境/事件的变化，导致服务需求也发生变化，这时就需要提供“边－边”协同的安全策略管理。

（3）可信硬件支持

边缘节点连接的设备（如移动终端、IoT设备）主要采用无线连接，并且具有移动性，可能出现跨边缘节点的接入或退出的情况，导致拓扑和通信条件不断变化，架构松耦合和不稳定，易遭受账号劫持，系统与组件不安全等威胁，这就需要相关安全服务提供轻量级可信硬件支持的强身份认证、完整性验证与恢复等功能。

（4）自适应

边缘节点动态连接大量不同类型的设备，每个设备上会嵌入或安装不同的系统、组件和应用程序，它们具有不同的生命周期和服务质量要求，使得边缘节点的资源需求和安全需求也会动态变化。这就需要相关安全服务提供灵活的安全资源调度、多策略的访问控制、多条件加密的身份认证功能。

5. 实时性

边缘计算更靠近客户侧，能够更好地满足实时性应用和服务的需求。围绕实时性特征，边缘计算安全需要考虑低延时、容错、弹性等能力的构建。

（1）低延时

边缘计算能够降低服务延时，但是很多边缘计算场景（如工业制造、物联网等）需要提供时间敏感服务、专用网络协议，在设计时通常仅强调通信的实时性与可用性，但是对安全性普遍考虑不足，安全机制的增加必将对实时性造成影响，这就需要相关的安全服务提供轻量级、低延时的安全通信协议。

（2）容错

边缘节点可以收集、存储与其连接的现场设备数据，但是一般缺乏数据备份机制，数据不可用将直接影响服务的实时性。这就需要相关安全服务提供轻量级、低延时的数据完整性验证和恢复机制，以及高效的冗余备份机制，当设备故障或数据损坏、丢失时，在限定时间内能够快速恢复受影响、被损毁数据的可用性。

（3）弹性

边缘计算节点和现场设备容易受到各种攻击，应经常对系统、组件和应用程序进行升级和维护，但是这将直接影响服务的实时性。因此，需要相关的安全服务提供支持业务连续性的软件在线升级和维护，系统受到攻击及破坏后的动态可信恢复机制。

5.2.2 安全架构设计原则

2018 年，ECC 与 AII 联合发布了“边缘计算参考架构 3.0”，其中给出了边缘计算架构的安全设计原则、特殊性与边缘计算安全服务架构。

对于边缘计算安全服务架构设计，“边缘计算参考架构 3.0”给出了需要考虑的因素与原则，具体如下。

- 安全功能适应边缘计算的特定架构。
- 安全功能支持灵活部署与扩展。
- 能够在一定时间内持续抵抗攻击。
- 能够容忍一定程度和范围内的功能失效，但是基础功能始终保持运行。
- 整个系统能够从失败中快速完全恢复。

同时，需要考虑边缘计算应用场景的特殊性，它主要表现在以下几个方面。

- 安全功能轻量化，能够部署在各类硬件资源受限的 IoT 设备中。

- 由于海量的异构设备接入，传统的基于信任的安全模型不再适用，需要按照最小授权原则重新设计安全模型（白名单）。
- 在关键节点（如边缘网关）实现网络与域的隔离，对安全攻击和风险范围进行控制，避免攻击由点向面扩展。
- 安全和实时态势感知无缝嵌入整个边缘计算架构，实现持续的检测与响应。应尽可能依赖自动化实现，但是人工干预有时也要发挥作用。
- 安全设计覆盖边缘计算架构的各层，不同层有不同的安全特征。同时，还需要有统一的态势感知、安全管理与编排，统一的身份认证与管理，以及统一的安全运维体系，以便最大限度地保障整个架构的安全性与可靠性。

5.2.3　边缘计算安全参考框架 1.0

随着边缘计算应用的快速发展，研究人员对边缘计算安全的认识也进一步深化。为了应对边缘安全面临的挑战，满足相应的安全需求和特性，需要研究相应的参考框架和关键技术。参考框架需具有以下几个能力。

- 安全功能适应边缘计算的特定架构，并且能够灵活部署与扩展。
- 能够容忍一定程度和范围内的功能失效，但是基础功能始终保持运行，并且整个系统能够从失败中快速恢复。
- 考虑边缘计算场景的独特性，安全功能可部署在各类硬件资源受限的 IoT 设备中。
- 在关键的节点设备（如边缘网关）实现网络与域的隔离，对安全攻击和风险范围进行控制，避免攻击由点到面扩展。
- 持续的安全检测和响应无缝嵌入整个边缘计算架构中。

根据上述要求，边缘安全框架设计需要在不同层提供不同的安全特性，将边缘安全问题分解和细化，直观体现边缘安全的实施路径，便于联盟成员和供应商根据自己的业务类型来实施，并验证安全框架的适用性。

2019 年，ECC 与 AII 联合发布《边缘计算安全白皮书》，进一步梳理并提出了边缘安全参考框架 1.0，如图 5-4 所示。边缘计算平台安全架构可以分为两个部分：边缘与云。其中，边缘部分是一个三维的结构，分别描述了构成边缘计算的层次结构、三大典型的价值场景，以及边缘计算安全的关注点。

边缘计算平台安全架构的主体由两个部分组成，构成边缘安全的 4 个层次（基础设施安全层、网络安全层、数据安全层、应用安全层）；边缘计算安全生命周期管理功能涉及 4 个层次，属于跨 4 层的共性服务功能模块。

边缘计算安全参考框架覆盖三大典型的价值场景：电信运营商边缘计算、企业与 IoT 边缘计算、工业边缘计算。在边缘计算安全体系结构与技术研究中，需要统筹考虑的基本要求是安全（security）、隐私（privacy）、可信（trust）和可靠（safety）。

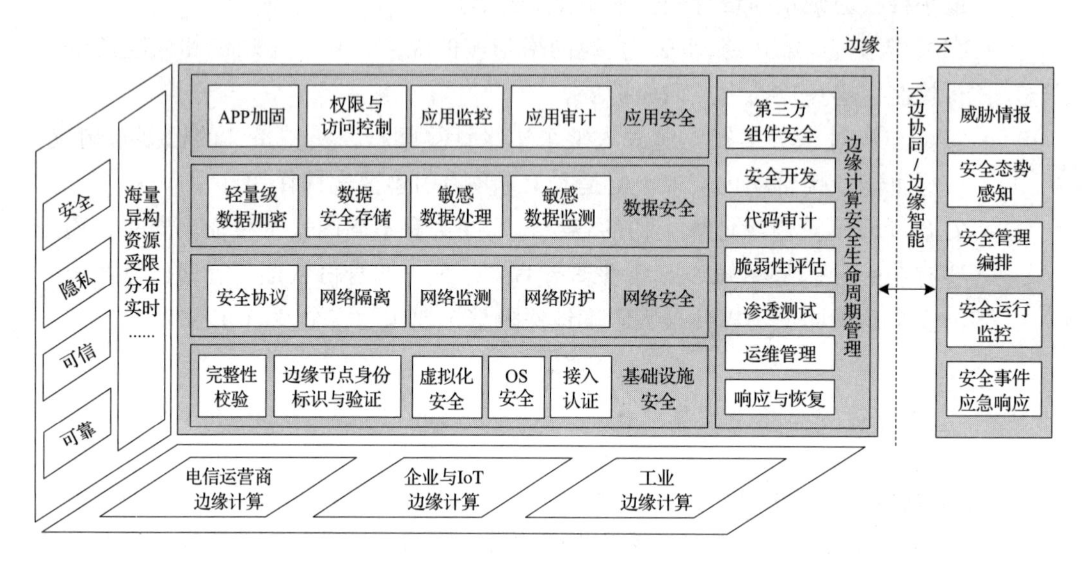

图 5-4　边缘计算安全参考框架 1.0

5.3　边缘计算安全架构视图

《边缘计算安全白皮书》通过安全功能视图进一步展示了边缘计算安全参考框架。功能视图分析了基础设施安全、网络安全、数据安全、应用安全、边缘安全生命周期管理和“边－云”协同安全功能需求与安全技术。

5.3.1　基础设施安全

边缘基础设施为边缘计算节点提供软硬件基础，它是边缘计算的基本安全保障，保证边缘基础设施在启动、运行、操作等过程中的安全可信，建立边缘基础设施信任链条。信任链条连接到哪里，安全就能保护到哪里。

1. 完整性验证

完整性验证是指对边缘基础设施中的系统与应用进行完整性检查和验证，保障系统和应用的完整性，进而保证边缘节点运行在预期的状态。但是，受限于边缘节点的计算资源和存储资源，低端异构的边缘设备通常无法执行复杂的计算。因此，节点安全证实服务需要突破复杂设备类型管理的限制与轻量级的可信链传递度量方法，进行边缘节点启动和运行的度量及验证结果的上传，保证边缘度量结果验证的时效性和准确性。

2. 身份标识与鉴别

边缘节点身份标识与鉴别是指标识、区分和鉴别每个边缘节点的过程，它是边缘节点管理、任务分配及安全策略差异化管理的基础。在边缘计算场景中，边缘节点具有海量、异构、分布式等特点，大量异构的边缘节点及动态变化的网络结构，可能导致边缘节点的反复标识和识别。因此，自动化、透明化和轻量级的标识和识别是核心能力。

3. 虚拟化安全

在边缘计算环境中，虚拟化安全是指基于虚拟化技术实现对边缘网关、边缘控制器、边缘服务器的虚拟化隔离和安全增强。相对于传统的云服务器，边缘节点的计算、存储等资源受限，低延时和确定性要求高，不支持硬件辅助虚拟化，面临虚拟化攻击窗口更复杂。因此，需要轻量级、不依赖硬件特性的虚拟化框架；基于虚拟化框架构建低延时、确定性的操作系统（OS）之间安全隔离机制和OS内安全增强机制；强化Hypervisor自身的安全保护，消减虚拟化攻击窗口。

4. 操作系统安全

在边缘计算环境中，OS安全是指各种应用程序底层依赖的操作系统的安全，如边缘网关、边缘控制器、边缘服务器等边缘节点上的不同类型OS的安全。与云服务器相比，边缘节点通常采用异构的低端设备，计算、存储和网络资源受限，安全机制与云中心更新不同步、不支持额外的硬件安全特性（如TPM、SGX Enclave、TrustZone等）。因此，需要提供“云-边”协同的OS恶意代码检测和防范机制、统一的开放端口和API安全、应用程序的强安全隔离、可信执行环境的支持等关键技术，在保证OS完整性和可信性的基础上，保证其上运行的各类应用程序和数据的机密性、完整性。

5. 接入认证

接入认证是指对接入网络的终端、边缘节点进行身份识别，并根据事先确定的策略判断是否允许接入的过程。边缘计算架构中存在海量的异构终端，终端采用多样化的通信协议，计算能力、架构存在很大的差异，连接状态也有可能发生变化。因此，如何实现对这些设备的有效管理，根据安全策略允许特定设备接入、拒绝非法设备接入，是维护边缘计算网络安全的基础和保证。

5.3.2 网络安全

边缘网络安全是实现边缘计算与现有各种工业总线互联互通，以及满足接入物理对象的多样性与应用场景的多样性的必要条件。在边缘计算环境中，由于边缘节点数量巨大、网络拓扑复杂，攻击者更容易向边缘节点发送恶意数据包，发动拒绝服务攻击，从而影响边缘网络的可靠性与可信性。因此，边缘网络安全防护需要建立纵深防御体系，从内到外（安全协议、网络域隔离、网络监测、网络防护等）保障边缘网络安全。

1. 安全协议

安全协议是以密码学为基础的消息交换协议，目的是在网络环境中提供各种安全服务，包括通过安全协议进行实体之间的认证、在实体之间安全地分配密钥或各种秘密值、确认发送和接收的消息的不可否认性。边缘计算环境通过多种协议来满足业务运行中的数据传输需求，既有和云端交互的北向接口协议，又有和现场端交互的南向接口协议，这些通信协议的安全特性参差不齐，多数协议在设计之初并没有考虑安全性，缺乏认证、授权和加密机制，可能存在因协议自身特点所造成的固有安全问题、通用计算机与操作系统和 TCP/IP 继承的安全问题，以及协议没有正确实现引起的安全问题。

为了解决边缘计算安全协议的问题，一方面需要保证协议自身安全性，可以从协议设计和实现角度开展工作。例如，针对设计和实现逻辑一致性的问题，可通过漏洞挖掘评估其安全性。另一方面是为原有协议增加安全层，如增加通信模块或通信网关的方式，对原有协议再进行一次封装，通过 VPN、SSL 等安全通道来传输。但是，解决边缘计算协议的安全问题通常会带来新的兼容性问题。另外，对已有的国际标准和行业管理的通信协议进行修改，通常也会遇到相应的阻力和困难。

2. 网络域隔离

网络域隔离是指在边缘节点的不同虚拟机之间虚拟隔离资源，通过对控制端的安全资源调配，实现不同业务场景下的安全隔离。在边缘计算环境中，边缘节点更倾向于使用轻量级容器技术，这些容器共享底层操作系统，导致边缘节点之间的隔离性更差、安全威胁更严重。在边缘侧与云端之间通过隔离技术实现文件、数据的有效传输，以防止因云端安全风险带来的威胁影响边缘侧业务的运行。因此，隔离技术通过对不同虚拟机之间通信的数据完整性校验、数据的安全检查等方式来实现不同业务通信单元之间的安全隔离。在虚拟化环境中，隔离设备还可以接受控制端的调度，以提供隔离的能力。

3. 网络监测

网络监测是指持续监控网络中是否存在运行缓慢或发生故障的组件，在出现故障、中断等情况时通知网络管理员。网络监测应该具备发现网络攻击并及时通知系统管理员的功能，但是它本身不具备自动阻断网络攻击和排除故障的功能。在边缘计算环境中，网络结构复杂，存在海量的设备和海量的连接，当这些设备同时进行通信时，可能出现网络风暴。在边缘设备受到攻击之后，攻击者也可能发起针对特定目标的DDoS攻击。因此，有效的网络监测是边缘计算网络安全的重要组成部分。

4. 网络防护

网络防护是指对于明确有害的网络流量进行阻断、缓解和分流的措施。网络监测是通过流量分析发现可疑行为，并向网络管理员发出警报；而网络防护是根据流量分析和规则匹配，直接阻断有害流量并生成日志。边缘侧安全需要考虑与云端和控制端对接的安全。与云端建立有效的加密通信机制，可以保证通信过程的可控性。同时，加强对边缘侧的安全监测，通过对边缘侧的流量进行检测，可以有效发现隐藏在流量中的攻击行为。另外，在边缘侧与控制端之间应建立有效的安全隔离与防护机制，严格限制进入网络的数据内容。

5.3.3　数据安全

边缘数据安全保障数据在边缘节点存储及在复杂异构的边缘网络环境中传输的安全性，同时根据业务需求随时被用户或系统查看、使用。传统环境下的数据安全和隐私保护机制不适用于边缘设备产生的海量数据的防护，急需新的边缘数据安全理念，提供轻量级数据加密、数据安全存储、敏感数据处理与监测等关键能力，保障数据的产生、采集、存储、处理、使用、分享、销毁等环节的全生命周期安全。

1. 轻量级数据加密

数据加密是对信息进行保护的一种可靠的办法。对于边缘计算架构来说，分布在不同区域的边缘节点虽然具有一定的通信、存储和计算能力，但是在这些设备上直接采用传统的密码算法对数据加密具有极大的挑战。因此，针对资源受限的边缘设备，需要提供经过定制或裁剪的密码解决方案。考虑采用将边缘网关与商用保密机结合的思路来实现集中式的轻量级加密，通过集成多种密码算法的商用密码机提供快速、高效的密码运算，以满足不同用户或者应用场景下的轻量级需求。

2. 数据安全存储

数据安全存储主要是指保证存储在边缘节点的数据的安全性，包括存储在边缘网关、边缘控制器、边缘服务器等节点的静态数据的安全性。考虑到边缘计算系统的分布性、边缘节点的资源受限性、边缘数据的异构性等特点，安全措施需要考虑数据存储方式（如分布式数据存储）、数据存储时的安全保护（如加密存储、数据访问控制）等因素。

3. 敏感数据处理

敏感数据处理是指对敏感数据进行识别、使用和保护的一系列活动。为了保证边缘计算环境中数据的私密性，需要对大量敏感边缘数据进行有效的处理和管控。边缘敏感数据具有异构性强、存储位置分散、流动路径多样、业务应用关系复杂的特点，从而为敏感数据处理带来一系列安全问题，包括如何从复杂异构的关联数据集中识别敏感的数据，如何在不影响边缘计算中应用业务的前提下对敏感数据进行脱敏、混淆，如何在各边缘计算实体间安全地共享敏感数据等。通过解决以上问题，可以对边缘环境中敏感数据的流动、分发和使用进行统一管控，在保证安全保密性的前提下最大限度地发挥数据的价值。

4. 敏感数据监测

敏感数据监测是指对敏感数据处理和使用过程的审计、跟踪，并在此基础上发现和处理存在的安全风险。边缘计算环境中的敏感数据复杂多样，访问关系多变，虽然可通过识别、脱敏和共享管控对敏感数据进行管理，但为了保证管控过程的有效性、及时发现数据传输和使用过程中的问题和风险，监测和审计能力不可或缺。考虑到敏感数据传输路径的复杂性，需通过数据溯源对敏感数据进行跟踪和记录，确保所有敏感数据流向都有迹可循，随时可根据需要进行查询。同时，在敏感数据溯源的基础上，对流动数据进行审计，包括对流动数据传输路径和访问行为进行综合分析并进行可视化展示，对异常行为进行识别并告警。

5.3.4 应用安全

边缘应用安全旨在满足第三方边缘应用开发及运行过程中的安全需求，同时防止恶意应用对边缘计算平台自身及其他应用安全产生影响。由于边缘计算应用于不同行业领域，为满足未来不同行业和领域的差异化需求，必须采用开放式态度引入第三方应用开发者，开发大量的差异化应用，同时通过一系列措施保证其基本安全。为了实现这个目标，边缘应用安全应该在应用开发、上线到运维的全生命周期中都提供 App 加固、权限和访问控制、应用监控、应用审计等安全措施。

1. App 加固

App 加固是指在边缘计算场景中，考虑性能和资源占用，对采用低级语言编写的 App 进行加固。在边缘计算场景中，低级语言通常缺乏安全检查，存在大量内存漏洞，攻击者利用漏洞能够实现代码损坏攻击（Code Corruption Attack）、控制流劫持攻击（Control-flow Hijack Attack）、纯数据攻击（Data-only Attack）、信息泄露攻击（Information Leak）等各种攻击。考虑到边缘计算场景轻量化的需求特征，安全加固（特别是数据保护）通常只能对敏感关键的模块实施。但是，考虑到 App 逻辑和安全需求的复杂性、后续升级演进的需求，App 中的人工识别部分易出错、效率低下，需要提供基于程序语言的安全扩展和静态程序分析、自动化的识别和安全加固机制。

2. 权限和访问控制

权限和访问控制定义并管理用户的访问权限，通过某种控制方式明确地准许或限制用户访问系统资源或获取操作权限的能力及范围，控制用户对系统的功能使用和数据访问权限。由于边缘节点通常是海量异构、分布式松耦合、低延时、高度动态化的低端设备，因此需要提供轻量级的最小授权安全模型（如白名单），使用分布式的多域访问控制策略，支持快速认证、动态授权等关键技术，从而保证合法用户安全地访问系统资源并获取相应的权限，同时限制非法用户的访问。

3. 应用监控

应用监控是对应用的性能、流量、带宽占用、用户行为、来源渠道、客户端环境等进行实时监控、分析与报警。边缘应用通常部署在异构边缘节点上，需要与现场设备交互，功能单一、信息透明、安全性相对薄弱，容易遭受非法访问或恶意攻击，并且难以及时发现、处理攻击。因此，通常在边缘节点对应用进行实时监控，并设立安全基线；对于违反安全规则的行为及时报警并阻断，及时响应对边缘应用的安全威胁。边缘应用监控包括应用行为监控和应用资源占用监控，可采用日志分析进行应用运行行为监控，通过在应用代码中安装监控工具进行性能监控。

4. 应用审计

应用审计是指按照一定的安全策略，通过记录应用活动信息来检查、审查和检验应用环境，从而发现应用漏洞、入侵行为的过程。边缘计算业务中，网络环境复杂，需要应用审计帮助安全人员确定应用程序的正确性、合法性和有效性，将阻碍应用运行的安全问题及时报告给安全控制台。一般情况下，要定期采集各种设备和应用的安全日志并进行存储和分析，发现应用的违规、越权和异常行为，对违规操作预测报警并进行事后追溯。

5.3.5　边缘安全生命周期管理

边缘安全生命周期管理是将安全要素融入边缘计算平台及应用的需求、开发、测试、运行等各个阶段，每个阶段由一个或多个安全活动来缓解安全问题。由于边缘计算具有海量、异构、分布式的计算单元，边缘安全生命周期管理中需要制定配套的安全制度并组织必要的安全培训，通过流程保障来减少平台与应用的漏洞数量及危害程度。

1. 第三方组件安全

第三方组件安全是指能够快速、全面地发现那些有问题的第三方组件，通过回归测试确保原有业务行为的正确性，及时避免第三方组件的安全漏洞给应用带来的安全风险。边缘计算作为一个业务形态，从计算平台的供应商到应用App开发生态，各个环节带来的安全风险都会威胁到边缘侧的安全。边缘计算环境中使用的大量第三方组件自身可能含有安全漏洞，为应用的整体安全性埋下隐患。第三方组件的风险控制能力随着供应商透明度的降低而逐层降低，任意环节存在设置恶意功能、泄露数据、中断关键产品或服务提供等行为都将破坏相关业务的连续性，带来不可控的安全风险。

针对第三方组件的风险，需要建立供应商的审核机制，包含对供应商人员权限的管理、供应商提供设备和软件的安全性检验。通过制订代码开发规范，要求软件供应商的开发人员遵循相关的代码开发规范要求。通过制订有效的应急计划，包含影响性分析，辨识关键流程和组件及安全风险，确定优先顺序。通过提供应急的恢复目标、恢复优先级和度量指标，建立第三方组件信息备份，保证备份信息的保密性、完整性和可用性，还要定期验证信息系统备份的可用性。此外，应确保应急预案纳入供应商的服务协议中。

2. 安全开发

安全开发是在应用软件开发的所有阶段引入安全和隐私的原则，将应用的安全缺陷降至最低。在边缘计算环境中，存在不安全的通信协议、大量的异构节点、开放的接口和身份认证缺乏等情况，在应用的设计开发过程中应充分考虑安全性，减少漏洞的数量和严重性。安全开发过程包括：需求阶段的安全需求分析和风险评估，设计阶段的攻击面分析与威胁建模，开发阶段的标准工具使用和静态分析（安全开发规范和代码审计），测试验证阶段的异常缺陷评估和黑白盒测试，以及发布维护阶段的安全审核。

3. 代码审计

代码审计（Code Audit）是一种以发现程序错误、安全漏洞和违反程序规范的代码为目标的源代码分析。它是防御性编程范式的一部分，目标是在程序发布前减少错误。在边缘计算架构中，由于海量、异构和分布式架构的系统应用在不同的领域，涉及不同行业和不同专业的众多开发者，开发者的安全技术基础参差不齐，难免会在开发中引入安全漏洞，并影响最终系统的安全性。有效的代码审计可以补齐短板，提高代码的整体安全水平。代码审计的核心价值是在上线前发现错误、安全漏洞和违反编程规范的代码，从源头上减少程序的安全漏洞和安全问题，提高程序的内生安全性。

4. 脆弱性评估

脆弱性评估是指标识在开发过程的不同细化步骤中引入潜在缺陷的过程。在边缘计算环境中，评估对象包括云服务器、云网关、边缘网关、边缘服务器、边缘控制器等设备。边缘节点通常由海量异构设备组成，可能导致诸如安全策略不兼容、不同的接口引入新的安全问题、硬件安全特性不支持之类的风险；边缘节点远离中心化的安全管理，容易遭受网络劫持，在进行脆弱性的评估时应考虑网络传输风险。边缘计算系统脆弱性的评估方法包括：一是能够对每种异构系统进行评估，保证系统自身的完整性和可信性；二是能够对开放的 API 和数据传输协议等网络体系进行评估，保证数据在传输过程中的机密性和完整性。

5. 渗透测试

渗透测试是从攻击者角度对现有系统进行脆弱性发掘与利用，以达到系统风险评估的目的。在边缘计算环境中，测试对象包括云服务器、云网关、边缘网关、边缘服务器、边缘控制器等设备。渗透测试是脆弱性评估的一种方式。边缘设备主要有以下 3 个特点。

- 异构性：容易受到多种攻击。
- 资源有限：无法装载重量级的保护机制。
- 维护困难：更新不及时，强调每个版本的安全和稳定。

在边缘计算环境中，需要在渗透测试阶段制订可保障可控性和完整性的测试方案，保证测试人员了解整个测试过程及由此产生的结果，同时边缘的异构、分布式特性需要合理利用分布式能力通过渗透测试进行高效测试。

6. 运维管理

运维管理是指帮助企业建立快速响应、适应业务环境及业务发展的 IT 运维模式，实现基于 ITIL 的流程框架、运维自动化。运维管理主要包括：制定边缘安全运维管理策略，成立安全运维管理组织，建设安全运维管理支撑体系，对边缘计算系统及设备等进行安全维护与管理，及时发现并处理存在的脆弱性以及入侵行为和异常行为。

7. 响应与恢复

响应与恢复是指在边缘计算系统被入侵后做出反应和恢复的过程。在系统的恢复过程中，通常需要解决两个问题：一是评估入侵造成的影响和重建系统，二是采取恰当的外部措施。其中，外部措施的采取直接与评估和重建过程中形成的结论相关。边缘计算采用网络、计算、存储、应用为一体的开放平台，就近提供服务。其应用程序在边缘侧发起，需要产生更快的网络服务响应，满足实时业务、应用智能、安全与隐私保护等方面的需求。因此，企业需要做好边缘安全应急响应的准备工作，制订应急响应预案并进行演练，及时发现边缘安全事件并加以处理，消除或减小事件的影响。

5.3.6 “边－云”协同安全

边缘安全除了考虑上述的防护对象之外，还应考虑如何利用“边－云”协同提高安全防护能力，通过结合流分析、大数据、AI 等技术深度挖掘数据价值，通过威胁情报、安全态势感知、安全管理编排、安全运行监管以及应急响应与恢复，实现边缘安全事前、事中、事后的及时防御和响应。

1. 威胁情报

威胁情报是指利用大数据、分布式技术尽可能地获取威胁、漏洞、行为以及特征等相关的知识信息，通过融合分析让用户对网络安全威胁进行更深入的了解和更有效的预防，从而有效减少用户已经或可能发生的损失。在边缘计算环境中，通过数据协同、服务协同、智能协同等“边－云”协同能力，在云端构建细粒度的威胁情报库，支撑对各类特征库告警、抵御网络攻击、安全事件、黑客画像分析、威胁情报、受攻击节点分析等能力，实现边缘计算环境中威胁情报的搜集、处理和使用，让威胁与保护对象清晰可见。

2. 安全态势感知

安全态势感知是指在一定时间和空间内观察并理解系统中的元素及其意义，形成对系统整体状况的把握，以及预测系统近期和未来状态的一种方法。在边缘计算环境中，通过边缘与云的数据协同、服务协同，支持在云端对关键的边缘节点进行持续监控，将实时态势感知无缝嵌入整个边缘计算架构中，实现对边缘计算网络的持续检测与响应。

3. 安全管理编排

安全管理编排是指以自动方式综合运用经过编排的不同技术中的元素，帮助企业和组织解决边缘计算环境中的安全运维自动化问题，驱动安全事件妥善解决，以便合理分配安全资源，实现安全服务自动化、高效化和智能化。在边缘计算环境中，借助“边－云”协同能力和内涵，通过云端定义、排序和驱动最小化事件响应过程中的重复性任务，以及将自动化编排在边缘节点进行部署和运行，实现自动化和自适应安全策略编排，并有效提高时间响应速度，降低用户的平均响应时间。

4. 安全运行监管

安全运行监管是指通过构建一个信息安全团队来持续监控和分析边缘计算环境中的安全状态。它是一个持续的迭代过程，这种理念也体现了相对、动态的安全观，认为所有技术手段和方法都是解决某个阶段问题的具体方式，持续的迭代优化才能实现安全目标。在边缘计算场景中，分布式、海量、异构设备使用多样化的通信协议，系统面临大量未公开的漏洞和未知威胁，简单地通过一系列安全防护措施就能保证系统的整体安全并不现实。只有建立持续运行监管的安全理念，构建安全运行监管团队，健全安全运行监管流程，汇聚安全监测和防护信息，打通安全信息收集、关联分析、事件响应的流程，才能有效保障边缘计算系统的安全。

5. 安全事件应急响应

安全事件应急响应是指为了应对各种意外事件的发生而做的准备，以及在事件发生后采取一系列措施恢复原来的状态。在边缘计算场景中，当边缘计算系统发生网络与信息安全事件时，首先应该区分事件性质，然后根据不同情况分别处置。应急响应与恢复工作主要包括准备、确认、遏制、根除、恢复、跟踪等。因此，有必要不断加强边缘网络安全监测，及时收集、分析监测信息，主动发现网络与信息安全事件的倾向，及早采取有效措施加以防范，将各种安全隐患消除在萌芽状态。

5.4 边缘计算安全的关键技术

结合边缘计算安全的发展瓶颈，《边缘计算安全白皮书》针对边缘基础设施、网络、数据、应用、生命周期管理、“边－云”协同等安全需求，总结了边缘安全应具备的关键技术，以推进边缘计算安全研究与技术创新。

1. 节点接入与跨域认证

针对边缘计算节点海量、跨域接入、计算资源有限等特点，面向设备伪造、设备劫持等安全问题，突破边缘节点接入身份信任、多信任域间交叉认证、设备多物性特征提取等技术难点，实现海量边缘计算节点的基于“边－云”“边－边”交互的接入与跨域认证。

2. 节点可信安全防护

面向边缘设备与数据可信性不确定、数据容易失效、出错等安全问题，突破基于软/硬件结合的高实时可信计算、设备安全启动与运行、可信度量等技术难点，实现对设备固件、操作系统、虚拟机系统等启动过程、运行过程的完整性验证，以及数据传输、存储与处理的可信验证等。

3. 拓扑发现

针对边缘计算环境中的网络异构、设备海量、分布式部署等特点，面向边缘计算节点的大规模 DDoS 攻击、跳板攻击、利用节点形成僵尸网络等安全问题，突破边缘计算在网络节点实时感知、全网跨域发现、多方资源关联映射等技术难点，形成边缘计算环境中的网络拓扑绘制、威胁关联分析、漏洞发现、风险预警等能力，实现对边缘计算节点的网络拓扑的全息绘制。

4. 设备指纹识别

针对边缘计算设备种类多样化、设备更新迭代速度快、相同品牌或型号的设备可能存在相同漏洞等特点，突破边缘设备主动探测、被动探测、资产智能关联等技术难点，形成包括边缘设备的 IP 地址、MAC 地址、设备类型、型号、厂商、系统类型等综合信息的设备指纹识别能力，实现边缘计算设备安全分布态势图的构建，帮助系统管理员加固设备防护，加强资产管理，帮助后续制订防护策略，为安全防护方案提供参考。

5. 虚拟化与操作系统安全防护

针对边缘计算的“边－云”协同、虚拟化与操作系统代码量大、攻击面广等特点，面向虚拟机逃逸、跨虚拟机逃逸、镜像篡改等安全风险，突破 Hypervisor 加固、操作系统隔离、操作系统安全增强、虚拟机监控等技术难点，形成边缘计算虚拟化与操作系统隔离、完整性检测等能力，实现对边缘计算虚拟化与操作系统的全方位安全防护能力。

6. 恶意代码检测与防范

针对边缘计算节点安全防护机制弱、计算资源有限等特点，面向边缘节点上可能运行不安全的定制操作系统、调用不安全的第三方软件或组件等安全风险，突破“边－云”协同的自动化操作系统安全策略配置、自动化的远程代码升级和更新、自动化的入侵检测等技术难点，形成“边－云”协同的操作系统代码完整性验证，以及操作系统代码卸载、启动和运行时恶意代码检测与防范等能力，实现边缘计算全生命周期的恶意代码检测与防范。

7. 漏洞挖掘

针对边缘计算设备漏洞挖掘难度大、系统漏洞影响广泛等特点，突破边缘设备的仿真模拟执行、设备固件代码逆向、通信协议逆向、二进制分析等技术难点，形成基于模糊测试、符号执行、污点传播等技术的边缘计算设备与系统漏洞挖掘能力，实现边缘计算设备与系统漏洞的自动化发现。

8. 敏感数据监测

针对边缘计算数据的敏感性强、重要程度高等特点，面向数据生成、流转、存储、使用、处理、销毁等各个环节的数据安全风险，形成对敏感数据的追踪溯源、流动审计、访问告警等能力，实现对边缘计算敏感数据的实时监测。

9. 数据隐私保护

针对边缘计算数据脱敏防护薄弱、获取数据敏感程度高、应用场景具有强隐私性等特点，面向边缘计算的隐私数据泄露、篡改等安全风险，突破边缘计算轻量级加密、隐私保护数据聚合、基于差分隐私的数据保护等技术难点，实现边缘计算设备采集与共享数据、位置隐私数据等的隐私保护。

10. 安全通信协议

针对边缘计算协议种类多样、协议脆弱性广泛等特点，面向协议漏洞易被利用、通信链路易被伪造等安全风险，突破边缘计算协议安全测试、协议安全开发、协议形式化建模与证明等技术难点，实现边缘计算协议的安全通信。

5.5　习题

1. 单选题

（1）以下不属于边缘计算安全面临的12大挑战的是（　　）。

A. 不安全的通信协议　　B. 云数据中心易损毁

C. 隐私数据保护不足　　D. 不安全的系统与组件

（2）以下不属于边缘计算资源约束的是（　　）。

A. 节点规模约束　　B. 存储资源约束

C. 网络资源约束　　D. 计算资源约束

（3）以下不属于边缘计算异构性的是（　　）。

A. 计算的异构性　　B. 平台的异构性

C. 用户的异构性　　D. 数据的异构性

（4）以下不属于边缘安全体系结构基本要求的是（　　）。

A. 安全　　B. 隐私

C. 可信　　D. 高效

（5）以下属于边缘计算基础设施安全内容的是（　　）。

A. 身份标识与鉴别　　B. 网络域隔离

C. 虚拟化安全　　D. 接入认证

（6）以下不属于边缘应用安全内容的是（　　）。

A. 轻量级数据加密　　B. App加固

C. 应用监控　　D. 应用审计

（7）以下关于边缘安全基本功能的描述中，错误的是（　　）。

A. 提供可信的基础设施　　B. 为边缘应用提供可信赖的安全服务

C. 提供足够的5G基站覆盖范围　　D. 保障安全的设备接入与协议转换

（8）以下关于边缘计算应用场景特殊性的描述中，错误的是（　　）。

A. 安全功能轻量化　　B. 海量异构的设备接入

C. 安全设计覆盖架构各个层面　　D. 按用户友好的原则设计安全模型

（9）以下关于边缘计算安全态势感知的描述中，错误的是（　　）。

A. 支持云端对接入设备的持续监控

B. 通过边缘与云之间的数据协同、服务协同

C. 将实时态势感知无缝嵌入整个边缘计算架构

D. 实现对边缘计算网络的持续检测与响应

（10）以下关于边缘计算敏感数据监测的描述中，错误的是（　　）。

A. 针对边缘计算数据的敏感性强、重要程度高等特点

B. 面向数据生成、存储、使用、处理、销毁等各个环节的风险

C. 形成对敏感数据的追踪溯源、审计、访问告警等能力

D. 实现边缘计算设备数据采集、位置与隐私数据共享

2. 思考题

（1）请举例说明边缘计算网络安全的特殊性。

（2）请举例说明边缘计算面临的安全威胁。

（3）边缘计算基础设施安全需要解决哪些安全问题？

（4）为什么边缘计算数据安全需要采用轻量级数据加密？

（5）在边缘安全关键技术中，你最感兴趣的是哪个技术？请简要说明？

第6章　物联网边缘计算应用

边缘计算通过在靠近数据源和用户的位置部署智能化边缘节点，可提供满足用户不同质量需求的可靠服务。本章以基于边缘计算的CDN系统、增强现实服务、实时人物目标跟踪、智能家居等应用为实例，帮助读者了解物联网边缘计算系统的设计方法与实现技术。

6.1　基于MEC的CDN系统

CDN系统的广泛应用为边缘计算的研究奠定了理论与实践基础，边缘CDN的研究与应用也为物联网提供了重要的技术支持。本节将从CDN的基本概念出发，讨论边缘CDN的场景分析与技术方案。

6.1.1　场景分析

1. CDN的基本概念

在传统的CDN系统中，用户在浏览器中输入要访问的网站域名，浏览器向本地DNS服务器发出域名解析请求；本地DNS服务器将域名转发给CDN专用的DNS服务器；该DNS服务器将域名解析请求发送给CDN全局负载均衡器；全局负载均衡器根据用户的IP地址与请求访问的URL，选择一台位于用户所属区域的负载均衡器，并转发用户的URL请求；浏览器再用该IP地址向CDN缓存节点发出URL请求；CDN缓存节点将用户请求的内容发送给浏览器。在CDN系统中，DNS服务器与负载均衡器的工作过程是以后台方式完成的，整个过程对于用户是透明的。

2. 边缘 CDN 的基本概念

目前，用户需求增长最快的是视频类业务。CDN 视频业务占用的网络带宽很大，高清视频直播需要的网络带宽不低于 50 Mbit/s。当多路视频同时直播时，对下行带宽的需求一般超过 200 Mbit/s。同时，移动通信网的 CDN 系统通常部署在省级 IDC，距离最终用户太远，致使 CDN 价格居高不下，用户体验质量急需提高。

VR/AR 能为用户提供身临其境的真实感。如果从用户动作改变到画面绘制的延时过长，画面就会产生偏移，造成拖影。因此，VR/AR 类业务对网络延时与带宽的要求很高。例如，沉浸式 VR 视频直播为获得无眩晕感的舒适级体验，需要的带宽最低为 200 Mbit/s，延时小于 20 ms；在多路直播的情况下，需要的带宽可能超过 500 Mbit/s；对于 VR 体验分享，还需要至少 200 Mbit/s 的上行带宽。

如果仅依靠云数据中心处理 VR/AR 数据，则很难满足应用的实际需求。在移动通信网的边缘计算服务器中部署虚拟 CDN 节点，可降低移动用户访问系统的延时，提高用户体验质量（QoE）。电信运营商的边缘 CDN 可突破传统 CDN 在性能、可靠性、可用性等方面的限制。电信运营商将移动边缘云的虚拟机或容器作为虚拟缓存，动态部署在 CDN 边缘服务器系统中，组建电信边缘 CDN 系统。

电信边缘 CDN 系统具有以下几个技术特点。

- 电信运营商在移动边缘服务器中配置虚拟 DNS 代理，以透明方式为用户完成 DNS 查询服务。
- 采用 IaaS 方式在边缘云中设置边缘 CDN 节点，仅需简单的记录添加操作，而无须对内容提供商的 CDN 系统结构做进一步改动。
- 边缘 CDN 系统基于现有 CDN 系统提供的历史数据，结合移动通信网在不同地理位置的网络流量、用户内容需求，提前将用户可能需要的内容缓存到相应的边缘 CDN 节点中。
- 边缘 CDN 系统根据网络拓扑、接入网流量与负载情况，预测数据到达用户的距离与响应时间，动态地将用户请求定向到最适合的边缘 CDN 节点。
- 当边缘 CDN 节点的内容缓存接收到对本地存储内容的请求，该应用会立即将请求的内容定向到用户设备。

6.1.2 技术方案

边缘 CDN 的结构与用户访问过程如图 6-1 所示。

设置边缘 CDN 系统需要执行以下几个操作。

- 修改访问移动边缘云 CDN 的 DNS 代理记录，以 DNS 响应（CNAME）方式将 DNS 查询请求指向 CDN 全局负载均衡器。
- 在边缘服务器中配置 CDN 节点，并获得服务器所在移动边缘云中 DNS 代理的 IP 地址。

- 在 CDN 的 DNS 服务器中建立 DNS 代理 IP 地址与边缘服务器 IP 地址的对应关系。

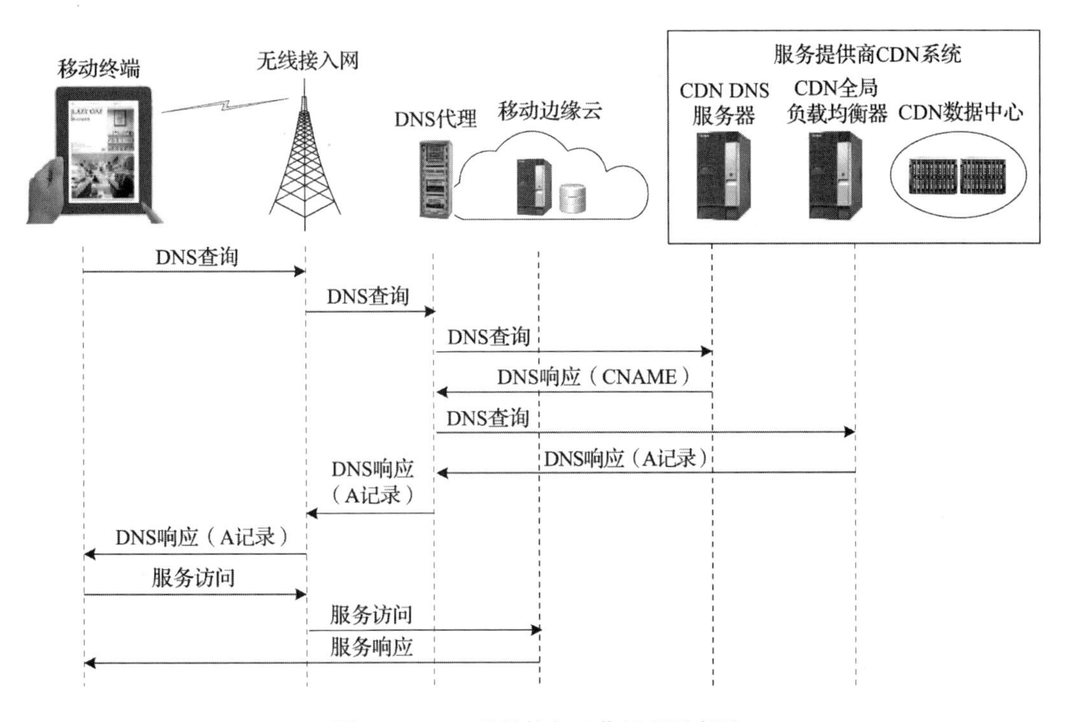

图 6-1　CDN 的结构与工作过程示意图

在完成以上准备工作之后，用户可以就近通过边缘 CDN 访问原 CDN 的资源与服务。边缘 CDN 中的用户访问过程如下。

- 移动终端用户发出 DNS 查询请求，其中使用 DNS 代理的 IP 地址。
- DNS 代理接收到用户的 DNS 查询请求，将用户的 DNS 查询请求转发到 CDN 的 DNS 服务器。
- CDN 的 DNS 服务器接收合法的 DNS 查询请求，向 DNS 代理返回一个 DNS 响应。
- DNS 代理接收到 DNS 响应，将用户的 DNS 查询请求转发给 CDN 全局均衡器。
- CDN 全局均衡器接收到用户的 DNS 查询请求，检查 DNS 代理 IP 地址与边缘服务器 IP 地址的对应关系，以 A 记录向 DNS 代理返回边缘服务器的 IP 地址。
- DNS 代理将 A 记录传送到用户终端。
- 用户终端向 A 记录中的边缘服务器发出建立连接请求。

- 用户终端与边缘服务器建立连接之后，用户就像使用传统 CDN 系统一样，通过电信边缘云获取 CDN 的资源与服务。

移动用户是在电信边缘服务器中获取 CDN 资源与服务，这样就可以绕过核心网的传输过程，既减少了核心网的流量，又降低了传输延时。因此，边缘云的应用可以有效提高移动用户访问 CDN 系统的 QoE。很多物联网应用需借助边缘 CDN 系统的支持。

6.2 基于 MEC 的增强现实服务

增强现实已经成为物联网智能人机交互的重要技术，也给物联网研究提出了新的挑战。本节将从增强现实的基本概念出发，讨论基于 MEC 的增强现实系统的场景分析与技术方案，并且分析了需要进一步研究的问题。

6.2.1 场景分析

虚拟现实 / 增强现实（VR/AR）是 5G 的重要应用方向，也是支持物联网智能硬件研究的重要技术。

虚拟现实中的“现实”是指真实、客观存在的内容，“虚拟”是指通过计算机技术生成的一个特殊环境。虚拟现实从真实的社会环境中采集必要的数据，利用计算机模拟产生一个三维空间的符合人类心智与认识、逼真、全新的虚拟环境，为使用者提供视觉、听觉、触觉等感官的模拟，让使用者如同身临其境一般，实时、不受限制地观察三维空间内的事物，并且与虚拟世界的对象进行互动。

VR 直播是 VR 最成熟的应用形式之一。5G 中的 VR 直播不仅有逼真的效果，QoE 也有显著提升。基于 4 K 或 8 K 的视频内容、360 度全景视角的支持，沉浸式多媒体体验需要更高的分辨率。VR 直播所需的带宽是常规视频的 4～6 倍。

增强现实属于虚拟现实研究的范畴，也是在虚拟现实技术基础上发展起来的一个全新的研究方向。增强现实通过实时计算摄像机影像的位置、角度，加上计算机产生的虚拟信息准确叠加到真实世界中，将真实环境与虚拟对象相结合，构成一种虚实结合的虚拟空间，使用户看到一个叠加虚拟物体的真实世界。这样不仅能够展示真实世界的信息，还能够显示虚拟世界的信息，两种信息相互叠加、补充。因此，增强现实是介于现实环境与虚拟环境之间的混合环境。

在增强现实中，虚拟内容可以无缝地融合到真实场景的显示中，以提高人类对环境感知的深度，增强人类智慧地处理外部世界的能力。增强现实对数据传输的实时性、带宽与可靠性要求很高，很多厂商研发的头戴式显示器受到重量、体积的限制，其计算、存储与通信能力也受限，很难达到理想的渲染效果。

因此，在物联网中应用 VR/AR 必须解决海量数据与复杂计算的问题，而 MEC 正是解决这两个难点的最佳方法。

6.2.2　技术方案

基于 MEC 的增强现实服务系统的示意图如图 6-2 所示。

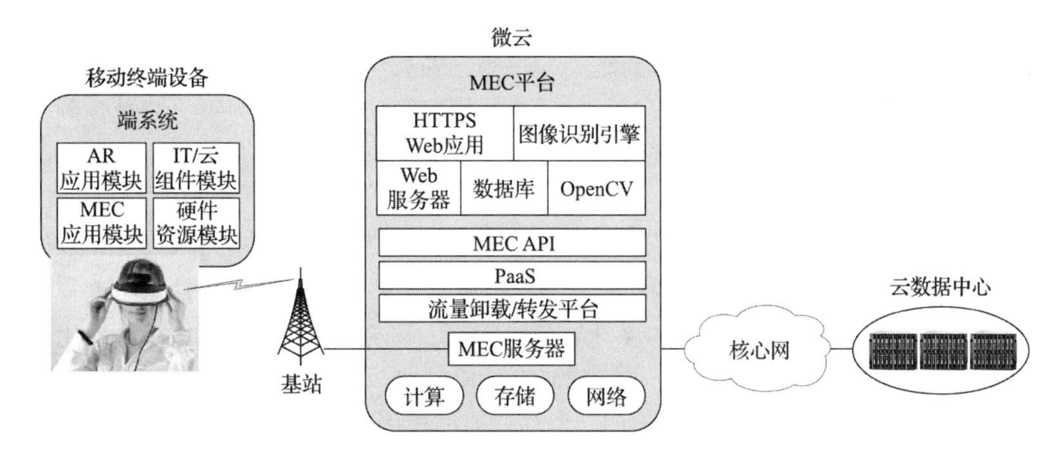

图 6-2　基于 MEC 的增强现实服务系统

为了实现真正的便携和移动 VR 体验，研究人员提出将移动终端设备通过无线接入网连接到相应的 MEC 平台，将渲染和计算任务迁移到边缘服务器中执行，以便实现 HMD 设备的轻量化，满足 VR/AR 的高带宽与低延时的要求。

针对 AR 对带宽与延时的需求，研究工作主要集中在以下几个方面。

（1）通过多用户混合投影降低所需的带宽

在实际的 VR/AR 应用中，MEC 平台的多个用户通常有部分相同视图。例如，在一间虚拟教室中，学生们有大量的公共视图。对于参与虚拟空间会话的一组用户，将某个用户的视图作为主视图与主用户。主用户与其他用户共享主视图，而其他视图作为次要视图与相应的辅助用户。对于每个次要视图，可通过分析找出它与主视图的区别，形成剩余视图。系统无须对每个用户的视频进行单播，而是将主视图从 MEC 平台传播给所有参与者，并将剩余视图发送给对应的辅助用户。在用户设备上，所有用户都接收到主视图，而辅助用户将收到剩余视图。主用户直接解码和显示视频，辅助用户则要解码主视图与剩余视图，将两个视图合并获得自己的次要视图。

根据虚拟空间中的用户数量、位置和视图角度，单个主视图可能导致一些次要视图与主视图之间没有共同视图，这样将产生大量的剩余视图。因此，可以将用户划分成一个或多个组，每个组都有一个主视图与多个次要视图，这样可以使从 MEC

平台到用户设备所需传输的主视图和剩余视图的数据量最小化，降低对网络带宽的需求。

（2）通过渲染 / 流式传输全角度视频以实现超低延时

VR 应用的场景变换将随着使用者的头部旋转等动作而产生，带来大量渲染任务，引起延时波动。对于传统的处理方式，用户动作被跟踪并传输到云或边缘，对视场（Field of View，FOV）进行渲染、编码和流传输。该方案的全角度视频方法是，全角度视频被定期渲染，用户控制信息或虚拟空间的变化，在用户设备处以流的形式传输与缓存。当用户执行头部旋转时，MEC 平台跟踪新的头部位置，并从用户设备缓存的全角度视频中选择适当的视频，并显示在用户的 VR 眼镜上，消除 FOV 渲染与流式传输相关联的延时。对于头部旋转等动作引起的延时，将减少到头部跟踪延时小于 4 ms，HMD 显示延时小于 11 ms，以满足 20～30 ms 的超低延时要求。

这种方法可以显著减少头部旋转的等待时间，MEC 平台的作用是完成 HMD 所需的用于渲染和拼接多个视图的计算任务，以及满足每个相关用户传输全角度视频所需的带宽要求。为了进一步解决计算延时问题，研究者建议在 MEC 平台采用多用户编码，降低向用户传输全角度视频所需的比特率，并通过仅渲染主视图与剩余视图，而不是所有用户的全角度视图，以降低渲染代价来实现超低延时。

（3）视频编排与分析

大型运动场馆的赛事视频直播服务适合部署 MEC 平台。通过在移动通信网的边缘部署视频处理服务器，实现直播视频本地化存储及处理，以极低延时将处理过的视频直接发送给现场用户，减少对移动承载网与核心网的带宽资源的消耗。

基于 MEC 的视频编排业务可以针对现场活动提供其他增值服务，如通过部署在场地不同位置和角度的摄像头，为现场用户提供个性化的球赛与演出观看服务，以及对入场与退场人流进行疏导和安全监控。

（4）基于无线感知的内容加速

移动通信网的通信环境是快速变化的。用户终端的快速移动通常会引起底层无线信道流量与延时的变化，可能导致某些无线基站的负载突然增大，使移动终端的可用带宽在数秒内下降一个数量级。目前，网络应用常用的 TCP 很难适应底层通信质量的快速变化。MEC 有助于实现无线感知的内容加速功能，改善因突发的大量用户移动造成的网络流量分布突变。MEC 在智能移动视频加速中的应用如图 6-3 所示。

部署在基站的 MEC 平台可以采集无线接入网连接用户的数量与空口的实时流量。通过分析无线接入网连接用户的数量与空口的实时流量，可以获得无线链路的实时吞吐量等无线环境信息。MEC 平台将无线网信息发送到内容服务器，对内容传输及在线视频内容编码进行合理的控制，实现传输内容与无线链路容量的匹配。内容服务器的 TCP 不是主动探测网络带宽来控制流量，而是根据无线网信息做出控制决策，包括初始窗口选择、拥塞窗口设置、超时情况下的窗口调整，以优化系统的运营效率。

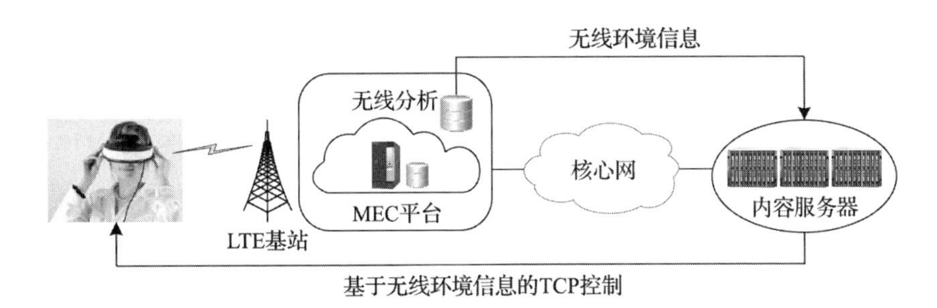

图 6-3　MEC 在智能移动视频加速中的应用

（5）基于应用感知的性能优化

随着增强现实应用的日益普及，移动通信网中的视频类业务应用越来越多，无线接入网侧的 QoS 保障将逐渐成为瓶颈，越来越多的个人、企业用户希望获得个性化的 QoE。目前，移动通信网缺乏为相同业务类型的不同用户提供差异化 QoS 的能力。如果在同一移动通信网中存在多个在线视频用户，用户能获得相同的最大比特率和保证比特率，也就是说这些用户仅能享受相同的 QoS 服务。

MEC 平台可以为无线接入网提供差异化服务。基于 MEC 的性能优化结构如图 6-4 所示。

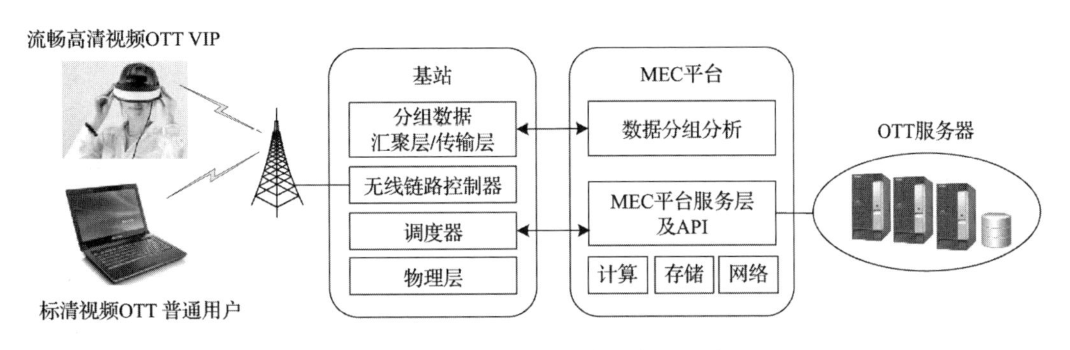

图 6-4　基于 MEC 的性能优化结构示意图

OTT（Over The Top）是通信行业的一个术语，它是指互联网公司越过电信运营商发展基于互联网的各种视频及数据业务，其中包括物联网应用的很多内容。通过基于 MEC 平台的性能优化，综合处理 OTT 部分信息与无线接入网信息，发挥智能管道的优势，为 OTT 用户提供无线业务感知的网络服务。

基于 MEC 平台的性能优化研究主要包括以下几方面。

- 在 MEC 平台上分析用户数据，以便识别用户业务的类型。

- 根据数据分组的分析结果，为基站提供 QoS 信息。
- 基站针对不同用户的数据，提供差异化的无线通信带宽与延时保障。

基于 MEC 平台的性能优化将体现在以下 3 个方面。

- MEC 平台靠近无线接入网及终端用户，可以在低延时的优势下改善终端用户在线支付、高速视频流的 QoE。
- 依托业务感知的 MEC 平台，优化和最大化无线资源利用率，以提升无线网络系统的效率。
- 为电信运营商与物联网服务提供商的 OTT 业务带来新的业务与利润增长点。

6.3 基于 MEC 的实时人物目标跟踪

基于 MEC 的实时人物目标跟踪在物联网中有很多应用。本节从实时人物目标跟踪场景分析出发，讨论实现该系统的技术方案，以及进一步研究和应用的问题。

6.3.1 场景分析

随着智慧城市的建设，越来越多人口居住在高密度区域，加之大量人口流动，给城市管理与安全工作带来很大的压力，尤其是在出现突发事件的情况下。实时图像与视频获取，以及目标人物的特征提取、发现与跟踪，都要借助大量设置的摄像头。根据相关部门统计，我国用于城市管理、治安管理、应急指挥、智能交通、安全生产的摄像头总数已超过 1.76 亿个。单个摄像头一天生成的数据量就可能超过 9600 GB。

根据统计数据，2016 年，在线视频流量占在线流量的 74%；2021 年，视频数据中 78% 是移动视频。摄像头产生的大量监控数据需要通过特殊处理来提取有用的信息，这就意味着需要 7×24 小时关注获得的视频流，这样大的工作量仅靠人工是不可能完成的。云计算、大数据、人工智能、边缘计算和分布式实时数据处理技术的融合应用，是智慧城市建设中必须高度重视的问题。

6.3.2 技术方案

1. 分布式智能处理架构

我们将实时人物目标跟踪作为应用场景，研究分布式智能视频处理系统结构的设计方法。基于“端 – 边 – 云”的分布式智能处理系统的示意图如图 6-5 所示。

分布式智能处理系统通常由 3 层构成：设备层、边缘层、云层。

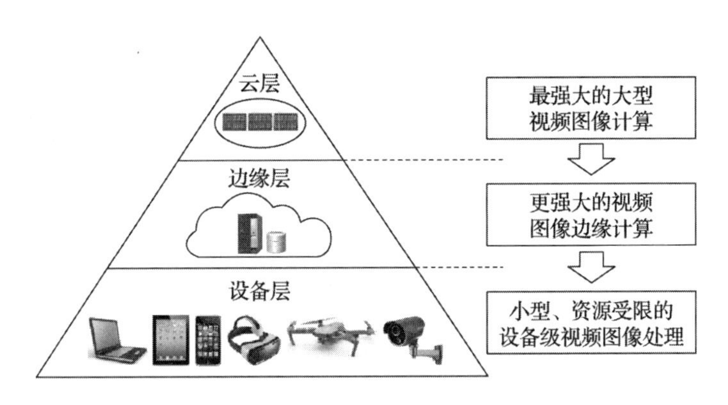

图 6-5　基于“端 – 边 – 云”的分布式智能处理系统

（1）设备层

设备层是由摄像头、智能眼镜、智能头盔、智能手机、具有移动摄像功能的无人机、现场工作人员的笔记本计算机、Pad 等组成。由于这些小型设备的计算、存储与网络资源有限，因此只能对摄录的图像数据进行简单的任务目标检测。

（2）边缘层

边缘层非常关键，如果不能将海量的视频数据通过核心网传输到远端云，那么边缘层就必须具有更强大的视频图像处理能力，以完成对每帧中的人物目标进行识别、检测，对跟踪到的每个目标进行特征提取；将每个目标的移动速度、方向及其他特征收集起来，并整合到矩阵中，作为综合特征提交给云层处理。边缘层向云层传输的人物目标特征的数据量减小，但是对于判断和跟踪人物目标来说价值更大。

（3）云层

云层利用强大的计算能力，通过基于时间序列特征的机器学习算法进行决策。该算法决定是否向更高级别的决策层报警。在 3 层结构中，设备层完成人工检测和跟踪操作；更多计算密集型算法在边缘层用 PDA（掌上电脑）或笔记本计算机完成；最终综合决策的复杂计算则在云数据中心完成。基于 MEC 的实时人物目标跟踪系统如图 6-6 所示。

在基于 MEC 的实时人物目标跟踪系统中，现场视频通过无人机、智能手机、摄像头、安全人员携带的执法头盔、智能眼镜等设备来获取。边缘计算设备可以设置在靠近突发事件现场的应急指挥车上。边缘计算设备从现场采集的实时图像中，通过图像处理软件初步筛选出目标的人脸图像特征信息，并传送到突发事件应急处理云平台，由云平台的智能人脸识别软件确定目标人物。

2. 边缘计算设备结构

边缘计算设备结构如图 6-7 所示。边缘计算设备由硬件层、系统软件层与应用软件层组成。应用软件层采用图像处理算法完成图像预处理、弹性存储，实现任务分割、模糊计算、行为感知、实时控制功能，并提交事件检测与事件报告。

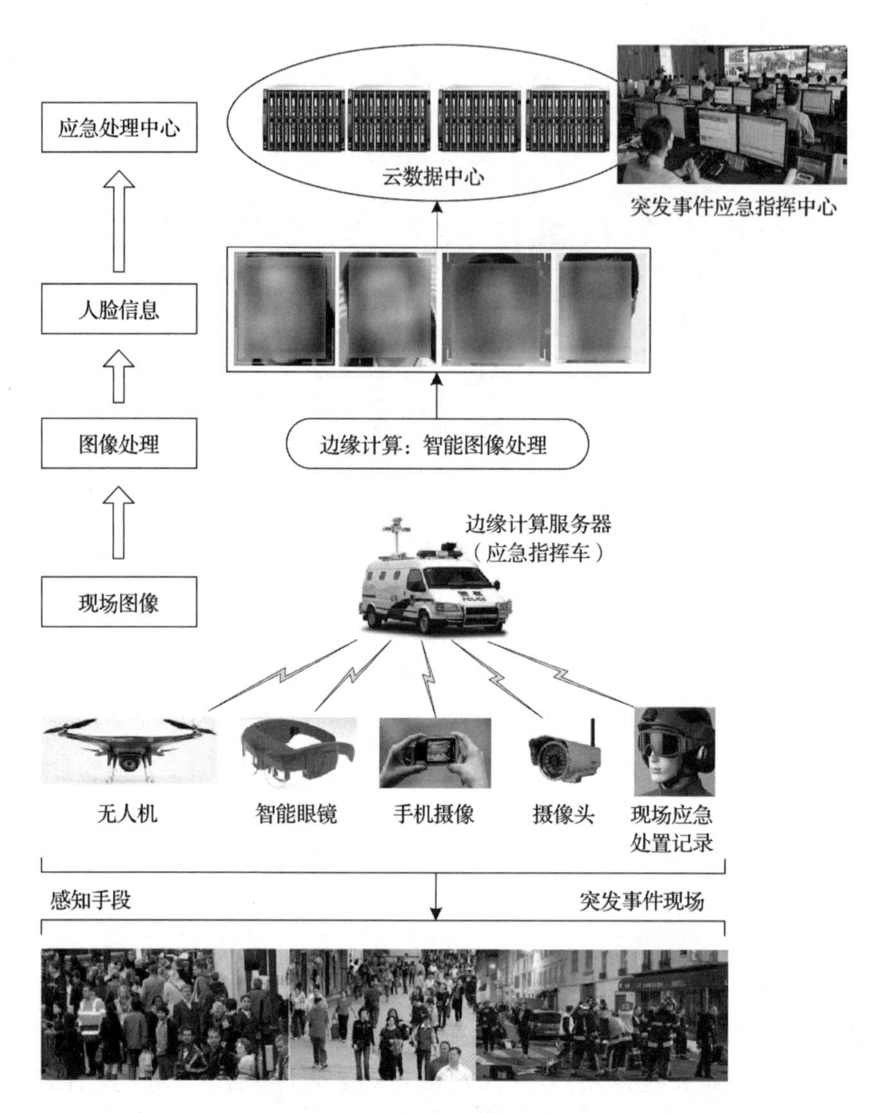

图 6-6　基于 MEC 的实时人物目标跟踪系统示意图

边缘计算软件多目标跟踪过程如图 6-8 所示。边缘计算软件从不同视频源中提取视频中的疑似目标，进行分布式信息融合和状态评估之后，给出多目标跟踪结果。

这种设计方法可用于其他突发事件应急处置的应用场景（例如火警应急指挥）。基于 MEC 的火警应急指挥系统结构如图 6-9 所示。在火灾事故现场，最重要的信息是消防员的位置信息、移动轨迹，以及周边建筑物的结构信息等。在 MEC 系统中，消防员的位置信息、移动轨迹需要实时传送到作为边缘计算设备的现场应急指挥车；边缘计算设备根据消防员传送的数据与视频，分析消防员当前在建筑物中的具体位置及火情。由于火灾属于突发事件，MEC 系统不可能预先存储火灾发生地的建筑物结构。因此，边缘计算设备会将火灾发生地点等信息发送到城市消防应急指挥中心，云计算平台从预先存储的建筑物地图中将救火急需的那部分数据发送给 MEC 系统，协助一线指挥员指挥救火。

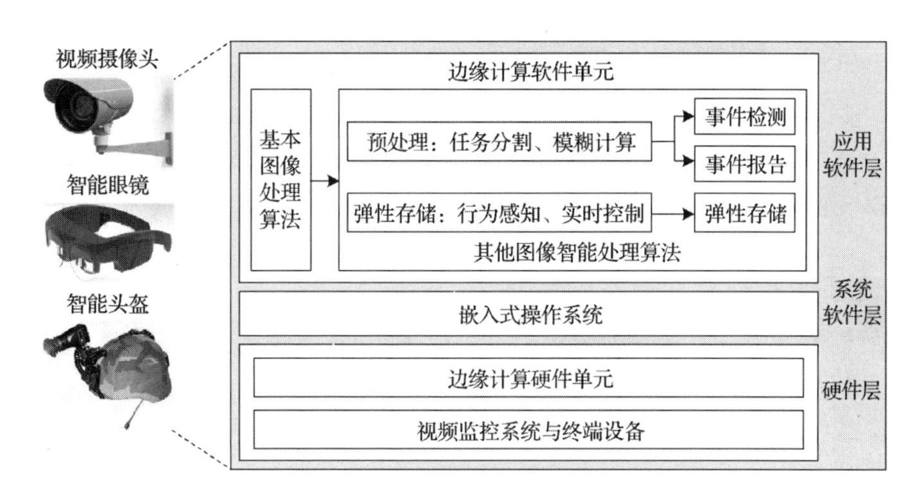

图 6-7　边缘计算设备结构示意图

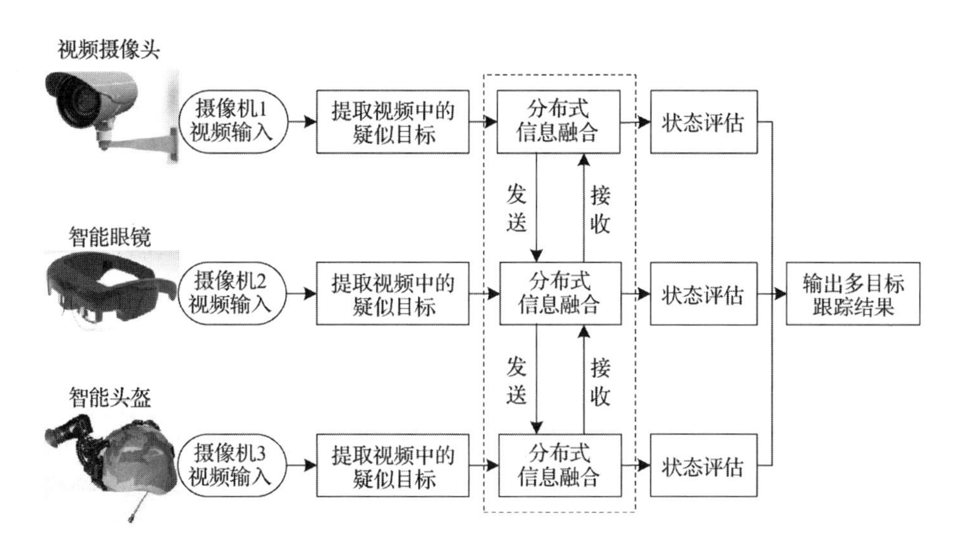

图 6-8　边缘计算软件多目标跟踪过程示意图

基于 MEC 的实时人物目标跟踪系统也可用于对走失、被拐卖的老人、妇女、儿童的寻找和应急处置。这类处置过程由突发事件应急指挥中心发起，指挥中心根据报案快速生成目标对象的照片、体貌特征，以及时间、地点、范围等相关信息，并发送到目标区域的应急指挥车、边缘视频终端，每个视频终端执行请求并将搜索本区域的视频信息传送到应急指挥车。移动警务人员第一时间在现场做出判断和分析；边缘计算设备根据上传视频做进一步的分析，同时将分析结果上报到指挥中心；核心云利用自身强大的计算能力，快速分析和锁定目标对象的位置，通知现场警务人员迅速处置。通过“现场设备 – 边缘云 – 核心云”的 3 级联动，快速救助老人、儿童与妇女。

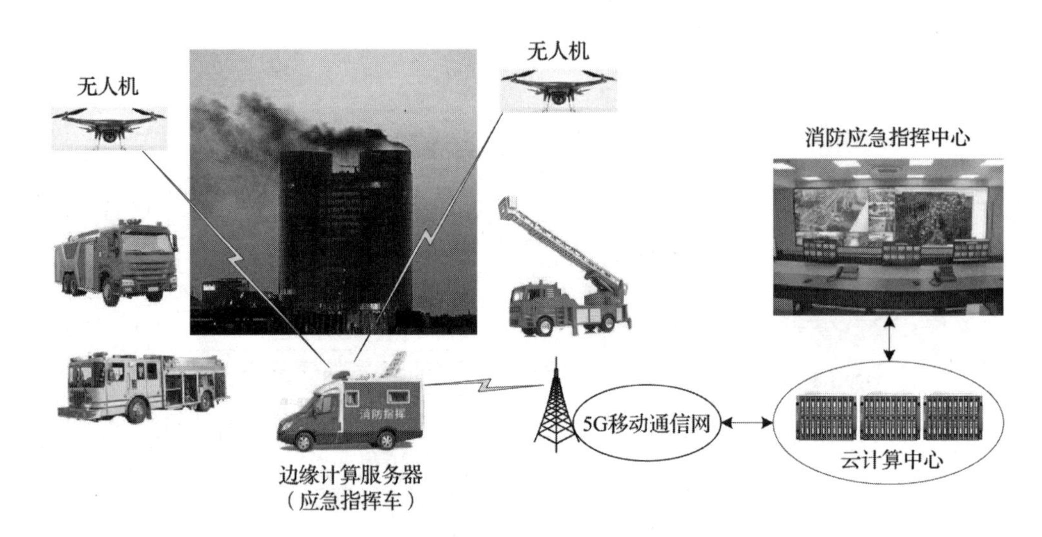

图 6-9 基于 MEC 的火警应急指挥系统结构示意图

6.4 基于 MEC 的智能家居系统

智能家居是物联网研究与应用落地的一个重要方向。本节将从智能家居的基本概念、存在的问题出发，讨论智能家居的场景分析与技术方案。

6.4.1 场景分析

我国经济的快速增长使人民群众的住房条件有了很大改善，住房条件的改善又带动了家电消费的增长。家庭消费也逐步从生存型消费向健康型、便利型、享受型消费转变。家用电器业也开始在向数字化、智能化的方向发展。

在早期的家电设备中，台式计算机是家庭环境中唯一能确保第三方应用程序可靠运行的计算平台。随着智能手机、平板电脑等智能终端设备的出现，智能电表、智能水表、智能燃气表的使用，以及智能家电控制系统、家庭影院与多媒体系统、家庭安全监控系统、家庭环境控制系统、家庭办公与学习系统的应用，传统台式机的集中控制机制已无法适应家庭网络的需求，智能家居（Smart Home）的概念应运而生。

与普通家居相比，智能家居不仅具有传统的居住功能，还兼具建筑、网络通信、信息家电、设备自动化的特点，提供集系统、结构、服务、管理为一体的高效、舒适、安全、便利、环保的居住环境，以及全方位的信息交互功能，帮助家庭与外部保持信息交流畅通，优化人们的生活方式，帮助人们有效安排时间，增强家居生活的安全性。

家庭网络主要包括智能家电、家庭节能、照明、安防、家居娱乐、社会服务与收费等子系统。在家庭网络中，各种家用电器、影音设备、照明灯具、厨房电器、环境监测传感器、暖通控制设备、远程抄表设备，以及防盗报警、安防监控设施都可以通过家庭网络互联。在家中、办公室或户外环境中，用户可通过计算机或智能手机实现远程监控。智能家居为人们创造了一个舒适、节能与安全的家居环境。

家庭网络中的不同应用可能使用不同的通信协议，如 Wi-Fi、LR-WPAN、NB-IoT、ZigBee、蓝牙、以太网（Ethernet)、现场总线网、电力线网等；不同的家庭应用也可能接入不同传输网，例如互联网（Internet)、电话交换网（PSTN)、移动通信网（4G/5G)、无线局域网（Wi-Fi)、有线电视网（CATV）等。

家庭外部环境包括各种生活服务与收费系统，如电子商务系统、网上银行系统、电费 / 水费 / 燃气费等生活收费系统，以及居民社区管理系统与医疗保健服务系统。

目前的智能家居存在的问题主要包括以下几方面。

- 智能家居需要解决内部多种服务系统、外部各种社会服务之间的无缝连接与协同工作问题。
- 智能家居服务于人，而每个人、每个家庭对生活品质的追求，以及对智能家居的实用性、经济性、舒适性要求差异很大。
- 不同的智能家居厂商、不同品牌的智能家电产品为了适应不同用户群体的需求，设计标准与运行的平台不统一。
- 不同的智能家居产品与服务平台有自己的操作系统和软件结构。
- 构成智能家居的各种家电产品很少考虑联网之后的网络安全问题，很容易被攻击并造成用户隐私泄露。
- 对于普通消费者来说，很少有家庭仅购买单一品牌智能家居系统的全套家电产品与运行平台，这就意味着不同品牌、不同平台之间无法互通，导致“智能家居”也就只能停留在概念上。

随着物联网技术的快速发展，适用于智能家居的价格低、体积小、功能强的传感器与芯片越来越多。很多智能家居产品（如服务机器人、可穿戴计算设备、VR/AR 头盔、物联网冰箱、智能控制器）已走进人们的生活，这些新技术的应用可在一定程度上解决上述问题。但是，实现跨品牌、跨操作系统、跨平台的异构系统的“互联、互通与互操作”是限制真正意义上的“智能家居”实现的瓶颈。因此，能否借助边缘计算概念与设计方法，选择几种典型的智能家居标准与产品，通过研发基于 MEC 的智能家居来解决问题，是对智能家居研究人员提出的一个挑战性课题。

6.4.2　技术方案

保证异构网络互联与多种应用系统协同工作的关键是设计一种功能齐全的硬件

（家庭网关）及一种灵活、可扩展、可信的软件（边缘云系统），从而构成一个完整的智能家居系统。基于 MEC 的智能家居系统结构如图 6-10 所示。

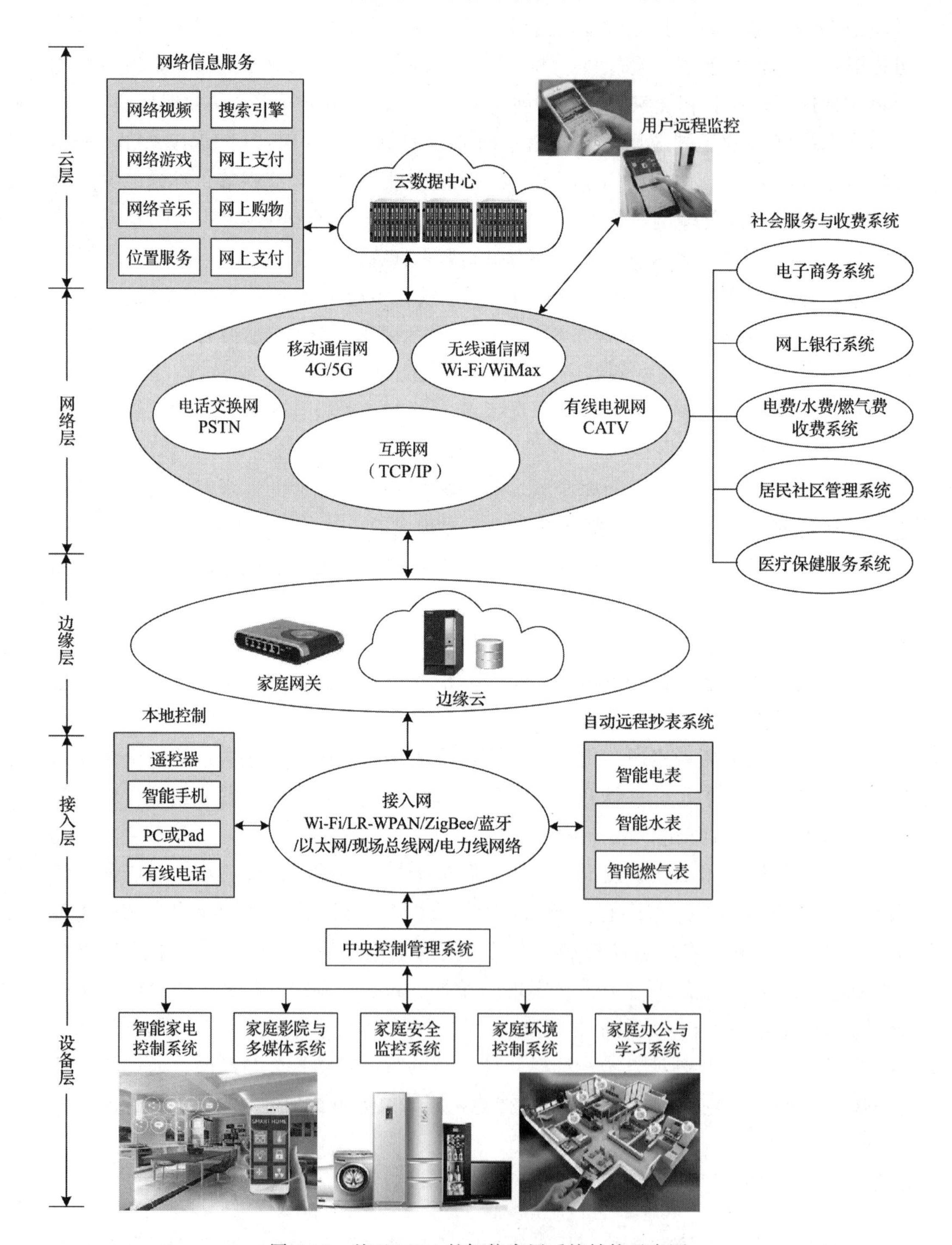

图 6-10　基于 MEC 的智能家居系统结构示意图

整个系统可以分为5层：设备层、接入层、边缘层、网络层与云层。其中，智能家居系统处于边缘层，向下与接入层、设备层交互，向上与网络层、云层交互。基于MEC的智能家居系统包括两部分：智能家庭网关与边缘云。

1. 智能家庭网关

智能家庭网关应该具备以下几个基本功能：

- 实现不同网络通信协议的识别与转换。
- 实现核心网络接口的动态带宽调整。
- 基于业务类型的定向管道加速。
- 实现云数据中心与边缘云的无缝连接。
- 实现家庭实时应用的边缘计算与存储功能。
- 实现面向家庭的多种智能终端业务分发。
- 实现对家庭网络应用的安全与隐私保护。
- 实现家庭网络的可感、可信、可控与可视的管理。
- 支持用户的本地或远程监控功能。

2. 边缘云

（1）边缘云需求分析

为了理解边缘云的功能需求，需要注意以下两个基本问题。

- 智能的家居环境可以使居住者享受健康、舒适的生活。用户是这个系统的参与者、享受者，而不是管理者。
- 为了满足和改善居住者的生活方式，智能家居应具有“自我意识、自我管理与自我学习”能力。

自我意识是指智能家居能够感知居住者的状态和家庭数据。例如，家里现在有多少人？他们分别在卧室还是客厅？他们在睡觉还是看电视？温度与湿度是否合适？家里现在缺少哪种生活用品？这些居住者的数据应该来自室内的各种传感器，以及智能家居系统软件对这些数据分析的结果。家庭数据应该自动产生，而不需要人为参与。自我意识是实现自我管理与自我学习的必要条件。

自我管理是指居住者在整个系统中扮演的角色。在没有居住者介入的情况下，系统应该有能力安排好家中的一切服务，预测和及时发现潜在的安全隐患，并且能够通过警报等手段处理家庭安全问题。

自我学习是指根据居住者的个人数据，系统能对家庭环境提供个性化设置，并能够根据用户的喜好、习惯及现实状态，动态调整系统设置。

对于传统的云计算模型，为了实现具有上述能力的智能家居系统，大量数据通过核心网传输到远端的云数据中心。这种“端－云”结构存在很多问题：对核心网带宽要求高，紧急情况因传输延时不能及时处理，家庭内部数据的隐私容易泄露。

基于 MEC 的智能家居系统采用“端 – 边 – 云”结构，因此，将 MEC 引入智能家居是一个很好的解决方案。

（2）边缘云功能与架构

边缘云是将家居设备与云数据中心、居住者、应用开发者相互连接的桥梁，它的功能与在系统中的位置如图 6-11 所示。

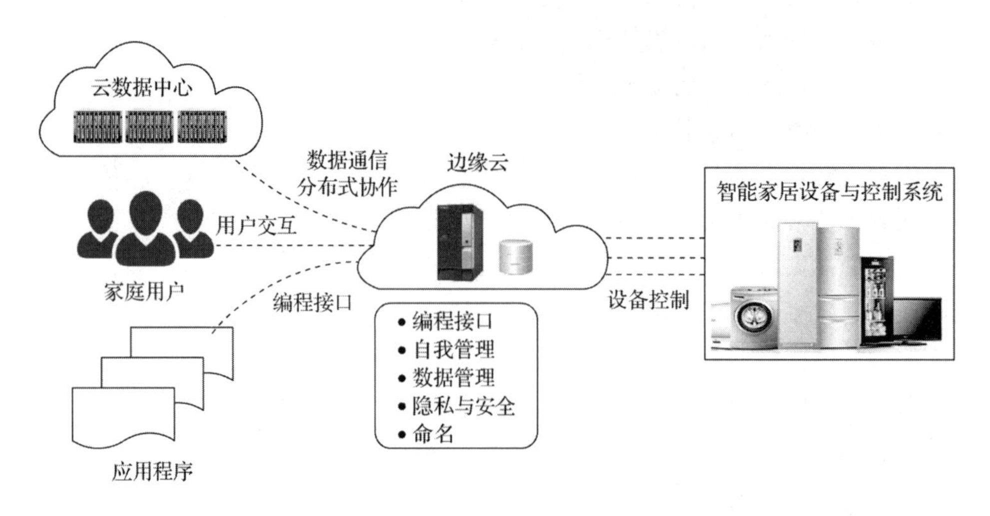

图 6-11　边缘云的功能与在系统中的位置

智能家居系统需要在云数据中心注册账户，以按需付费的方式使用云平台的计算、存储与网络资源。账户用来保存系统外部所有生活服务和收费系统的数据，以及网络信息服务资源；同时，接收并存储边缘云传输的数据。云数据中心根据智能家居系统预约的项目，对账户中的历史数据与动态更新数据进行分析和处理，并将分析结果发送到边缘云。

边缘云代表家庭用户、智能家居设备和云数据中心进行数据交互，向云数据中心发送服务请求，接收各种生活服务及信息资源。

对于家庭用户来说，边缘云提供与家庭服务之间的交互与协作；对于服务提供商和开发者来说，边缘云通过提供统一的编程接口来降低开发复杂性；对于智能家居系统来说，边缘云负责管理数据、设备与服务，处理实时性较强与计算量较大的数据，同时保证系统的安全与提供隐私保护。

边缘云的逻辑结构如图 6-12 所示。

边缘云逻辑结构主要包括 4 层（通信协议、数据管理、自我管理和编程接口），以及跨层的两项共性服务（命名、安全与隐私保护）。

- 边缘云可以通过通信协议层中的多种通信方式（如移动通信网 5G、Wi-Fi、Ethernet、蓝牙、ZigBee）收集智能家居设备的数据。
- 数据管理层对不同来源的数据进行融合与预处理。数据抽象模型将数据融合到数据库中，数据质量模型用于检测数据的质量。

- 在数据管理层之上是自我管理层，负责实现设备维护和服务调度，以及用户个性化模型的生成。这层是系统实现“智能”的关键。
- 编程接口层向用户、开发者提供与系统交互的接口，实现对用户的管理与外部服务系统的接入。
- 命名机制的引入有助于系统有效地管理设备和数据。
- 安全与隐私保护承担了智能家居系统安全与原始数据保护的功能。

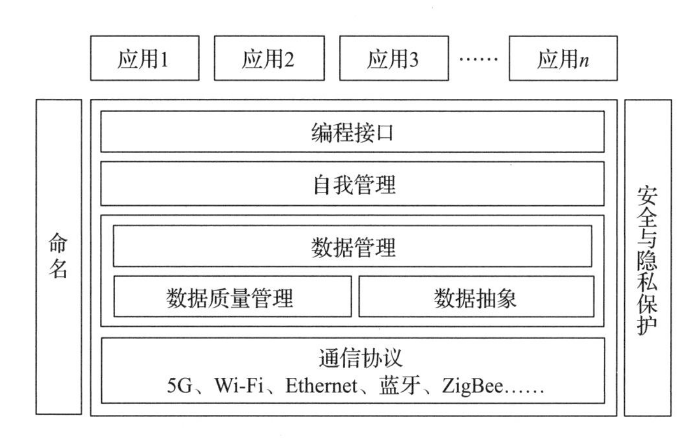

图 6-12 边缘云逻辑结构示意图

3. 关于边缘云功能的讨论

（1）编程接口

目前，多数智能家居系统中的设备都是独立的，它们可以由不同厂家提供。以带有人体感应传感器的灯泡为例，当用户夜里起床去卫生间时，传感器探测到有人走动，灯泡就会发光。灯泡的状态变化并不会与家庭网络中的其他设备共享。为了实现自我管理，家庭环境中所有设备和传感器必须与边缘云连接，并接受边缘云的控制。由于现有的各种设备接口不兼容，需要开发人员做大量工作，添加、替换、配置各种智能设备接口的驱动程序。编程接口需要将异构设备的接口转换成标准接口，从而实现不同设备与服务之间的互联、互通与互操作。边缘云通过编程接口收集并存储所有设备的数据，为有需要的服务提供处理后的数据。用户可以用统一指令通过编程接口向不同设备与服务系统发送服务请求。

（2）自我管理

服务质量是边缘云急需解决的关键问题之一。边缘计算提出的服务质量的 4 个基本特征（DEIR）也适用于智能家居系统。

- 差异化（Differentiation）。对于用户来说，家庭环境中部署的多种服务有不同的优先级。智能家居中的服务应该区分优先次序，更高优先级的服务可中断其他服务优先执行。例如，当用户想观看一部在线电影时，是否让安全摄像头暂停数据的上传和下载以节省带宽，这就要看用户对两种应用的优先级选择和设置。

- 可扩展性（Extensibility）。当评估一个系统时，研究人员需要考虑：新的设备与服务是否易于安装在系统中；如果某个设备损坏，它是否能被更换，是否能用以前的服务来替代。
- 隔离性（Isolation）。隔离性的评估来自两个方面。一方面是在垂直维度中，是否能将服务从设备中分离。例如，如果某个服务崩溃，它是否能释放正在使用的设备，以便其他服务仍然能访问该设备。另一方面是在水平维度中，是否能将一个服务与其他服务隔离，从而使隐私数据不能被其他服务所访问。
- 可靠性（Reliability）。可靠性是对每个应用系统的基本要求，智能家居系统也不例外。从系统的角度来看，能否检测到不同服务之间的冲突；从服务的角度来看，服务能否维持与设备的可靠连接，设备有多可靠，能否通知系统及时更换电池。

为了支持DEIR的服务质量要求，自我管理层应该考虑5个因素：设备注册、设备维护、设备更换、冲突调解、自主优化。这5个因素不仅涉及系统本身，也涉及连接的其他设备和服务。自我管理层的引入使用户成为智能家居的一部分，而不是扮演管理者的角色。这是使智能家居真正达到智能目标的关键。

（3）数据管理

边缘云在数据管理上需要注意数据质量与数据抽象。

数据质量

数据质量是数据管理层的一个重要组成部分。数据的准确性、完整性和实时性在智能家居中扮演着重要的角色。为了检测传感器的误差，边缘云的数据质量可以从两个方面来评估，即历史模式与参考数据。在智能家居中，根据用户周期性的行为，很容易为数据找到某种特定的模式。为了更好地为家庭应用和设备提供服务，目前采用数据挖掘和机器学习算法来训练边缘云中的数据质量检测模型。该模型可以从历史数据中自动检测异常数据模式，并进一步分析异常模式的原因。

数据抽象

数据抽象是将原始数据从家庭设备中抽象出来，并且给服务提供抽象的数据，从而实现边缘云上运行的服务与设备的隔离。数据抽象的困难主要来自以下几个方面。

第一，不同设备的数据有不同格式。出于对安全和隐私的考虑，可以规范数据格式以隐藏原始数据中的敏感信息。尽管这样能保护用户的隐私和数据安全，但是由于一些数据细节可能被隐藏，数据的可用性将会受到影响。

第二，有时候，数据的抽象程度很难确定。如果过多的原始数据被过滤，一些应用程序或服务就无法获得足够的信息。但是，如果想要保留大量原始数据，那么如何存储数据又是一大问题。

第三，由于传感器的低精度、环境的不确定性及网络的不稳定性，家庭设备报告的数据可能不可靠。在这种情况下，如何从不可靠的数据源中提取有用的信息是智能家居应用系统开发人员面临的挑战。

（4）安全和隐私保护

与智能手机和计算机制造商相比，大多数智能家居设备制造商可能并不具备丰富的网络安全专业知识与工作基础。很多智能家电设备在设计中将重点放在造价、节能、便携、移动与方便使用上，设备自身的计算、存储、网络资源仅能支持设备提供的基本服务，不可能为安全提供更多的计算、存储与网络资源。很多智能家居设备采用电池供电，从延长设备使用时间的角度，需要将能耗降到最低。由于设备自身的资源受限，很难要求设备采取较强的安全防范措施。同时，用户通常不具备很好的网络安全意识和防护能力。

有些智能家电设备的设计者可能无意中使用了不安全的开源软件、协议，使得智能家居系统遭到网络攻击时表现得非常脆弱，用户隐私很容易泄露。

因此，边缘云需要为智能家居系统提供虚拟防火墙、网络攻击检测与防护、用户登录与身份认证、系统资源与服务使用审计、数据加密与解密，以及隐私数据保护等功能。

（5）命名

智能家居系统中的设备类型越多、数量越大，设备命名就越重要。为了在网络中定位设备并通信，服务需要知道设备的名称、网络地址与通信协议。边缘云需要为每个设备分配一个易于用户理解和记忆的名称，并且这个名称在系统中是唯一的。设备名称用于描述设备的以下信息。

- 位置（在哪儿）。
- 角色（有什么用途）。
- 数据（按照命名规则用数字或字符串表示设备名）。

设备名将被用于服务管理、设备诊断与替换。命名机制使系统对设备和数据的管理变得更容易，同时有利于保护数据隐私和安全。网络地址（IP地址或MAC地址）被用于支持各种通信协议（如蓝牙、ZigBee或Wi-Fi）。设备名需要与设备的网络地址绑定，并记录在设备名与网络地址映射表中，用于边缘云的查询、定位、路由、通信与服务。

关于边缘设备命名的问题，需要注意以下两点。

- 大多数边缘设备具有高度移动性的特点，对于资源有限的边缘设备来说，基于IP的命名规则（如DNS、URI）因其复杂性和开销太大而难以应用到边缘计算架构中。
- 边缘计算的命名规则对编程、寻址、识别与通信具有重要的作用。边缘计算的命名规则需要实现系统中的异构设备之间的通信，满足设备移动、高度动态化的网络拓扑、隐私安全等需求。

6.5 习题

1. 单选题

（1）内容分发网络的英文缩写是（　　）。

A. ONS　　B. DNS

C. ODN　　D. CDN

（2）使用户看到一个叠加虚拟物体的真实世界的服务称为（　　）。

A. VR　　B. OTT

C. AR　　D. ISP

（3）在家庭网络常用的通信协议中，不属于无线通信技术的是（　　）。

A. NB-IoT　　B. 电力线网

C. Wi-Fi　　D. 蓝牙

（4）在智能家居应用系统中，核心的硬件设备通常是指（　　）。

A. 5G 基站　　B. 集线器

C. 家庭网关　　D. 交换机

（5）基于“端－边－云”的数据智能处理架构中，“端”通常是指（　　）。

A. 设备层　　B. 云层

C. 边缘层　　D. 数据中心

（6）互联网公司越过电信运营商发展基于互联网的各种视频及数据业务，这类业务通常被称为（　　）。

A. NFV　　B. SDN

C. OTT　　D. TLS

（7）用户体验质量的英文缩写是（　　）。

A. QoE　　B. IoT

C. QoS　　D. IoE

（8）在基于 MEC 的智能家居系统中，负责连接各类家居设备的是（　　）。

A. 路由器　　B. 核心云

C. 调制解调器　　D. 边缘云

（9）在基于 MEC 的实时目标跟踪应用中，传感器与执行器通常具备的关键能力是（　　）。

A. 域名解析　　B. 视频采集

C. 温度感知　　D. 自动驾驶

（10）在基于 MEC 的增强现实应用中，最重要的性能指标是（　　）。

A. 流量分布　　B. 端口密度

C. 传输延时　　D. 接入效率

2. 思考题

（1）请说明移动边缘计算在VR/AR类应用中的作用。

（2）请设想一个边缘CDN在物联网中应用的例子。

（3）如何理解智能家居应具有“自我意识、自我管理与自我学习”能力？

（4）请说明基于MEC的实时目标跟踪应用需要解决的关键问题。

（5）请参考图1-10所示的基于MEC智能医疗应用系统案例，完善该系统的设计工作（包括场景分析、功能描述、系统结构示意图）。

第7章　边缘计算开源平台

边缘计算平台对物联网应用与边缘计算发展有重要的意义。本章从边缘计算平台分类的角度出发，系统地讨论面向设备侧、面向边缘云、“边-云”协同的开源平台，以及多个典型开源平台的技术特点与系统架构。

7.1　开源平台概述

边缘计算系统是一个典型的分布式系统，在具体实现中需要整合为一个计算平台。网络边缘的计算、存储、网络资源众多但是分散，如何有效组织与统一管理这些资源，是边缘计算平台需要解决的重点问题。在边缘计算的应用场景（特别是物联网应用系统）中，对于传感器的数据源，它们的硬件、软件与通信协议具有多样性特点，如何方便地从数据源采集数据是需要考虑的问题。在网络边缘的计算资源不算丰富的条件下，如何高效完成数据处理任务也是需要解决的问题。

近年来，边缘计算已经引起了各类技术供应商的关注。物联网平台供应商拥有与物联网硬件相关的解决方案，小型创业公司创建专门的边缘计算解决方案，甚至开源基金会也看到了边缘计算的潜在机遇。物联网云提供商的解决方案重点在于为客户提供一体化的整体解决方案（包括设备、边缘和云），使客户更轻松地构建、部署和管理与其云平台连接的物联网设备。不同供应商与开源社区之间的关系不同。有些供应商希望提供完整的边缘解决方案，有些供应商则与开源社区开展了合作。

Amazon 公司推出了 AWS IoT Greengrass 方案，允许接入设备通过 AWS Lambda 服务来执行机器学习、数据同步，以及实现与 AWS IoT Core 的连接。Microsoft 公司推出了 IoT Edge

方案，允许接入设备运行其 Azure 服务。Microsoft 公司还在 GitHub 创建 IoT Edge 的开源项目，希望将 IoT Edge 移植到其他硬件平台上，但是与 Azure IoT Hub 云平台仍密不可分。Google 公司发布了 Cloud IoT Edge 方案，主要将精力集中在为边缘计算提供 AI 功能。

有些物联网平台提供商在开发自己的边缘计算产品，例如 Litmus Automation、Bosch IoT Suite、Software AG Cumulocity 等，它们提供与各自物联网平台相连的边缘解决方案。很多风险投资支持下的创业公司致力于提供边缘解决方案。Foghorn、Swim 等公司关注基于边缘计算的机器学习与分析，而 Zededa、Edgeworx 等公司致力于将虚拟化与容器技术引入边缘设备中。这些公司都与主流的物联网平台、边缘云提供商合作，并且将各自的边缘解决方案连接到不同的物联网平台上。

各个开源基金会都在积极开展边缘计算研究。由于开源基金会不会依赖于任何供应商，因此不同公司与个人可以协作开发创建边缘计算技术。对于那些担心过分依赖某个供应商的客户来说，这些新兴的边缘计算开源社区提供了另一种选择。大多数的物联网平台、云计算或边缘计算提供商并没有参与构建边缘技术的协作开源社区。有些公司在某个开源社区创立了自己的开源项目，但是很多公司的重点在于提供特定供应商的商业解决方案，只是这些解决方案通常采用开源技术来构建。

2019 年，Linux 基金会（LF）宣布推出 LF Edge 社区，致力于建立独立于硬件、芯片、云或操作系统的一个开放的、可互操作的边缘计算框架。LF Edge 社区主要包括 5 个开源项目：EdgeX Foundry、Akraino Edge Stack、Open Glossary of Edge Computing、Samsung Home Edge 与 Zededa EVE。同期，OpenStack 基金会也在向边缘计算领域发力。基于 Wind River 代码的 StarlingX 项目集成了不同的开源项目，主要包括 CentOS、OvS-DPDK、Ceph、Kubernetes 与 OpenStack，其目的是在边缘设备上运行云服务。

Eclipse 基金会是一个成熟的网络开源社区，它拥有多个物联网相关的开源项目，其中有些项目涉及边缘计算技术。例如，Eclipse Kura 是构建 IoT 网关的框架，Eclipse ioFog 是构建雾计算的框架，Eclipse SmartHome 是构建智能家居的框架。另外，GitHub 是一个面向开源或私有项目的软件托管平台。2018 年 1 月，百度公司在 GitHub 上发布 OpenEdge 项目，它集成了百度自身的物联网云平台。2018 年 9 月，华为公司在 GitHub 上发布 KubeEdge 项目，它将 Kubernetes 扩展到边缘计算领域。

由于面向的用户类型与应用领域不同，边缘计算平台的系统结构与功能设计有较大差异。但是，不同的边缘计算平台也具有一些共性的特点，边缘计算平台的通用功能框架如图 7-1 所示。在这个通用性的框架中，资源管理功能用于管理网络边缘的计算、存储与网络资源；设备接入功能用于管理网络边缘接入的各种边缘设备；数据采集功能用于管理通过边缘设备获取的数据；安全管理功能用于保障采集自设备的数据安全；平台管理功能用于管理设备与监控边缘计算应用的运行状态。

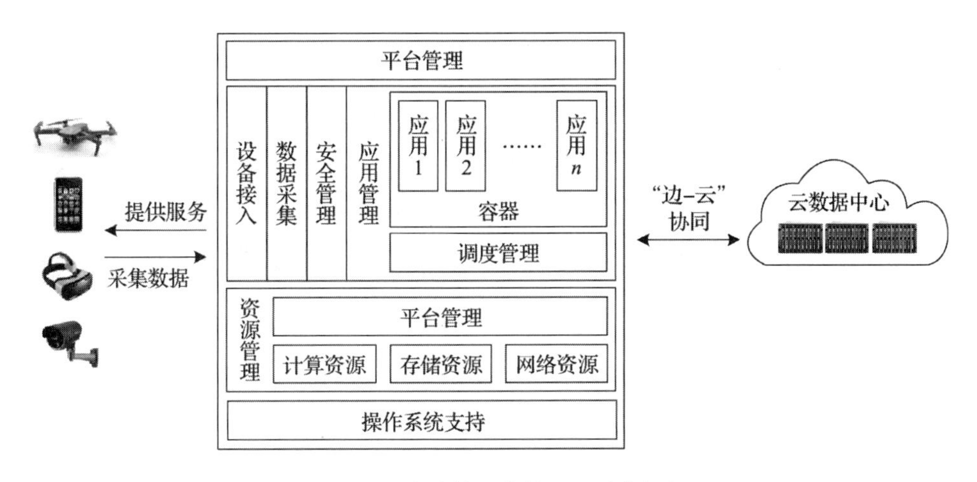

图 7-1 边缘计算平台的通用功能框架

各个边缘计算平台的区别主要表现在以下几个方面。

- 边缘计算平台的设计目标反映其针对的问题领域，并对平台的系统结构与功能设计有关键的影响。
- 边缘计算平台的目标用户有很大的区别。有些平台是提供给网络运营商以部署边缘云服务，有些平台则没有这方面限制，普通用户可以在边缘设备上部署使用。
- 为了满足用户动态地增加与删除应用的需求，边缘计算平台通常需要具有良好的可扩展性。
- 面向不同应用领域的边缘计算平台具有不同特点，而这些特点可以为不同边缘计算应用的开发与部署提供便利。
- 边缘计算平台的常见应用领域包括智能交通、智能工厂、智能家居，以及 AR/VR、边缘视频处理、无人车等对延时敏感的应用场景。

根据平台的设计目标与部署方式的不同，边缘计算开源平台可以分为 3 类：面向设备侧的开源平台、面向边缘云的开源平台与“边 - 云”协同的开源平台。

7.2 面向设备侧的开源平台

面向设备侧的边缘计算开源平台主要是针对物联网应用场景，致力于解决在开发与部署物联网应用过程中遇到的问题，例如设备接入方式多样性问题等。这些边缘计算开源平台通常是部署在网关、路由器等边缘设备处，为物联网应用系统的边缘计算服务提供支持。面向设备侧的边缘计算开源平台主要包括：EdgeX Foundry、ioFog、Fledge、Apache Edgent、Eclipse Kura、Home Edge 等。

7.2.1 EdgeX Foundry

EdgeX Foundry 是一个由 Linux 基金会主持的开源项目，致力于为物联网边缘计算提供通用的开放式框架结构。该框架可以部署在边缘节点（包括网关、路由器、边缘服务器）上，它独立于设备硬件、通信协议和操作系统，实现了即插即用的物联网组件，解决了异构设备与应用程序之间的互操作问题，提供数据分析与编排、系统管理、安全性等服务，有效推动了物联网解决方案的部署。

EdgeX Foundry 可看作一系列松耦合、开源的微服务集合。这种架构允许开发者将应用程序划分为多个独立的服务，每个服务运行在独立的应用进程中，服务之间采用轻量级通信机制（如 RESTful API）进行交互。所有微服务被部署成彼此隔离的轻量级容器，支持动态地增加或减少功能，提供了良好的可扩展性与可维护性。

EdgeX Foundry 的框架结构如图 7-2 所示。框架下方的“南向设备与传感器”是数据来源，包括所有物联网对象（设备、传感器），以及与这些对象通信并从中收集数据的网络边缘。框架上方的“北向基础设施与应用”是数据处理方，包括将南向传来的数据进行收集、存储、汇聚、分析并转换为有用信息的云，以及与云通信的网络部分。EdgeX Foundry 由 2 个部分组成：定义业务逻辑的 4 个水平层（设备服务层、核心服务层、支持服务层与导出服务层），提供安全与管理功能的 2 个垂直层（系统管理层与安全服务层）。

图 7-2 EdgeX Foundry 的框架结构

设备服务层负责对来自设备与传感器的原始数据进行转换并发送给核心服务

层，并且对来自核心服务层的命令请求进行解析。EdgeX Foundry 支持多种用于接入的通信协议，包括 RESTful API（REST）、低功耗蓝牙协议（BLE）、低功耗个人区域网（ZigBee）、OPC 统一框架（OPC-UA）、消息队列遥测传输协议（MQTT）、串行通信协议（ModBus）、楼宇自动化与控制网络（BACNET）、简单网络管理协议（SNMP）等。

核心服务层是设备服务层与支持服务层之间沟通的桥梁，主要提供以下服务：注册与配置微服务提供用户服务的注册与发现功能；核心数据微服务提供采集与存储南向设备数据的功能；元数据微服务用于描述设备自身的能力；命令微服务用于向南向设备发送控制指令。

支持服务层负责提供边缘分析与智能服务，主要包括以下几种服务：规则引擎微服务允许用户设定一些规则，当监测到数据达到规则要求时触发特定的操作；报警与通知微服务可以在发生紧急情况或服务故障时，通过 RESTful 回调、即时消息、邮件等方式通知管理员或其他系统；调度微服务可以设置计时器或定期清除旧数据；日志微服务用于记录 EdgeX Foundry 的运行状态。

导出服务层负责将数据传输到北向的云计算中心，它主要包括用户注册、分发等微服务组件。用户注册微服务使某个特定的云端或本地应用可以注册为核心数据模块中的数据接收者；而分发微服务将对应数据从核心服务层导出到指定的客户端。

EdgeX Foundry 首先利用设备服务层从设备或传感器中收集数据，然后将数据传输到核心服务层实现本地持久化，接着由导出服务层对数据进行格式转换与过滤，最后将数据传输到北向的云数据中心执行下一步处理。导出服务层的数据也可以由规则引擎模块执行边缘分析，然后通过命令模块向南向设备发送相关指令。在设备服务层、支持服务层与导出服务层，用户都可以通过 API 来开发新的功能模块。

7.2.2 ioFog

ioFog 是一个由 Eclipse 基金会主持的开源项目，致力于为物联网边缘计算提供通用的开放式框架结构。该框架可以部署在任何边缘节点，包括网关、路由器、边缘服务器等，它独立于设备硬件、通信协议和操作系统，实现了即插即用的物联网组件，解决了异构设备与应用程序之间的互操作问题，有效推动了物联网解决方案的部署。目前，ioFog 项目已经从 1.0 版升级到 2.0 版。

ioFog 核心是基于微服务（Microservice）架构。这种架构允许开发者将某个应用划分为多个独立的服务，每个服务运行在独立的应用进程中，服务之间采用轻量级的通信机制（如 RESTful API）进行交互。所有微服务被部署成彼此隔离的轻量级容器，支持动态地增加或减少功能，保证了整体框架的可扩展性与可维护性。

ioFog 2.0 版的框架结构如图 7-3 所示。其中，控制器（Controller）是每个边缘网络中的核心组件，负责协调整个边缘网络中的所有角色，包括代理、路由器、代理服务器、管理员、终端用户等。控制器通常运行在边缘网络中的边缘服务器上。管理员通过 RESTful API（HTTP）或 CLI（SSH）来访问控制器，以便监控整个边缘网络的运行状态。

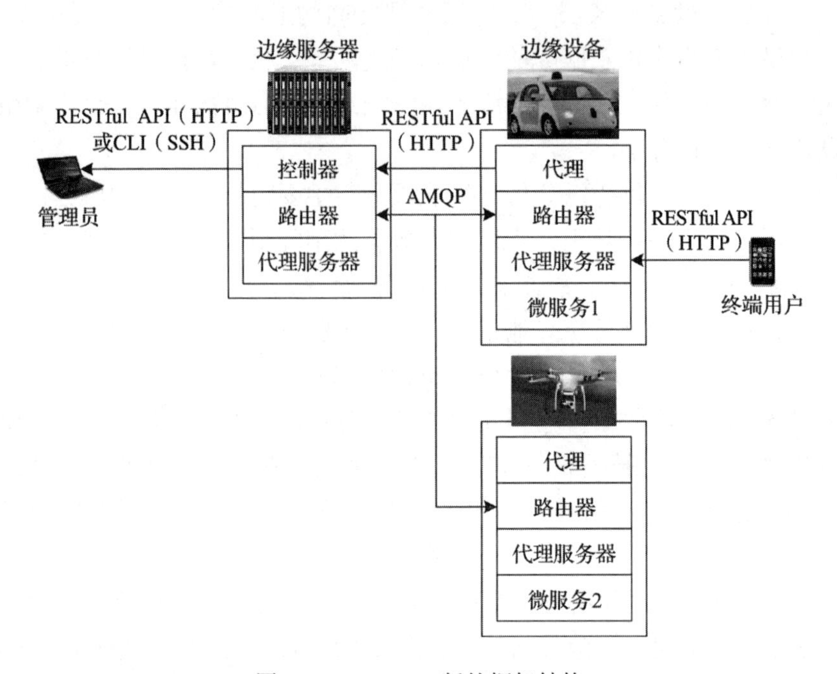

图 7-3　ioFog 2.0 版的框架结构

代理（Agent）是边缘网络中的必要组件，它是边缘计算任务的具体执行者，通常位于某种边缘设备中。代理负责运行微服务、装载卷、管理资源等。代理将每个微服务作为一个 Docker 容器来管理，并维护其使用寿命及 Docker 映像。代理通过 RESTful API（HTTP）向控制器报告自身情况。

路由器（Router）是边缘网络中的必要组件，它的存在使微服务之间能够通信，通过隧道将数据传输给这些微服务。在默认情况下，每个控制器和代理运行自己的路由器。虽然控制器和代理之间通过 HTTP 进行通信，但是路由器之间使用高级消息队列协议（AMQP）。AMQP 是一种 OASIS 标准，主要考虑安全性、可靠性与互操作性。

代理服务器（Proxy）是一种常用的组件，它在必要时负责将 HTTP 请求转换为 AMQP。在发布某种微服务时，代理服务器被部署到所涉及的路由器上。端口管理器（Port Manager）仅在 ioFog 集成到 Kubernetes 集群时使用。在 ioFog 2.0 版中，明确定义了从控制器到代理的 RESTful API 规范。

7.2.3 Fledge

2019 年 9 月，LF Edge 社区发布了两个新项目，其中一个就是 Fledge。它是一个开源的工业物联网（IIoT）及边缘计算框架，重点关注关键操作、预测性维护、态势感知与安全问题。Fledge 是由 Dianomic 公司提供，以前被称为“Fog LAMP”。Fledge 框架结构致力于将 IIoT、传感器与现代机器集成起来，与现有的工业“棕色领域”系统、云计算平台等共享一组公共的管理与应用程序 API。

Fledge 采用的是模块化的微服务架构，包括传感器数据收集、存储、处理与转发服务。不同服务之间采用轻量级通信机制（如 RESTful API）进行交互。由于底层的网络通信服务有可能是不可靠的，因此 Fledge 提供了一种缓存数据并转发给高层应用的方法。最终，感知数据可以被提供给数据分析者、企业系统或基于云的服务。Fledge 通过提供即插即用的工业物联网组件，实现异构设备与应用程序之间的互操作，以便有效推动工业物联网解决方案的部署与应用。

Fledge 的框架结构如图 7-4 所示。Fledge 架构包括 4 个微服务模块：核心服务、南向服务、北向服务与存储服务。其中，核心服务负责管理其他服务、外部 RESTful API、调度与监视活动等；南向服务实现 Fledge 与传感器、执行器之间的通信，通常部署为始终运行的服务；北向服务负责实现 Fledge 与数据分析者、云计算平台之间的通信，通常部署为一次性任务，周期性地发送经过批量处理的数据；存储服务负责配置与评估对感知数据的缓存策略、存储空间等。另外，事件引擎负责维护告警规则及其触发的动作。每个规则订阅所需的设备数据，并对其进行计算与分析。

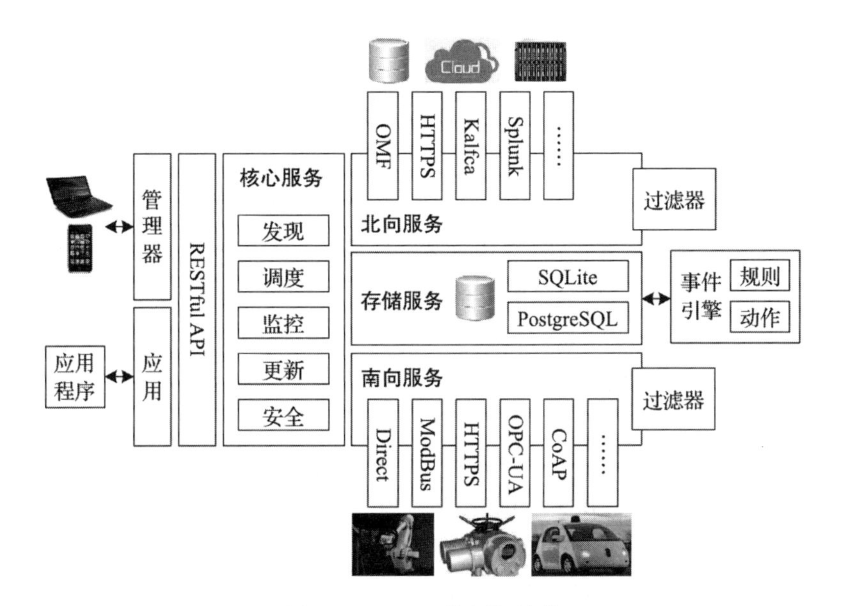

图 7-4　Fledge 的框架结构

核心微服务中仅运行一个调度程序，可根据时间调度或事件触发来执行任务进程，用于协调所有的 Fledge 操作。核心微服务主要提供以下几个功能。

- 调度程序：调度程序用于启动不同任务进程。
- 配置管理：维护所有组件的配置信息，对所有组件进行软件更新。
- 监视程序：监视所有组件，在发现问题时尝试自我修复。
- REST 接口：为所有组件的功能对外提供管理和数据 API。
- 证书存储：维护不同服务的安全证书，包括南向服务、北向服务、API 的安全证书。

Fledge 使用插件来增加实现的灵活性，这些插件主要分为以下几类。

- 南向插件：为新增加的传感器或执行器开发南向数据采集插件。
- 北向插件：如果数据需要存储到新的历史数据库或第三方系统，可以针对新的存储需求开发北向插件。
- 数据存储插件：允许用户使用不同的数据库来存储元数据和传感器数据。
- 身份认证插件：根据实际部署环境的身份认证机制，开发新的身份认证插件。
- 过滤器插件：用于修改经过 Fledge 的数据流。

不同微服务既可以全部部署在同一节点，又可以分布在多个计算节点。例如，核心模块与存储模块可以部署在嵌入式物联网网关，南向模块可以部署在传感器节点，而北向模块与事件引擎模块可以部署在雾计算节点。这就是微服务带来的最大优点，它可以将系统的不同组件灵活部署在边缘层、雾层或云端。另外，Fledge 与 Project EVE 紧密合作，为 Fledge 提供系统和编排服务及容器运行时。

7.3 面向边缘云的开源平台

面向边缘云的边缘计算开源平台致力于优化或重建网络边缘的基础设施，以便在网络边缘构建数据中心并提供类似于云计算中心的服务。网络运营商是这类边缘计算服务的最主要推动者。面向边缘云的边缘计算开源平台主要包括：Akraino Edge Stack、StarlingX、CORD、Airship、VCO 等。

7.3.1 Akraino Edge Stack

Akraino Edge Stack 是 Linux 基金会于 2018 年 2 月创建的一个开源软件栈，支持针对边缘计算系统与应用程序优化的高可用性云服务。Edge Stack 项目成员包括 ARM、AT&T、EMC、Intel、Nokia、Redhat、高通、华为等几十家公司。Edge Stack 旨在改善企业边缘、OTT 边缘和运营商边缘的边缘云基础架构，以便快速扩展边缘云服务，最大限度提高边缘支持的应用与功能，以便提高边缘计算系统的可靠性。2018年8月，Linux基金会发布了Edge Stack Release 1.0版，这标志着该项目正式进入实用阶段。随后，Edge Stack Release 2.0、Edge Stack Release 3.0与Edge Stack Release 4.0版陆续发布。

Akraino Edge Stack代码基于AT&T的Network Cloud，它是在虚拟机与容器中运行的运营商级计算应用程序。Linux基金会用该代码构成EdgeStack项目，并向Linux社区开放与提供。Edge Stack提供的方案为边缘与远程边缘的电信相关应用创建集成堆栈，并且能够将服务延时控制在5ms～20ms，而企业与工业物联网堆栈的延时低于5ms。Edge Stack将广泛支持电信网、企业和工业物联网的边缘计算应用，其中包含针对已定义的用例与经过验证的硬件、软件配置等。

Akraino Edge Stack的框架结构如图7-5所示。大多数开源项目仅提供边缘计算所需的组件，而Edge Stack提供了一个涵盖基础设施、中间件及边缘计算应用的完整解决方案。Edge Stack项目可以分为3个层次：应用层、中间件层与集成栈层。其中，顶层是应用层，负责部署边缘应用并创建App/VNF的边缘生态系统；中层是中间件层，包含支持顶层应用的中间件，并通过开发统一API方式实现与第三方开源项目的交互性操作；底层是集成栈层，负责对接其他开源的边缘计算项目，例如OpenStack、Kubernetes等。

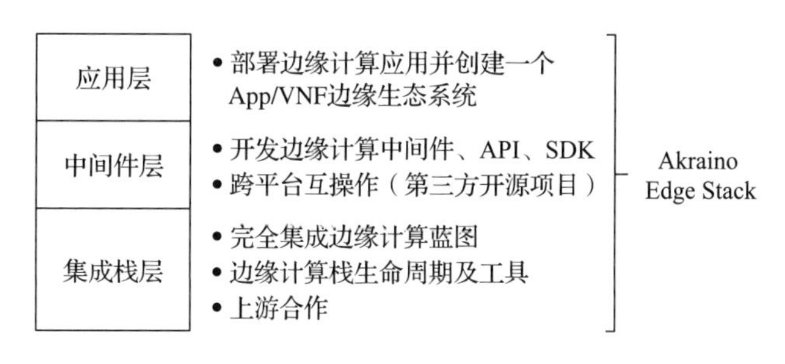

图7-5 Akraino Edge Stack的框架结构

虽然OpenStack与Kubernetes可用作底层Edge Stack技术，但是没有软件可用于大规模部署和管理这些软件栈的生命周期。在边缘位置可能存在上万个软件栈，而且这些栈可能通过无线电基站托管，在高速公路一侧或在客户机房中部署，Edge Stack的手动编排功能无法满足要求，这些都需要进行边缘与自动化管理。除了上述两种技术之外，Edge Stack项目还涉及众多项目和软件，包括Airship、Calico、CI/CD、Ceph、CNI、Gerrit、Jenkins、JIRA、ONAP、SR-IOV等。

Edge Stack项目是以蓝图（Blueprint）为组织架构，通过蓝图来实现基于边缘计算的多样化用例。每个蓝图包含3层声明性配置（应用、API与边缘云平台）。交付点（PoD）是将Edge Stack部署到边缘节点的方法，它详细描述了自动部署流程与脚本，涉及 CI/CD、集成及测试工具等。在理想情况下，每个蓝图可以实现边缘基础架构自动构建、边缘节点自动部署、上下游项目集成与自动编排等，这意味着 Edge Stack 可通过零接触配置、生命周期管理及自动缩放功能，支持大规模、低成本的边缘计算应用。

7.3.2 StarlingX

StarlingX 源自 Wind River 开发的 Titanium Cloud 云操作系统。Titanium Cloud 最初构建在 OpenStack 等开源组件上，对其进行扩展与加固，以满足关键的基础设施需求，包括高可用性、故障管理与性能管理，可用于 NFV 电信云、边缘云、工业物联网等场景。2018 年 5 月，Wind River 公司宣布将 Titanium Cloud 的部分组件开源，命名为 StarlingX，并交给 OpenStack 基金会管理。

StarlingX 既是开源项目又是集成项目，将新服务与开源项目结合于一个边缘云软件栈。StarlingX 1.0 在专用物理服务器上提供 OpenStack 强化平台，而 StarlingX 2.0 在虚拟机环境中提供了集成 OpenStack 和 Kubernetes 的强化平台。StarlingX 旨在为边缘计算配置经过验证的云技术，支持在主机、虚拟机与容器化环境中的部署，适用于对高可用性、服务质量、低延时等有严格要求的应用场景。

StarlingX 的框架结构如图 7-6 所示。StarlingX 框架结构主要分为 3 个层次：上层是 OpenStack 组件（12 个主要组件），通过 StarlingX 服务完成对 OpenStack 的安装部署、监控管理等；中层是 StarlingX 服务（5 个主要服务），包括配置管理、故障管理、主机管理、服务管理、软件管理等；下层是 StarlingX 使用的其他开源项目及工具，例如 Kubernetes、Ceph、Collectd、Libvert、QEMU、Open vSwitch 等。另外，基础设施编排服务用于在 NFV 场景下扩展 OpenStack 功能。

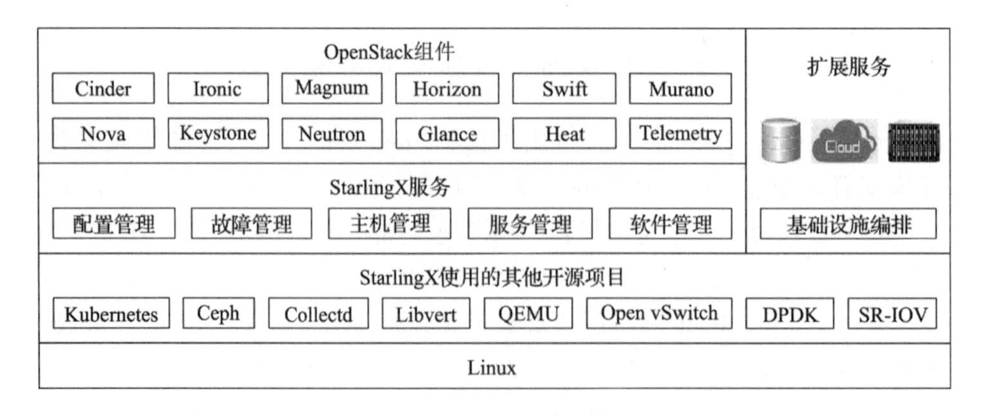

图 7-6 StarlingX 的框架结构

StarlingX 服务主要包括以下几种服务。

- 配置管理（Configuration Management）：提供 StarlingX 服务与 OpenStack 组件的安装、配置等服务。
- 故障管理（Fault Management）：提供故障告警、日志报告等服务。
- 主机管理（Host Management）：提供主机（物理机、虚拟机、进程、资源等）状态的监控、重启等服务。
- 服务管理（Service Management）：提供对控制节点的高可用性服务。
- 软件管理（Software Management）：提供软件补丁管理、版本升级等服务。

StarlingX 利用 OpenStack、Kubernetes、Ceph 等开源项目的组件，通过增加配置、故障管理等服务对这些组件加以完善，以便满足运营商与行业应用对边缘计算的严格要求。StarlingX 的应用案例主要包括：智能交通与自动驾驶、工业自动化、智能建筑与智慧城市、虚拟化无线接入网（vRAN）、增强现实与虚拟现实、高清媒体内容分发、医疗成像与诊断、通用型客户终端设备（uCPE）等。

7.3.3 CORD

开放网络基金会（ONF）是 2011 年由运营商主导成立的国际开放联盟组织，通过利用 SDN、NFV、云技术等方式围绕网络软硬件解耦、白盒设备、开源软件来构建解决方案，进而推动网络基础设施与运营商业务模式的转型，帮助整个生态系统大幅降低 Capex 与 Opex 成本。

CORD（Central Office Re-architected as a DataCenter）是 ONF 发起并管理的 SDN 领域的开源项目，它是建立和构建边缘云概念的理想平台，最新发布的版本已经支持云原生应用 Kubernetes。除了支持将运营商的 CO（Central Office）机房改造为云数据中心之外，CORD 也可以将运营商及企业的边缘机房进行云化改造以具备边缘接入能力。CORD 整合了 OpenStack、Docker、ONOS 等开源项目，并利用 DevOps 应用开发模型为网络运营商建立一个开放、可编程的开源平台。

CORD 的设计目标是提供一个网络运营商服务交付平台的参考实现，其核心包括一个软件平台、一系列硬件规范与服务模型等。CORD 是一个集成商用硬件和开源软件的通用平台，主要包括 4 个面向不同部署场景的解决方案：面向 5G 移动边缘基站的 M-CORD、面向有线接入家庭用户的 R-CORD、面向城域网与广域网中企业用户的 E-CORD，以及面向性能探测与度量应用的 A-CORD。

CORD 的框架结构如图 7-7 所示。CORD 框架结构分为 2 个部分：软件架构与硬件架构。CORD 软件架构包含 3 个部分：OpenStack/Kubernetes、ONOS 与 XOS。其中，控制面的 XOS 是 CORD 的 Web 管理控制台，它调用数据面的 OpenStack 与 ONOS 提供相关服务，包括服务监控、资源分配、分发部署与迁移等。OpenStack 与 Kubernetes 提供了 IaaS 云服务，管理计算、存储、网络资源以及运行 NFV 的虚拟机与容器。ONOS 是控制白盒（White Box）交换机的网络操作系统，同时为终端用户提供通信服务。

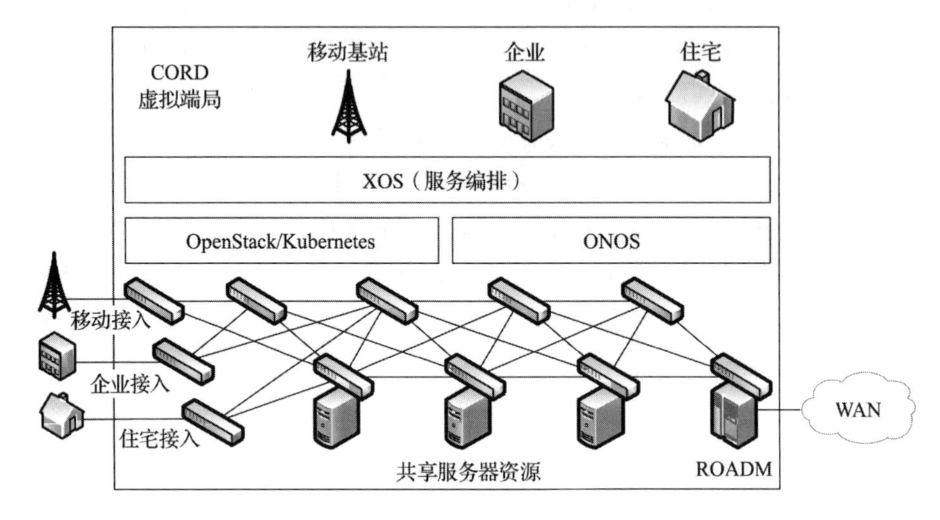

图 7-7 CORD 的框架结构

CORD 硬件主要包括底层的白盒交换机，以及在其上互联的商用服务器。白盒交换机是 SDN 交换机的一个组件，负责根据 SDN 控制器的指令来调节数据流。商用服务器负责提供计算、存储与网络资源，并将网络构建为叶脊（Leaf-Spine）拓扑结构，以便支持东西向的通信带宽需求。商用服务器上部署了包括 OpenStack、Kubernetes 在内的功能组件，而 ONOS 则运行在白盒交换机上。

7.4 “边－云”协同的开源平台

“边－云”协同的边缘计算开源平台基于边－云融合的设计思想，致力于将云计算服务能力扩展至网络边缘。云计算服务提供商是这类边缘计算服务的最主要推动者。“边－云”协同的边缘计算开源平台主要包括：Azure IoT Edge、KubeEdge、Baetyl、Link IoT Edge 等。

7.4.1 Azure IoT Edge

Azure IoT Edge 是 Microsoft 公司推出的一种将云与边缘设备结合的物联网解决方案。2018 年 6 月，Microsoft 公司通过 GitHub 平台将 Azure IoT Edge 开源。实际上，仅 Azure IoT Edge 运行时是开源且免费的，用 Azure IoT Hub 实例进行扩展仍需付费。用户可以根据自己的业务逻辑定义物联网应用，在边缘设备本地完成数据处理任务，同时享受大规模云平台的配置、部署与管理功能。即使在离线或间歇性连接状态下，边缘设备可实现人工智能与高级分析，简化开发，并且降低物联网解决方案成本。

Azure IoT Edge 的框架结构如图 7-8 所示。Azure IoT Edge 主要包括 3 个基本组件：IoT Edge 模块、IoT Edge 运行时与 IoT Edge 云界面。其中，IoT Edge 模块与 IoT Edge 运行时在边缘设备上运行，IoT Edge 模块是运行 Azure 服务、第三方服务或自身代码的容器，而 IoT Edge 运行时用于管理部署到每个设备的模块。用户可以通过基于云的界面远程监视和管理 IoT Edge 设备。

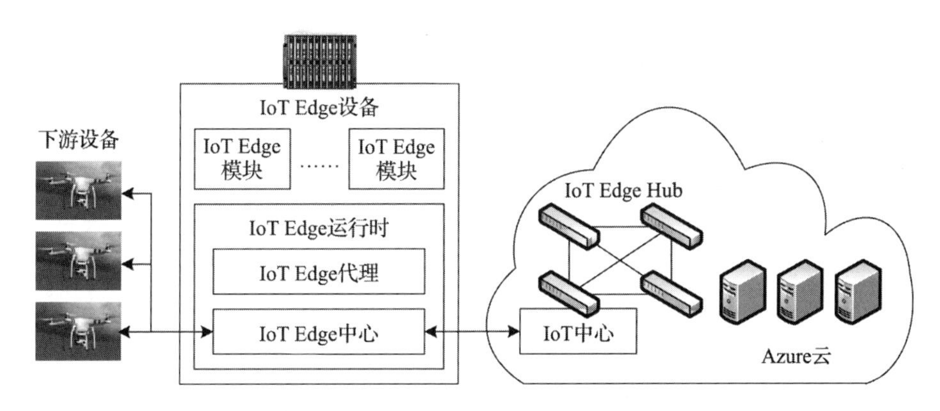

图 7-8　Azure IoT Edge 的框架结构

IoT Edge 运行时是将某个设备转换为 IoT Edge 设备的程序集合。在 IoT Edge 运行时组件的协作之下，IoT Edge 设备接收在边缘运行的代码并传递结果。IoT Edge 运行时主要包括 2 个组件：IoT Edge 代理与 IoT Edge 中心。其中，IoT Edge 代理负责部署并监视模块；而 IoT Edge 中心负责通信。IoT Edge 代理与 IoT Edge 中心都是模块，就像 IoT Edge 设备上运行的其他任何模块一样，它们通常被称为“运行时模块”。

IoT Edge 运行时主要实现以下几个功能。

- 安装与更新工作负载。
- 维护 IoT Edge 安全标准。
- 确保 IoT Edge 模块始终处于运行状态。
- 管理 IoT Edge 设备上的模块之间的通信。
- 管理 IoT Edge 设备之间的通信。
- 管理 IoT Edge 设备与云之间的通信。
- 管理下游设备与 IoT Edge 设备之间的通信。

IoT Edge 代理负责实例化模块、确保模块继续运行，以及向 IoT 中心报告模块运行状态。IoT Edge 安全守护程序在设备启动时启动 IoT Edge 代理，从 IoT 中心检索其模块孪生并检查部署清单。部署清单是一个 JSON 文件，其中声明了需要启动的模块。部署清单中每项包含有关模块的特定信息，并由 IoT Edge 代理用于控制模块的生命周期。

IoT Edge 中心通过公开与 IoT 中心相同的协议终节点，充当 IoT 中心的本地代理。这种一致性意味着客户端连接到 IoT Edge 运行时，就像连接到 IoT 中心一样。IoT Edge 中心不是在本地运行的 IoT 中心完整版。IoT Edge 中心将一些任务以无提示方式委托给 IoT 中心。 例如，IoT Edge 中心在第一次连接时自动从 IoT 中心下载授权信息，使设备能够进行连接。 在建立第一个连接之后，IoT Edge 中心在本地缓存授权信息。该设备以后的连接经过授权，无须再次从云中下载授权信息。

IoT Edge 模块是作为 Docker 容器实现的执行单元，负责在边缘运行业务逻辑，可以是 Azure 服务、第三方服务或自身的代码。这些模块部署到 IoT Edge 设备上以本地方式执行，多个模块可配置为支持互相通信，以创建用于数据处理的管道。IoT Edge 模块也可以在脱机状态下运行。

IoT Edge 云接口用于远程监视与管理 IoT Edge 设备。管理众多 IoT 设备的软件生命周期极具挑战性，这些设备可能属于不同制造商且型号各异，也可能被部署在不同的地理位置。IoT Edge 支持为某类设备创建与配置工作负载，并将该负载部署到相应类型的一组设备。在这些 IoT Edge 设备运行之后，用户通过 IoT Edge 云接口监视工作负载，以便发现行为异常的设备。

7.4.2 KubeEdge

KubeEdge 是华为公司推出的一种将云与边缘设备结合的物联网解决方案。2019 年 3 月，华为公司通过 CNCF（云原生计算）基金会将 KubeEdge 项目开源。KubeEdge 构建在 Kubernetes 之上，为网络应用程序提供基础架构支持，在云端与边缘端部署应用并同步元数据。实际上，KubeEdge 依托 Kubernetes 的容器编排和调度能力，实现“云 - 边”协同、计算下沉、海量设备的平滑接入。KubeEdge 的框架结构如图 7-9 所示。KubeEdge 架构包含两个部分：云端与边缘端。其中，云端并不负责应用的调度与管理，仅将调度到边缘节点的应用、元数据下发到边缘；边缘端负责运行边缘应用与管理接入设备。

云端的核心组件是 CloudCore，主要包括以下 3 个模块。

- CloudHub：Web 套接字服务器，负责监视云端的变化，缓存并向 EdgeHub 发送消息。
- EdgeController：扩展的 Kubernetes 控制器，负责管理边缘节点与交付点（Pod）的元数据，确保数据传递到指定的边缘节点。
- DeviceController：扩展的 Kubernetes 控制器，负责管理边缘设备，确保设备信息、设备状态的云 - 边同步。

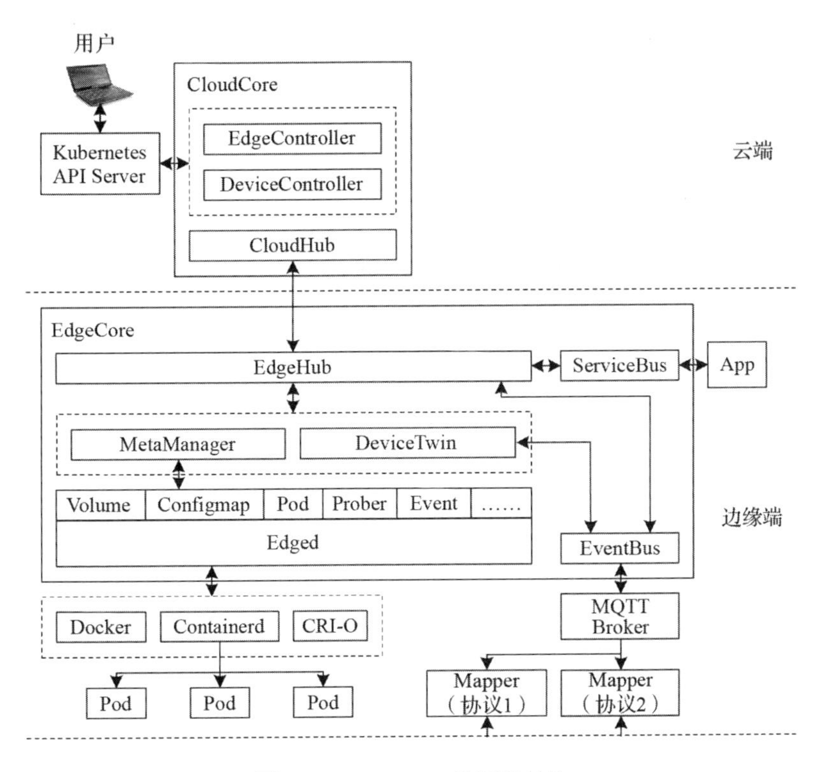

图 7-9　KubeEdge 的框架结构

边缘端的核心组件是 EdgeCore，主要包括以下 6 个模块。

- EdgeHub：Web 套接字客户端，负责与边缘计算的云服务（通过 CloudHub 与 Edge Controller）交互，提供同步云端资源、报告边缘主机与设备状态等功能。
- Edged：运行在边缘节点的代理，实际上是一个精简版的运行时，用于管理容器化的应用程序，并支持 Kubernetes 的 API 原语（例如 Pod、Volume、Configmap 等）。
- EventBus：MQTT 客户端，与 MQTT 服务器（Mosquitto）交互，为其他组件提供订阅与发布功能。
- ServiceBus：运行在边缘的 HTTP 客户端，接收来自云的服务请求，与运行在边缘的 HTTP 服务器交互，提供云服务访问边缘端 HTTP 服务器的能力。
- DeviceTwin：负责存储设备状态并同步到云，以及为应用程序提供查询接口。
- MetaManager：消息处理器，位于 Edged 与 EdgeHub 之间，负责向轻量级数据库（SQLite）存储、检索元数据。

KubeEdge 利用 MQTT Broker 将设备状态同步到边缘节点，再上传到云端。支持 MQTT 协议的设备可以直接接入 KubeEdge。使用专有协议的设备通过协议转换器（Mapper）接入 KubeEdge。针对工业物联网的应用场景，KubeEdge 在 DeviceAPI 中支持 Bluetooth、Modbus、OPC-UA 等 3 种常见协议的设备。

7.4.3 Baetyl

2018 年，百度智能云发布了智能边缘计算产品，即百度智能边缘（Baidu Intelligent Edge，BIE），并发布国内首个开源的智能边缘计算框架，即在 GitHub 上建立的 OpenEdge 项目。2019 年 1 月，Linux 基金会下属的社区（LF Edge）成立，该基金会旨在建立一套行业标准的开源边缘计算框架。2019 年 9 月，百度智能云宣布将 BIE 捐赠给 LF Edge 社区，并正式将 BIE 开源框架定名为 Baetyl。

Baetyl 是聚焦在物联网边缘计算的云原生基础设施，它具有平台中立、系统中立、网络中立的特点，也是国内少数的厂商中立的开源项目及生态系统。Baetyl 具备两大 AI 能力：一是“AI as a Function”，通过 Python 运行时支持 Scikit-Learn 型的数据分析模型；二是视觉 AI 能力，支持边缘侧视频接入、视频抽帧、图像标注、数据上行、知识下行、AI 推断等，通过 Baetyl 与 BIE 云端管理套件配合使用，可以达到云端配置、边缘运行的效果，以满足各种边缘计算场景的应用需求。

Baetyl 在架构上推行模块化设计模式，将每个功能设计成一个独立的模块，整体由主程序控制启动、退出，确保各个模块运行互不依赖、互不影响，满足用户按需使用、按需部署的要求。Baetyl 还采用全面容器化的设计思路，各模块镜像可在支持 Docker 的操作系统上一键构建，依托 Docker 支持跨平台的特性，确保在各个系统、平台上的环境一致。Baetyl 为 Docker 容器化赋予资源隔离与限制能力，精确分配各实例的 CPU、内存等资源，以便提升资源利用效率。

Baetyl 的框架结构如图 7-10 所示。Baetyl 架构分为 3 个部分：主程序（Master）、服务（Service）、外部的服务器或客户机。其中，主程序是整个 Baetyl 的核心，它负责服务实例的管理（启动、退出、守护、更新等）。主程序由 3 个组件构成：引擎（Engine）、RESTful API、命令行（CRL）。目前，主程序支持两种运行模式：Native 进程与 Docker 容器。这里，Native 进程模式称为主机网络“Localhost”，Docker 容器模式称为客户网络“Baetyl”。外部的服务器或客户机包括 MQTT 客户机、GRPC 客户机与服务器等。

Baetyl 的基本功能模块主要包括以下 8 个。

- 代理（Agent）：负责实现与 BIE 云端管理套件的通信，提供应用下发、设备信息上报等功能。该通信过程强制要求证书认证，以保证传输安全。
- MQTT 集线器（MQTT Hub）：提供基于 MQTT 的消息订阅与发布功能，支持 TCP、SSL、WS、WSS 等接入方式。
- 远程 MQTT（Remote MQTT）：用于桥接两个 MQTT 服务器的消息同步，支持配置多路消息转发。

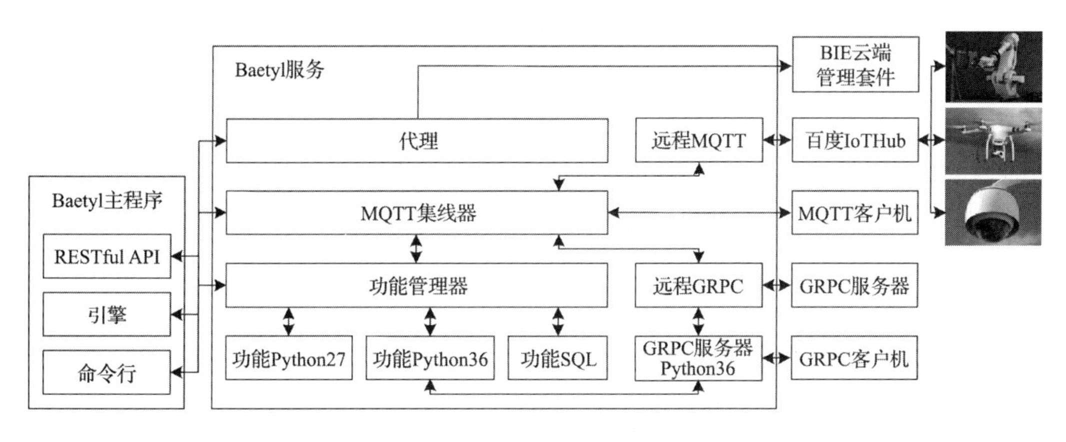

图 7-10 Baetyl 的框架结构

- 功能管理器（Function Manager）：提供基于 MQTT 的消息机制，实现高可用、可扩展、快速响应的计算能力。
- 功能 Python27（Function Python27）：提供 Python 2.7 函数运行时，通过功能管理器动态启动。
- 功能 Python36（Function Python36）：提供 Python 3.6 函数运行时，通过功能管理器动态启动。
- 功能 SQL（Function SQL）：提供 SQL 函数运行时，通过功能管理器动态启动。
- SDK（Golang）：用于开发自定义模块。

7.5 习题

1. 单选题

（1）Linux 基金会下属的有关边缘计算的社区是（　　）。

A. OpenStack　　B. GitHub

C. LF Edge　　D. WiMax

（2）以下不属于 StarlingX 定义服务的是（　　）。

A. 计费管理　　B. 故障管理

C. 配置管理　　D. 主机管理

（3）在 ioFog 框架结构中，每个边缘网络中的核心组件是（　　）。

A. 代理　　B. 集线器

C. 代理服务器　　D. 控制器

（4）在 EdgeX Foundry 框架结构中，微服务之间采用的轻量级通信机制是（　　）。

A. BACNET　　B. RESTful API

C. HTTPS　　D. BLE

（5）在 KubeEdge 的框架结构中，属于云端模块的是（　　）。
A. EdgeController
B. DeviceTwin
C. EdgeHub
D. ServiceBus

（6）在 Fledge 框架结构中，南向服务负责实现（　　）。
A. 与路由器、集线器之间的通信
B. 与传感器、执行器之间的通信
C. 与云计算平台之间的通信
D. 与数据分析系统之间的通信

（7）以下关于边缘计算开源平台归属的描述中，错误的是（　　）。
A. Akraino Edge Stack 属于 LF Edge
B. EdgeX Foundry 属于 LF Edge
C. ioFog 属于 Eclipse 基金会
D. Azure IoT Edge 属于 Eclipse 基金会

（8）以下关于 Baetyl 框架结构的描述中，错误的是（　　）。
A. 控制器（Controller）是整个框架的核心组件
B. 代理负责实现与 BIE 云端管理套件的通信
C. 远程 MQTT 用于桥接两个 MQTT 服务器的消息同步
D. MQTT 集线器提供基于 MQTT 的消息订阅与发布功能

（9）以下关于 CORD 框架结构的描述中，错误的是（　　）。
A. CORD 框架包括软件架构与硬件架构
B. XOS 是数据面的 Web 管理控制台
C. 云服务由 StarlingX 服务管理模块提供
D. CORD 硬件主要包括底层的白盒交换机

（10）以下关于 KubeEdge 项目的描述中，错误的是（　　）。
A. KubeEdge 构建在 Kubernetes 之上
B. 依托 Kubernetes 的容器编排和调度能力
C. 边缘端负责运行边缘应用与管理接入设备
D. 云端负责边缘应用的统一调度与管理

2. 思考题

（1）请说明边缘计算开源平台的重要性。

（2）请举例说明边缘计算开源平台的分类依据。

（3）边缘计算常用的 RESTful API 有哪些主要特征？

（4）基于边缘计算开源平台开发物联网应用应该注意哪些问题？

（5）在上述边缘计算开源平台中，你最感兴趣的是哪个平台？请简述原因。

部分习题参考答案

第 1 章

单选题

(1) C　(2) B　(3) A　(4) D　(5) B

(6) A　(7) C　(8) D　(9) C　(10) D

第 2 章

单选题

(1) B　(2) C　(3) A　(4) D　(5) C

(6) D　(7) A　(8) C　(9) B　(10) C

第 3 章

单选题

(1) B　(2) C　(3) A　(4) D　(5) B

(6) A　(7) B　(8) C　(9) B　(10) D

第 4 章

单选题

(1) C　(2) B　(3) A　(4) D　(5) C

(6) A　(7) D　(8) C　(9) B　(10) D

第 5 章

单选题

(1) B　(2) A　(3) C　(4) D　(5) B

(6) A　(7) C　(8) D　(9) A　(10) D

第 6 章

单选题

(1) D　(2) C　(3) B　(4) C　(5) A

（6）C （7）A （8）D （9）B （10）C

第7章

单选题

（1）C （2）A （3）D （4）B （5）A

（6）B （7）D （8）A （9）C （10）D

参考文献

[1] 雷波，宋军，刘鹏，等 . 边缘计算 2.0：网络架构与技术体系 [M]. 北京：电子工业出版社，2021.

[2] 任旭东 . 5G 时代边缘计算：LF Edge 生态与 EdgeGallery 技术详解 [M]. 北京：机械工业出版社，2021.

[3] 谢朝阳 . 5G 边缘计算：规划、实施与运维 [M]. 北京：电子工业出版社，2020.

[4] 谢人超，黄韬，杨帆，等 . 边缘计算原理与实践 [M]. 北京：人民邮电出版社，2019.

[5] 张骏 . 边缘计算方法与工程实践 [M]. 北京：电子工业出版社，2019.

[6] 施巍松 . 边缘计算 [M]. 北京：科学出版社，2018.

[7] 彭木根 . 5G 无线接入网络：雾计算和云计算 [M]. 北京：人民邮电出版社，2018.

[8] 王尚广，周傲，魏晓娟，等 . 移动边缘计算 [M]. 北京：北京邮电大学出版社，2017.

[9] 俞一帆，陈思仁，任春明，等 . 5G 移动边缘计算 [M]. 北京：人民邮电出版社，2017.

[10] 拉库马・布亚，萨蒂升・纳拉亚纳・斯里拉马，等 . 雾计算与边缘计算：原理及范式 [M]. 彭木根，孙耀华，译 . 北京：机械工业出版社，2019.

[11] 蒋濛，巴拉思・巴拉萨布拉曼尼安，弗拉维奥・博诺米，等 . 雾计算：技术、架构及应用 [M]. 闫实，彭木根，译 . 北京：机械工业出版社，2017.

[12] 施巍松，张星州，王一帆，等 . 边缘计算：现状与展望 [J]. 计算机研究与发展，2019(1)：69-89.

[13] 赵梓铭，刘芳，蔡志平，等 . 边缘计算：平台、应用与挑战 [J]. 计算机研究与发展，2018(2)：327-337.

[14] 谢人超，廉晓飞，贾庆民，等 . 移动边缘计算卸载技术综述 [J]. 通信学报，2018(11)：138-155.

[15] 张佳乐，赵彦超，陈兵，等 . 边缘计算数据安全与隐私保护研究综述 [J]. 通信学报，2018(3)：1-21.

[16] 施巍松，孙辉，曹杰，等 . 边缘计算：万物互联时代新型计算模型 [J]. 计算机研究与发展，2017(5)：907-924.

[17] 张文丽，郭兵，沈艳，等 . 智能移动终端计算迁移研究 [J]. 计算机学报，2016(5)：1021-1038.

[18] REN J, YU G, HE Y, et al. Collaborative Cloud and Edge Computing for Latency Minimization [J]. IEEE Transactions on Vehicular Technology，2019(5): 5031-5044.

[19] HAO P T, HU L, JIANG J Y, et al. Mobile Edge Provision with Flexible Deployment [J]. IEEE Transactions on Services Computing，2019(5): 750-761.

[20] DONNO M D, TANGE K, DRAGONI N, et al. Foundations and Evolution of Modern Computing Paradigms：Cloud, IoT, Edge and Fog [J]. IEEE Access，2019(5): 150936-150948.

[21] ABBAS N, YAN Z, SKEIE T, et al. Mobile Edge Computing ：A Survey [J]. IEEE Internet of Things Journal，2018(1): 450-465.

[22] LIU H, REZNIK A, ZHANG Y, et al. Mobile Edge Cloud System ：Architectures, Challenges and Approaches [J]. IEEE Systems Journal，2018(3): 2495-2508.

[23] WANG S, XU J, ZHANG N, et al. A Survey on Service Migration in Mobile Edge Computing [J]. IEEE Access，2018: 23511-23528.

[24] MAO Y, YOU C, ZHANG J, et al. A Survey on Mobile Edge Computing：Communication Perspective [J]. IEEE Communications Surveys & Tutorials，2017(4): 2322-2358.

[25] SHIRAZI S N, GOUGLIDIS A, FARSHAD A, et al. The Extended Cloud：Review and Analysis of Mobile Edge Computing and Fog From a Security and Resilience Perspective [J]. IEEE Journal on Selected Areas in Communications，2017(11): 2586-2595.

[26] WANG C, LIANG C, CHEN Q, et al. Computation Offloading and Resource Allocation in Wireless Cellular Networks with Mobile Edge Computing [J]. IEEE Transactions on Wireless Communications，2017(8): 4924-4938.

[27] KLAS G. Edge Computing and the Role of Cellular Networks [J]. Computer，2017(10): 40-49.

[28] WANG S, ZHANG Y, WANG L, et al. A Survey on Mobile Edge Networks ：Convergence of Computing, Caching and Communications [J]. IEEE Access，2017：6757-6779.

[29] 吴功宜，吴英 . 物联网工程导论 [M]. 2 版 . 北京：机械工业出版社，2017.

[30] 吴功宜，吴英 . 物联网技术与应用 [M]. 2 版 . 北京：机械工业出版社，2018.

[31] 吴功宜，吴英 . 深入理解互联网 [M]. 北京：机械工业出版社，2020.

推荐阅读

高等学校物联网工程专业规范（2020版）

作者：教育部高等学校计算机类专业教学指导委员会 物联网工程专业教学研究专家组 编制
ISBN：978-7-111-66851-0

本书是教育部高等学校计算机类专业教学指导委员会与物联网工程专业教学研究专家组结合《普通高等学校本科专业类教学质量国家标准》和中国工程教育认证标准的要求，运用系统论方法，依据物联网技术发展和企业人才需求编写而成。

本书对物联网工程专业进行了顶层设计，界定了本专业学生的基本能力和毕业要求，总结出专业知识体系，设计了专业课程体系和实践教学体系，形成了符合技术发展和社会需求的物联网工程专业人才培养体系。与规范1.0版相比，规范2.0版做了大幅修订，主要体现在如下三个方面：

1）系统地梳理了物联网理论、技术和应用体系，重新界定了物联网工程专业人才的能力：思维能力（人机物融合思维能力）、设计能力（跨域物联系统设计能力）、分析与服务能力（数据处理与智能分析能力）、工程实践能力（物联网系统工程能力）。

2）按概念与模型、标识与感知、通信与定位、计算与平台、智能与控制、安全与隐私、工程与应用7个知识领域进行专业核心知识体系的梳理。

3）提出并建设形成了包括专业发展战略研究、专业规范制定与推广、物联网工程专业教学研讨、教学资源建设与共享、创新创业能力培养平台建设、产学合作协同育人专业建设项目等在内的物联网工程专业人才培养生态体系。

物联网工程专业系列教材

教材内容遵循专业规范对知识体系和课程的要求